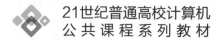

21世纪普通高校计算机
公共课程系列教材

Office 2016
高级应用教程

吴开诚 主 编
向 华 胡凌燕 沈 宁 吴 瑰 汪 飞 王继克 副主编

清华大学出版社
北京

内 容 简 介

本书的所有例题通过 Office 2016 完成。教材内容分为四部分：Word、Excel、PowerPoint 和 VBA。Word 部分包含：图文混排和表格布局、长文档及批阅审核、邮件合并。Excel 部分包含：Excel 基础、Excel 函数、Excel 图表、数据透视表与数据透视图、Power Bi。PowerPoint 和 VBA 部分单独成章。

本书的范例和练习包含基础、进阶、高阶 3 个不同难度，对应题目后的 1 星、2 星和 3 星。读者可以根据需要来选择。

本书适合用于普通高等学校本科学生学习，也可以作为计算机初学者的自学用书。

本书封面贴有清华大学出版社防伪标签，无标签者不得销售。
版权所有，侵权必究。举报：010-62782989，beiqinquan@tup.tsinghua.edu.cn。

图书在版编目(CIP)数据

Office 2016 高级应用教程/吴开诚主编. —北京：清华大学出版社，2023.2(2024.8重印)
21 世纪普通高校计算机公共课程系列教材
ISBN 978-7-302-62840-8

Ⅰ. ①O… Ⅱ. ①吴… Ⅲ. ①办公自动化—应用软件—高等学校—教材 Ⅳ. ①TP317.1

中国国家版本馆 CIP 数据核字(2023)第 028371 号

责任编辑：贾　斌
封面设计：刘　键
责任校对：胡伟民
责任印制：沈　露

出版发行：清华大学出版社
网　　址：https://www.tup.com.cn，https://www.wqxuetang.com
地　　址：北京清华大学学研大厦 A 座　　邮　编：100084
社 总 机：010-83470000　　邮　购：010-62786544
投稿与读者服务：010-62776969，c-service@tup.tsinghua.edu.cn
质量反馈：010-62772015，zhiliang@tup.tsinghua.edu.cn
课件下载：https://www.tup.com.cn,010-83470236

印 装 者：大厂回族自治县彩虹印刷有限公司
经　　销：全国新华书店
开　　本：185mm×260mm　　印 张：22.75　　字　数：575 千字
版　　次：2023 年 2 月第 1 版　　印　次：2024 年 8 月第 3 次印刷
印　　数：3501～5000
定　　价：69.00 元

产品编号：090042-01

前 言

本书以 Microsoft Office 2016 为操作版本,在全国计算机等级考试(二级 Office)大纲的基础上,略有提高。

本书共分为 10 章,Word 部分对应第 1 章到第 3 章,Excel 部分对应第 4 章到第 8 章,PowerPoint 部分对应第 9 章,VBA 部分对应第 10 章。每章由若干节组成,每节包含范例要求、相关知识、操作步骤和注意问题 4 部分内容。在各章最后,有对应范例中知识点的练习。相关知识的内容由范例中涉及的知识点、衍生知识点和范例分析组成。建议读者根据各节的相关知识和操作步骤完成范例后,再自主完成对应练习。其中★、★★、★★★分别对应基础、进阶和高阶 3 层不同难度,读者可以根据自身水平和学习需求选择难度适宜的练习来完成。

本书由江汉大学人工智能学院计算中心教学团队中多年从事一线教学工作的教师编写,具体分工如下:第 1 章由吴开诚编写,第 2 章由胡凌燕编写,第 3 章由吴瑰编写,第 4 章由吴开诚编写,第 5 章由吴开诚编写,第 6 章由向华编写,第 7 章由向华编写,第 8 章由吴开诚编写(汪飞完成部分),第 9 章由沈宁编写,第 10 章由吴开诚编写(王继克完成部分)。

限于作者水平,书中难免错漏,恳请广大读者在使用过程中及时提出宝贵的意见与建议,谢谢!

编 者

2022 年 10 月

目 录

第 1 章 图文混排和表格布局 1
  1.1 图文混排 1
      范例要求 1
      相关知识 2
      操作步骤 2
  1.2 表格布局 7
      范例要求 7
      相关知识 8
      操作步骤 8
      注意问题 13
  练习 14

第 2 章 长文档及批阅审核 15
  2.1 长文档的编辑 15
      范例要求 15
      相关知识 16
      操作步骤 18
      注意问题 35
  2.2 批阅审核 35
      范例要求 35
      相关知识 36
      操作步骤 37
      注意问题 45
  练习 46

第 3 章 邮件合并 49
  3.1 普通邮件合并 49
      范例要求 49
      相关知识 49
      操作步骤 52

		注意问题	53
3.2		带条件的邮件合并	54
		范例要求	54
		相关知识	54
		操作步骤	54
3.3		图片邮件合并	56
		范例要求	56
		相关知识	56
		操作步骤	57
		注意问题	57
3.4		大纲视图拆分合并文件	58
		范例要求	58
		相关知识	58
		操作步骤	59
		注意问题	60
练习			61

第 4 章 Excel 基础 62

4.1	数据获取和整理	62
	范例要求	62
	相关知识	63
	操作步骤	69
	注意问题	77
4.2	格式设置	77
	范例要求	77
	相关知识	79
	操作步骤	82
	注意问题	87
4.3	数据工具	87
	范例要求	87
	相关知识	89
	操作步骤	92
	注意问题	95
4.4	工作表和工作窗口	95
	范例要求	95
	相关知识	95
	操作步骤	98
	注意问题	101
4.5	超链接、打印设置和数据保护	101

　　　　　范例要求 ……………………………………………………………… 101
　　　　　相关知识 ……………………………………………………………… 101
　　　　　操作步骤 ……………………………………………………………… 102
　　4.6　排序和高级筛选 …………………………………………………………… 104
　　　　　范例要求 ……………………………………………………………… 104
　　　　　相关知识 ……………………………………………………………… 105
　　　　　操作步骤 ……………………………………………………………… 107
　　　　　注意问题 ……………………………………………………………… 108
　　4.7　模拟运算 …………………………………………………………………… 109
　　　　　范例要求 ……………………………………………………………… 109
　　　　　相关知识 ……………………………………………………………… 110
　　　　　操作步骤 ……………………………………………………………… 112
　　　　　注意问题 ……………………………………………………………… 114
　　练习 ……………………………………………………………………………… 114

第 5 章　Excel 函数 …………………………………………………………………… 120

　　5.1　文本函数 …………………………………………………………………… 120
　　　　　范例要求 ……………………………………………………………… 120
　　　　　相关知识 ……………………………………………………………… 121
　　　　　操作步骤 ……………………………………………………………… 125
　　　　　注意问题 ……………………………………………………………… 125
　　5.2　数学函数 …………………………………………………………………… 126
　　　　　范例要求 ……………………………………………………………… 126
　　　　　相关知识 ……………………………………………………………… 126
　　　　　操作步骤 ……………………………………………………………… 127
　　5.3　日期时间函数 ……………………………………………………………… 127
　　　　　范例要求 ……………………………………………………………… 127
　　　　　相关知识 ……………………………………………………………… 128
　　　　　操作步骤 ……………………………………………………………… 129
　　　　　注意问题 ……………………………………………………………… 130
　　5.4　统计函数 …………………………………………………………………… 130
　　　　　范例要求 ……………………………………………………………… 130
　　　　　相关知识 ……………………………………………………………… 131
　　　　　操作步骤 ……………………………………………………………… 133
　　　　　注意问题 ……………………………………………………………… 134
　　5.5　查找定位函数(非数组用法) ……………………………………………… 134
　　　　　范例要求 ……………………………………………………………… 134
　　　　　相关知识 ……………………………………………………………… 134
　　　　　操作步骤 ……………………………………………………………… 139

    注意问题 ········· 139
 5.6 查找定位函数的数组用法 ········· 139
    范例要求 ········· 139
    相关知识 ········· 140
    操作步骤 ········· 142
    注意问题 ········· 142
 练习 ········· 142

第 6 章 Excel 图表 ········· 145

 6.1 柱形图和条形图 ········· 145
    范例要求 ········· 145
    相关知识 ········· 147
    操作步骤 ········· 151
    注意问题 ········· 160
 6.2 饼图和圆环图 ········· 162
    范例要求 ········· 162
    相关知识 ········· 162
    操作步骤 ········· 165
    注意问题 ········· 170
 6.3 折线图、散点图和迷你图 ········· 171
    范例要求 ········· 171
    相关知识 ········· 172
    操作步骤 ········· 174
    注意问题 ········· 176
 6.4 组合图 ········· 178
    范例要求 ········· 178
    相关知识 ········· 179
    操作步骤 ········· 181
    注意问题 ········· 192
 6.5 图表筛选与切片 ········· 193
    范例要求 ········· 193
    相关知识 ········· 194
    操作步骤 ········· 195
    注意问题 ········· 198
 6.6 动态图表 ········· 198
    范例要求 ········· 198
    相关知识 ········· 201
    操作步骤 ········· 204
    注意问题 ········· 211
 练习 ········· 212

第7章 数据透视表与数据透视图 221

7.1 基本数据透视表与数据透视图 221
范例要求 221
相关知识 222
操作步骤 226
注意问题 231

7.2 分级显示及分组 231
范例要求 231
相关知识 233
操作步骤 234
注意问题 240

7.3 筛选和切片 240
范例要求 240
相关知识 242
操作步骤 244
注意问题 248

7.4 由多表创建数据透视表 248
范例要求 248
相关知识 249
操作步骤 251
注意问题 256

练习 257

第8章 Power Bi 261

8.1 Power Query 261
范例要求 261
相关知识 262
操作步骤 264
注意问题 276

8.2 M 函数和自定义函数 278
范例要求 278
相关知识 278
操作步骤 280
注意问题 289

8.3 PowerPivot 290
范例要求 290
相关知识 291
操作步骤 293
注意问题 301

练习 302

第 9 章 PowerPoint 演示文稿设计制作 … 304

9.1 演示文稿设计与排版 … 304
范例要求 … 304
相关知识 … 305
操作步骤 … 308
注意问题 … 313

9.2 图片、形状、文本的设计与美化 … 313
范例要求 … 313
相关知识 … 314
操作步骤 … 315
注意问题 … 318

9.3 动画特效与放映设置 … 319
范例要求 … 319
相关知识 … 320
操作步骤 … 323
注意问题 … 328

练习 … 329

第 10 章 宏和 VBA … 331

10.1 宏的录制、修改和应用 … 331
范例要求 … 331
相关知识 … 331
操作步骤 … 332
注意问题 … 335

10.2 过程、单元格对象和属性 … 337
范例要求 … 337
相关知识 … 337
操作步骤 … 339
注意问题 … 340

10.3 分支结构 … 340
范例要求 … 340
相关知识 … 341
操作步骤 … 341

10.4 循环结构和 VBA 内置函数 … 344
范例要求 … 344
相关知识 … 344
操作步骤 … 349
注意问题 … 352

练习 … 352

第1章　图文混排和表格布局

1.1　图文混排

范例要求

新建 Word 文档,纸张方向设置为竖向,制作如图 1.1 所示的图文混排效果,占满页边距内的所有区域。完成后,文档保存为"端午纪念.docx"。★

图 1.1　图文混排完成效果图

相关知识

1. 顶点编辑

在 Word 中,通过"插入"选项卡插入的形状都是可以进行顶点编辑的矢量形状。顶点编辑包含以下两类操作。

(1) 添加顶点、删除顶点和开放路径。

(2) 调整原有的形状顶点。形状顶点分为 3 类:平滑顶点、直线点和角部顶点。平滑顶点两边的滑杆长度相同且偏移方向一致,直线点两边的滑杆长度可以不同但偏移方向一致,角部顶点两边的滑杆长度可以不同且偏移方向也可以不同。平滑顶点和角部顶点如图 1.2 所示。

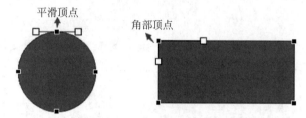

图 1.2　顶点编辑中的平滑顶点和角部顶点

本例的第 3 步"设置中间部分文字的底部背景"中用到的圆角矩形的左下角,用到了顶点编辑,调整左下角 2 个圆角顶点的滑杆长度就可以满足要求。

2. 矢量图和非矢量图

矢量图和非矢量图的最直观区别是:矢量图可以任意放大后仍然保持清晰度,非矢量图放大后清晰度会下降。从数据描述上来看,矢量图也称作图形,是用一组指令集合来描述图形的内容,如描述构成该图的各种图元位置维数、形状等,描述对象可任意缩放不会失真。通俗意义上的非矢量图也称作图像或图片,是用数字任意描述像素、强度和颜色。描述信息文件存储量较大,所描述对象在缩放过程中会损失细节或产生锯齿,但可以表示的颜色范围比矢量图要广。

3. Word 中的对象层次关系

在 Word 中可以通过设置图形形状和图片等的版式设置和层次关系来实现遮挡效果。以形状为例,如果想突出显示某个形状,就将该形状设置为上一层或顶层;如果只想显示形状的一部分,就将不需要显示的形状设置为下一层或底层,用上一层的形状或图片等对象进行遮挡。本例中的第 5 步"设置遮挡形状"就是类似的操作。

操作步骤

1. 设置底部背景

(1) 新建 Word 文档,在"布局"选项卡中设置"上边距"和"下边距"为"2.54 厘米","左边距"和"右边距"为 1.17 厘米。

(2) 在"插入"选项卡的"绘图"组中,单击"形状"下拉按钮,绘制矩形,占满文档所有内边距范围。版式设置为"浮于文字上方"。在"绘图工具-格式"选项卡的"形状样式"组中,单击"形状填充"下拉按钮,选择"渐变"选项中的"其他渐变",在文档右侧出现"设置形状格式"

对话框,如图1.3所示。在对话框中设置矩形形状的渐变色填充效果,渐变光圈分别设置在0%、16%、100%的位置。每种光圈的色彩配色如图1.4至图1.6所示。

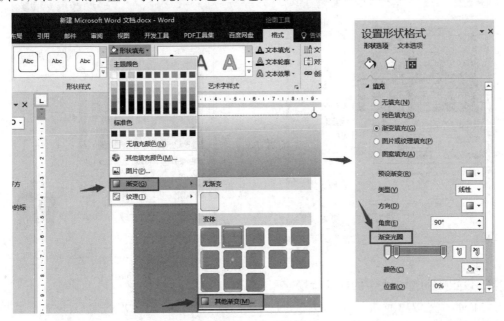

图1.3 渐变色设置

图1.4 0%

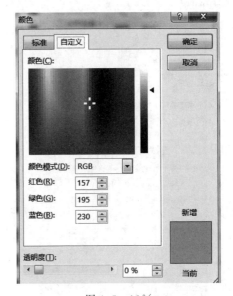

图1.5 16%

2. 设置标题

选中作为背景的矩形形状。在"插入"选项卡的"文本"组中单击"文本框"下拉按钮,单击"绘制文本框",插入横向文本框。在文本框中输入相应文字,设置为楷体、30号字体。选中文本框,在绘图工具-格式工具中,设置艺术字样式,文本填充和文本轮廓线填充色设置如图1.7所示,艺术字发光效果设置如图1.8所示,艺术字阴影设置为"外部-左上斜偏移"。

图 1.6　100%
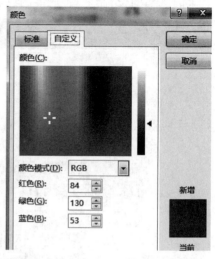
图 1.7　文本和文本轮廓线填充色

3. 设置中间部分文字的底部背景

(1) 插入圆角矩形,版式设置为"浮于文字上方",适当调整边角的大小,设置形状填充为白色,形状轮廓颜色设置如图 1.9 所示,在形状效果中设置阴影为"外部-左上斜偏移",如图 1.10 所示。

图 1.8　艺术字发光

图 1.9　形状轮廓颜色

(2) 选中圆角矩形,按下 Ctrl 键并滚动鼠标滚轮(或单击 Word 文档右下角的比例尺)放大圆角矩形左下角,如图 1.11 所示。

(3) 右键单击圆角矩形左下角,选择"编辑顶点",如图 1.12 所示。

(4) 选中圆角矩形左下角的两个对角顶点,分别沿竖直方向和水平方向进行汇集,减小左小角的弧度,如图 1.13 所示。

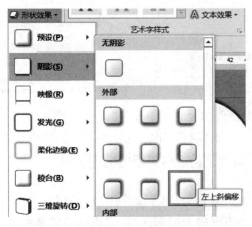

图 1.10 阴影设置

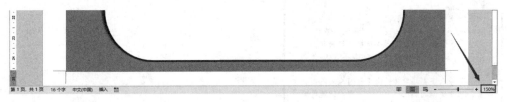

图 1.11 调节文档比例尺,局部放大

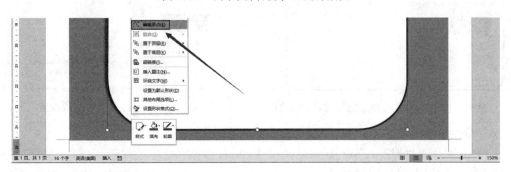

图 1.12 编辑顶点选项位置

完成后,如图 1.14 所示。

 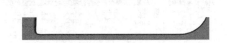

图 1.13 调整对角顶点的位置　　　　图 1.14 对角顶点调整完成后的形状效果

（5）如果圆角矩形位于最底层,需要将本形状上移到步骤 1 中的矩形上一层。右键单击圆角矩形,设置如图 1.15 所示。

4. 添加文字内容

（1）添加两个文本框,输入相应的文字,设置形状填充和形状轮廓为"无填充",设置艺术字样式的文本填充和文本轮廓为"绿色,个性色 6,深色 25％",完成如图 1.16 的效果。

（2）添加圆角矩形,设置形状填充为"无填充",形状轮廓为"绿色,个性色 6,深色 25％",版式设置为"浮于文字上方"。完成后,在圆角矩形区域添加 2 个文本框,输入相应的

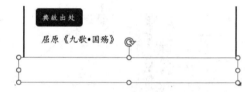

图 1.15　形状层次设置　　　　　图 1.16　中间文字设置后的效果

文字内容。完成后,再添加 2 个"绿色,个性色 6,深色 25％"形状填充色的圆角矩形,输入相关文字,移动到合适的位置,完成后的效果如图 1.17 所示。

5. 设置遮挡形状

添加 1 个矩形形状,版式设置为"浮于文字上方",上移一层后,设置为"白色,背景 1"的填充色,遮挡步骤 4 中圆角矩形的下半部区域,完成后的效果如图 1.18 所示。

图 1.17　文档下部的形状和文字设置后的效果　　　　图 1.18　遮挡形状的位置设置

6. 设置绿叶图片

(1) 将图片文件"绿叶.jpg"复制粘贴到本 Word 文档中,版式设置为"浮于文字上方",拖动到版式的底部,并适当调整大小。完成后,在选中该图片的状态下,单击"图片工具-格式-删除背景",如图 1.19 所示。

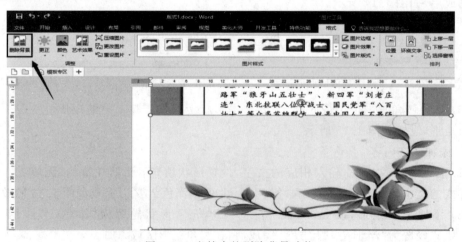

图 1.19　文档中的删除背景功能

(2) 在"删除背景"工具中,调整区域大小,让所有绿叶形状都能显示,如图 1.20 所示。单击"保留更改"后,删除图片中的背景,只保留绿叶部分的图形效果。

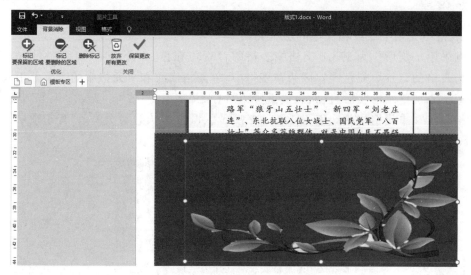

图 1.20　删除绿叶图片中的背景

(3) 将 Word 文档保存为"端午纪念.docx"。

1.2　表格布局

范例要求

新建 Word 文档,纸张方向设置为横向,制作如图 1.21 所示的图文混排效果,占满页边距内的所有区域,头伏、中伏和末伏对应的圆形形状的填充色不同。完成后,文档保存为"三

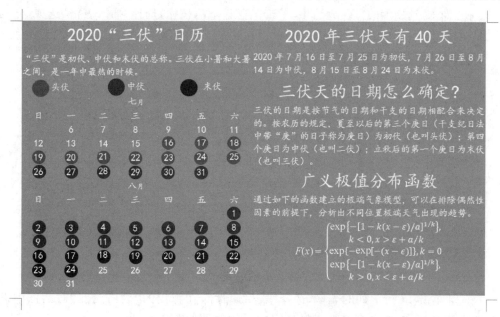

图 1.21　表格布局的图文混排效果图

伏天.docx"。★

相关知识

1. 表格单元格中底纹和文字的层次关系

本例采用了矩形作为 Word 文档中表格的背景填充色，为什么不采用表格中的单元格底纹作为表格的背景填充色呢？因为在表格中，单元格底纹和单元格中的文字处于同一层，无法分离。添加正圆形状后，形状版式设置为"衬于文字下方"或"浮于文字上方"，都无法分离单元格底纹和单元格中的文字，如图 1.22 所示。调整形状的层次关系（置于顶层、置于底层）也无法分离。

图 1.22　单元格底纹不能作为表格背景的原因

2. 本例的另一种方法

除了表格，本例还可以用文本框和表格完成。表格单独处理七月和八月的日历表，文本框处理其余部分。完成后，调整表格和文本框的位置。

操作步骤

1. 创建表格，布局文档

（1）新建 Word 文档，在"布局"选项卡的"页面设置"组中，单击"纸张方向"下拉按钮，选择"横向"。将 Word 文档设置为横向版式。

（2）在"插入"选项卡的"表格"组中，单击"表格"下拉按钮，选择"插入表格"选项，分别插入 17 行 7 列和 6 行 1 列的 2 个独立表格，设置方法如图 1.23 所示，完成效果如图 1.24 所示。

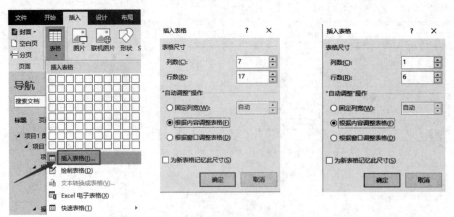

图 1.23　创建表格

（3）右键单击 17 行 7 列的表格，选择"表格属性"，在弹出的"表格属性"对话框中设置该表格的文字环绕方式为"环绕"，设置和完成后的效果如图 1.25 所示。

图 1.24　文档中新建的表格

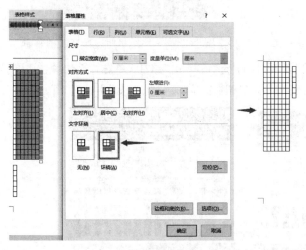

图 1.25　设置左侧表格的环绕属性和完成后的效果

（4）在"表格属性"中的"表格定位"中，设置"距正文"的距离为 0 厘米。在"表格属性"中的"表格选项"中，设置"默认单元格边距"为 0 厘米，如图 1.26 所示。在表格属性中，17 行 7 列的表格设置为左对齐，6 行 1 列的表格设置为右对齐。完成后，分别拖拉两张表到合

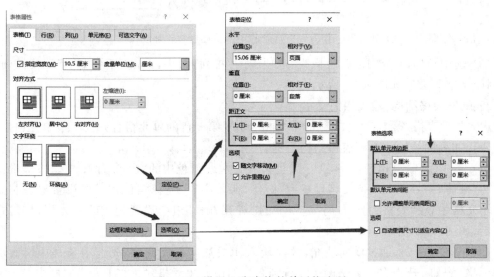

图 1.26　设置 2 张表格的单元格边距

适的大小,如图 1.27 所示。

2. 添加矩形,作为文档背景

(1) 在"插入"选项卡的"插图"组中,单击"形状"下拉按钮,绘制矩形,完全覆盖 2 张表的区域,如图 1.28 所示。

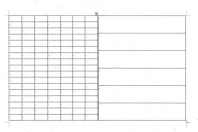

图 1.27　表格设置完成后的效果　　　　图 1.28　矩形形状作为表格后的背景

(2) 选中矩形,在"绘图工具-格式"选项卡的"形状样式"组中,单击"形状填充"下拉按钮,选择"标准色-橙色";单击"形状轮廓"下拉按钮,选择"无轮廓",如图 1.29 所示。

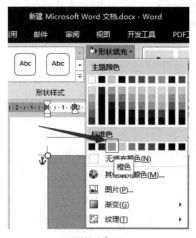
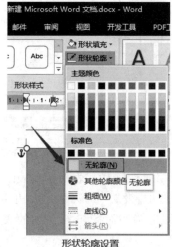

图 1.29　作为表格背景的矩形填充色和轮廓线设置

(3) 选中矩形,在"绘图工具-格式"选项卡的"排列"组中,单击"环绕文字"下拉按钮,选择"衬于文字下方",如图 1.30 所示。

3. 调整表格结构,输入相关文字

(1) 左侧表格,第 1、2、4、10 行的单元格合并;第 3 行的单元格合并为 1 个单元格后,拆分成 1 行 3 列的结构。右侧表格结构不变。

(2) 完成后,输入相应文字,文字颜色设置为主题颜色中的"白色-背景 1"。较大的文字设置为"楷体,一号字",其他文字设置为"楷体,四号字"。光标定位在需要设置对齐格式的表格单元格中,在"表格工具-布局"选项卡的"对齐方式"组中设置相应的单元格对齐方式。完成后,如图 1.31 所示。

(3) 在 Excel 中,通过横向填充,快速输入相关数字。完成后,先选中某月中所有的日期单元格(例如:选中左侧表格的第 6 行到 9 行的所有单元格),再将 Excel 文件中包含数字且和 Word 表格中选中的同等大小的单元格区域,以"只保留文本"的方式粘贴到 Word 文

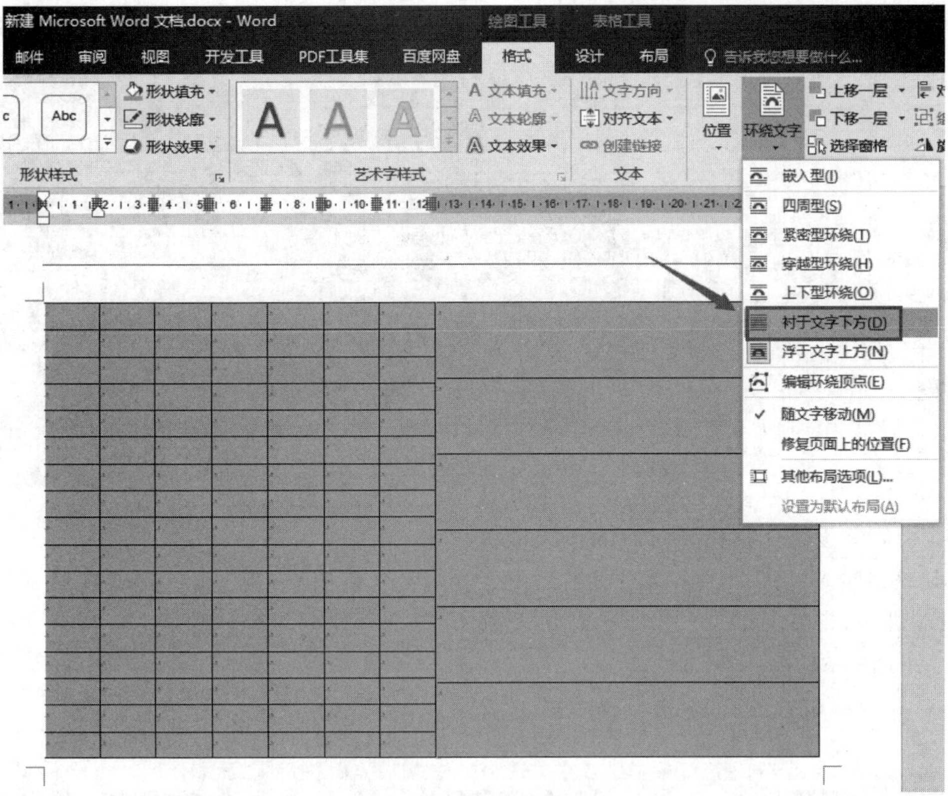

图 1.30　矩形背景的环绕方式设置和完成后效果

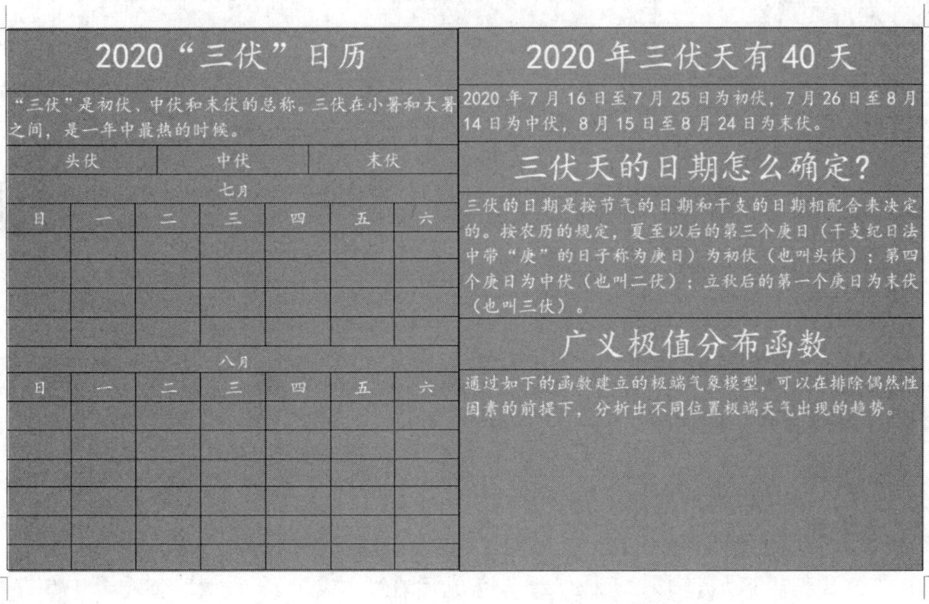

图 1.31　表格中输入文字后的效果

档左侧表格的相关区域中。完成后,将数字字体设置为"楷体,四号",字体颜色设置为主题颜色中的"白色-背景 1",并设置表格单元格的对齐方式为"正中居中"(水平且垂直居中),

完成后，如图 1.32 所示。

图 1.32　Excel 工作表中的数字粘贴到 Word 表格

4．绘制并设置 3 种伏天对应的正圆形状

（1）在"插入"选项卡的"插图"组中，单击"形状"下拉按钮，按下 Shift 键和"椭圆"形状，绘制正圆形状；用不同填充色对正圆形状填充，对应 3 种不同类型的伏天。填充色和 3 种伏天的对应关系如图 1.33 所示。

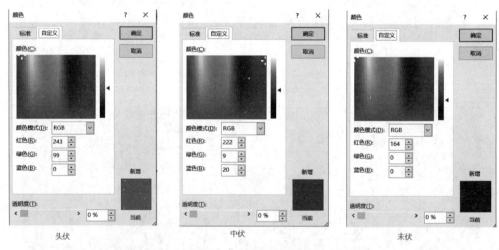

图 1.33　3 种伏天对应的 3 种不同的形状填充色

（2）分别选中 3 种类型的正圆形状，复制足够多的不同填充色的正圆形状。将正圆形状拖到合适的数字上，版式设置为"衬于文字下方"。完成后，如图 1.34 所示。

5．插入公式

（1）光标定位在右侧表格第 6 行的单元格中的文字后，按下 Enter 键，新生成一段。在"插入"选项卡的"符号"组中，单击"公式"下拉按钮，选择"插入新公式"。

（2）在公式编辑区域，输入"$F(x)=$"，完成后在"公式工具-设计"选项卡中单击"括号"下拉按钮，选择"事例（三条件）"。选中任意一个方框，分两次按下 Enter 键，可以得到 5 个条件方框。如图 1.35 所示。幂指数"$1/k$"通过"上下标"下拉按钮的"上标"完成。如图 1.36 所示。

图 1.34 插入代表 3 种伏天的正圆形状后的文档效果

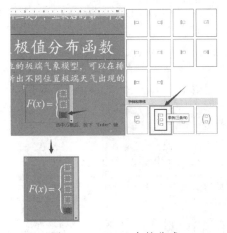

图 1.35 Word 中的公式

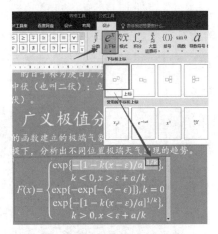

图 1.36 Word 中的公式和所有公式的输入完成效果

（3）输入公式中剩余的字符和数字，完成单元格中公式的输入。

（4）选中左侧表格，在"表格工具-设计"选项卡的"边框"组中，单击"边框"下拉按钮，选择"无框线"，去掉左侧表格的所有框线，如图 1.37 所示。运用相同的方法，去除右侧表格的所有框线。

（5）Word 文档保存为"三伏天.docx"。

注意问题

1. 空白页处理

在插入两张表格后，会多出 1 页。将光标定位在第 2 页，在"开始"选项卡的"段落"组中单击对话框启动器，在弹出的"段落"对话框的"间距"区域，设

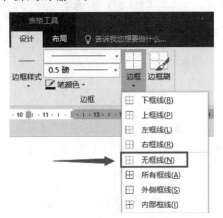

图 1.37 去掉两张表格的边框线

置"行距"类型为"固定值",行距值为"1磅"。如图1.38所示。

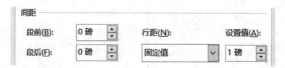

图1.38　去掉空白页的方法-设置段间距

当然,造成空白页的原因有很多,例如:分页符、分节符。常用的处理方法是显示这些符号之后再删除。

2. Word中的形状复制技巧

在Word中,可以通过鼠标右键、功能键或组合键进行形状的复制粘贴,但是粘贴得到的形状不在文档中需要的位置。为了保证复制粘贴后的形状在文档中合适的位置,可以先选中待复制的形状,在保持Ctrl键被按下的同时,利用鼠标左键拖动到文档中合适的位置。

练　　习

创建Word文档,纸张方向设置为"横向",制作如图1.39所示的图文混排效果,占满页边距内的所有区域。完成后,Word文档保存为"圆和扇形公式.docx"。

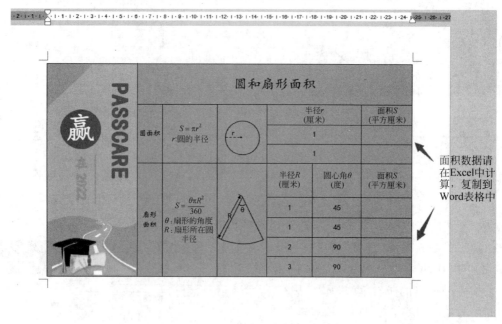

图1.39　图文混排完成后效果

提示:文档中左侧的橙色填充色的形状是"剪去单角的矩形",需要的处理是:旋转后,调整底部两个"对角顶点"的部分滑杆方向。★

第 2 章　长文档及批阅审核

2.1　长文档的编辑

范例要求

1. 设置基本格式★

(1) 文章标题：宋体、加粗、居中、20 号字；
(2) 作者：宋体、加粗、居中、小四号字；
(3) 作者单位：宋体、加粗、居中、10 号字；
(4) [摘要]、[关键词]、[中图分类号]、[文献标识码]及[文章编号]：宋体、加粗、五号字；
(5) 其余文字：宋体、五号字；
(6) 正文中的参考文献引用处设置为上标；
(7) 正文各段落首行缩进 2 字符；
(8) 正文分 2 栏，并缩小栏间距；
(9) 上、下页边距各 2 厘米，左、右页边距各 1.5 厘米；
(10) 在文章大标题的上方(非页眉位置)插入内容，如图 2.1 所示。

	大学教育	
2014 年 6 月	University Education	June , 2

图 2.1　文章大标题前的内容

2. 插入表和图表★

在"毕业去向选择调查.docx"文档中规定位置创建相应的表和图表。

3. 设置标题样式★★

在"毕业去向选择调查.docx"文档中，设置 3 级标题，适当调整格式：
(1) 标题 1，添加"第 X 章"，黑体，二号，加粗(其中 X 为中文字一、二、三……)；
(2) 标题 2，添加"x. x"，宋体，三号，加粗(其中 x 为阿拉伯数字 1、2、3……)；
(3) 标题 3，添加"x. x. x"，宋体，四号，加粗(其中 x 为阿拉伯数字 1、2、3……)；
(4) 删除标题行中"(标题 1)""(标题 2)""(标题 3)"文字，以及标题行中原编号字符。

4. 插入脚注、尾注及题注★

(1) 在正文第 2 段中"'985'大学"后添加脚注，内容是："教育部在 20 世纪 90 年代规划的重点高校"。

(2)在正文第2段中"走上工作岗"后添加尾注,内容是:"自然人退休之前的最后一步,时间从0-45年"。

(3)对文档中的图表和表格制作带章节号的题注。

5. 创建交叉引用★

在"毕业去向选择调查.docx"文档中,对正文中出现的"图1""图2"……"图7"几处创建交叉引用。

6. 添加封面和目录★

在"毕业去向选择调查.docx"文档中,添加封面和目录。

(1)在文档的最前面添加封面。

(2)在封面和正文间添加文档的标题目录。

(3)在文档的尾部添加图表目录。

7. 添加页眉和页脚★

在"毕业去向选择调查.docx"文档中,按以下要求添加页眉和页脚。

(1)使各"标题1"左置显示在相应正文页的页眉中。

(2)在页脚中插入页码:封面页不加页码,目录页页码居中,用罗马数字Ⅰ、Ⅱ、Ⅲ表示;正文和参考文献页页码居中,用连续的阿拉伯数字1、2、3表示。

相关知识

在编辑诸如书籍、管理手册、论文专著等长文档时,经常会因为文档篇幅较大且段落复杂给编辑造成一定的困难。但从上述的实例来看,Word 2016提供了许多便捷的操作方式和管理工具,使长文档的编辑、排版、阅读和管理更加轻松自如。

1. 样式

如果在"开始"选项卡下"样式"组中没有显示出需要的某样式,可单击"样式"组右下角的"对话框启动器"按钮,在打开的"样式"窗格中,单击右下角的"选项"命令,将弹出"样式窗格选项"对话框,在"选择要显示的样式"列表框中选择"所有样式",如图2.2所示,单击"确定"按钮,即在"样式"窗格中显示了所有的样式。

2. 脚注、尾注

在编辑复杂文档时,如论文,经常会使用脚注和尾注,以对某些内容进行补充说明。默认情况下,脚注在当前页面的底端,尾注位于文档结尾,但可以根据需要调整它们的位置。

在文档中插入脚注或尾注后,若要删除它们,只需在正文内容中将脚注或尾注的引用标记删除即可。

对脚注和尾注,可以进行以下的设置。

(1)脚注和尾注的位置可以在"脚注和尾注"对话框中调整。

(2)脚注和尾注的编号格式可以在"脚注和尾注"对话框中改变。

(3)脚注和尾注处的横线可以被删除。

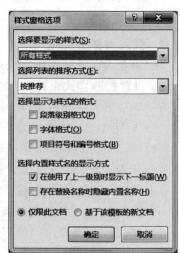

图2.2 "样式窗格选项"对话框

(4)脚注与尾注可以互相转换。

3. 题注

复杂文档往往包含了大量的图片和表格,而且在编辑和排版这些内容时,有时还需要为它们添加带有编号的说明性文字,如果手动添加编号,无疑是一项非常耗时的工作,尤其是后期可能对图片和表格会进行增加或删除,或者调整位置等操作,便会导致之前添加的编号被打乱,这时不得不重新再次编号。Word 2016 提供的题注功能能解决这一问题。

题注可以位于图片、表格、图表等对象的上方或下方,有题注标签、题注编号和说明信息 3 部分组成。其中

(1)题注标签:通常以"图""表""图表"等文字开始,Word 提供了一些预置的题注标签供用户使用,当然用户也可以自行创建。

(2)题注编号:在"图""表""图表"等文字的后面会包含一个数字,这个数字就是题注编号。它由 Word 自动生成,是必不可少的部分,表示图片或表格等对象在文档中的序号。

如果在题注中显示章节编号,需要先为文档中的标题使用关联了多级列表的内置标题样式。

(3)说明信息:题注编号之后的文字,用于对图片或表格等对象做简要说明,可有可无,如果需要,手动输入即可。

另外,Word 2016 提供了自动编号标题题注功能,使用此功能可以在插入图形、公式、表格时进行顺序编号。

4. 交叉引用

交叉引用是对 Word 文档中其他位置内容的引用,用于说明当前的内容。引用说明文字与被引用的图片、表格等对象的相关内容(如题注)是相互对应的,并且能随相应图片、表格等对象在删除、插入操作后相关内容(如题注编号)的变化而变化,一次性更新,而不必手工一个个地进行修改。

若要使用标题作为引用类型,则文档中的标题必须是应用了内置的标题样式;若使用标题引用类型时,同时需要将标题编号作为引用方式,则标题编号必须是设置的多级列表中的编号。

5. 目录

目录是指文档中标题的列表,通过目录,可以浏览文档中讨论的主题,从而了解整个文档的结构,同时也便于快速跳转到指定标题对应的页面中。

如果为文档中的标题使用了标题 1、标题 2、标题 3 等内置样式,则 Word 会自动为这些标题生成目录,且是具有不同层次结构的目录。Word 之所以能为这些标题生成目录,是因为这些内置标题样式都设置了不同的大纲级别,创建目录时,Word 会自动识别这些标题的大纲级别,并以此来判断个标题在目录中的层级。

Word 提供了几种内置目录样式,如"自动目录 1""自动目录 2"来自动生成目录。除此之外,还可以通过自定义的方式创建目录,这样可以根据实际需要设置目录中包含的标题级别、目录的页码显示方式、制表符前导符等。

6. 页眉和页脚

比较正式的文稿都需要设置页眉和页脚,页眉和页脚常用于显示文档的附加信息。

Word 2016 提供了多种样式的页眉、页脚,可以根据实际需要进行选择。

对于同一文档中不同要求的页眉或页脚的处理方式是：
(1) 如果希望文档首页的页眉或页脚与众不同，需要勾选"首页不同"复选框。
(2) 如果对文档的不同部分设置不同的页眉或页脚，则需要在相应位置分节，同时手动取消"链接到前一条页眉"，断开各节页眉或页脚之间的联系。
(3) 如果为奇偶页创建不同的页眉或页脚，则需要勾选"奇偶页不同"复选框，再分别设置奇数页和偶数页的页眉或页脚。

对于同一文档的页脚中需要多种页码的处理方式是：
(1) 不同节要求不同页码编号格式时，手动取消"链接到前一条页眉"。
(2) 页码从规定数字（非1）开始时，在"页码格式"对话框中设置"起始页码"的值。
(3) 不同节页码需要连续编号时，在"页码格式"对话框中选中"续前节"单选按钮。
(4) 奇偶页要求不同页码时，分别在奇数页和偶数页取消"链接到前一条页眉"，并分别在奇数页和偶数页各设置一次页码。

7. 图表

图表可以将表格中的数据以易于理解的图形方式呈现出来，是表格数据的可视化工具。因此，从某种意义上来说，图表比表格更易于表现数据之间的联系。Word 2016 提供了多种图表类型，适合于不同的场合。

几种常用图表的适用场合如下。
(1) 柱形图：主要用于显示一段时间内的数据变化或各项之间的比较情况。
(2) 折线图：适用于在相同时间间隔下（如月、季度或财政年度）的数据趋势。
(3) 饼图：用于显示一个数据系列中各项的大小与各项总和的比例。
(4) 条形图：用于显示各个项目之间的比较情况。
(5) 面积图：用于强调数量随时间变化而变化的程度，从而引起人们对总值趋势的关注。
(6) XY（散点图）：用于显示若干数据系列中各数值之间的关系，用于显示和比较数值。

8. 域

域是 Word 自动化功能的底层技术，是文档中一切可变的对象。通过 Word 界面命令插入的很多内容都是域，如插入的可自动更新的时间、页码、书签、超链接、目录、索引等一切会发生变化的内容，它们的本质都是域。

域具有以下几个特点。
(1) 可以通过 Word 界面操作来使用。
(2) 具有专属的动态灰色底纹。
(3) 具有自动更新功能。

创建域有以下几种方法。
(1) 通过 Word 界面功能插入域，如自动更新的时间、页码、目录。
(2) 使用"域"对话框插入域。
(3) 手动输入域代码。

操作步骤

打开"毕业去向选择调查.docx"文档，进行如下操作：

1. 设置基本格式

（1）选定文章标题"大学生毕业去向选择的调查"，在"开始"选项卡的"字体"组中，在"字体"列表框中选中"宋体"，在"字号"列表框中选中"20"，单击"加粗"(B)按钮；在"段落"组中，单击"居中"按钮。

（2）选定作者"白娟 王京芳"，在"开始"选项卡的"字体"组中，在"字体"列表框中选中"宋体"，在"字号"列表框中选中"小四"，单击"加粗"(B)按钮；在"段落"组中，单击"居中"按钮。

（3）选定作者单位"(西北工业大学 管理学院，陕西 西安 710072)"，在"开始"选项卡的"字体"组中，在"字体"列表框中选中"宋体"，在"字号"列表框中选中"10"，单击"加粗"(B)按钮；在"段落"组中，单击"居中"按钮。

（4）选定"[摘要]"，再配合 Ctrl 键依次选定"[关键词]""[中图分类号]""[文献标识码]"及"[文章编号]"，如图 2.3 所示，在"开始"选项卡的"字体"组中，在"字体"列表框中选中"宋体"，在"字号"列表框中选中"五号"，单击"加粗"(B)按钮。

（5）选定摘要段落中除"[摘要]"外的文本，在"开始"选项卡的"字体"组中，在"字体"列表框中选中"宋体"，在"字号"列表框中选中"五号"，再双击"开始"选项卡的"剪贴板"组中的"格式刷"按钮，复制此格式至其他文本处。

（6）选定文中"[1]"，单击"开始"选项卡的"字体"组中的"上标" x^2 按钮，依次类推，完成其余"[2]""[3]""[4]"及"[5]"等四处。

（7）选定正文，打开"段落"对话框，设置首行缩进 2 字符，如图 2.4 所示。

图 2.3 选定不连续文本　　　　　　　　图 2.4 设置首行缩进

(8) 选定正文，在"布局"选项卡下"页面设置"组中，单击"分栏"按钮，选择如图 2.5 所示的"更多分栏"选项，打开"分栏"对话框，在其中做如图 2.6 所示的设置。

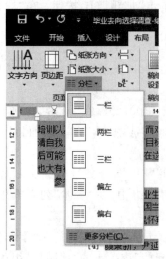

图 2.5 "分栏"按钮

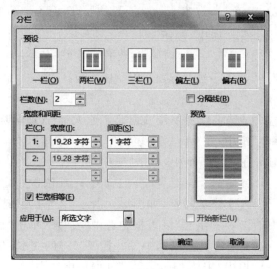

图 2.6 "分栏"对话框

(9) 在"布局"选项卡的"页面设置"组中，单击其对话框启动器，打开"页面设置"对话框，在"页边距"选项卡下，进行如图 2.7 所示的设置。

(10) 插入点定位到文档最前面，分步制作图 2.1 的内容。

① 绘制一条水平直线，右击此直线，选择"设置形状格式"选项，在"设置形状格式"窗格中的"填充与线条"选项卡下，进行如图 2.8 所示的设置，其中"复合类型"选择"由粗到细"型。

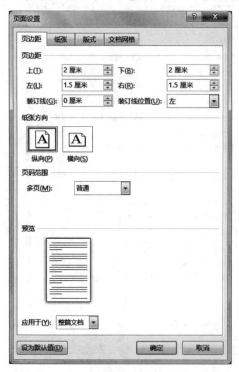

图 2.7 设置页边距

图 2.8 "填充与线条"的设置

② 在上述直线的左上部绘制平行四边形,水平翻转,调整合适大小,复制一份,调整两个平行四边形的位置,左边的形状填充灰色,右边的形状填充褐色,均无轮廓,如图2.9所示。

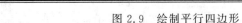

图 2.9　绘制平行四边形

③ 分别在直线上方的左、中、右的位置绘制3个文本框,并设置"无轮廓",同时右单击文本框,选择"设置形状格式"选项,在"设置形状格式"窗格的"布局属性"选项卡下,进行如图2.10所示的设置。

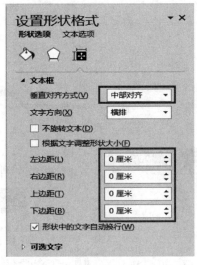

图 2.10　"布局属性"的设置

④ 调整文本框中文本的字号,并选择所有形状进行组合,如图2.11所示。

图 2.11　组合形状

2. 插入表和图表

1) 制作"图1"

(1) 插入点定位在"图1"字样前,在"插入"选项卡下"插图"组中,单击"图表"按钮,在打开的"插入图表"对话框中,选择"饼图"中的"三维饼图"类型,如图2.12所示。

(2) 单击"确定"后,在出现如图2.13所示的Excel数据源中,将"相关图表数据.xlsx"中的"图表1"工作表的数据复制粘贴,如图2.14所示。

(3) 选定图表,做如图2.15所示的设置。

(4) 选定图表,在"图表工具"上下文选项卡下"设计"选项卡中的"图表样式"组,选择"更改颜色"按钮中的"颜色11",如图2.16所示。

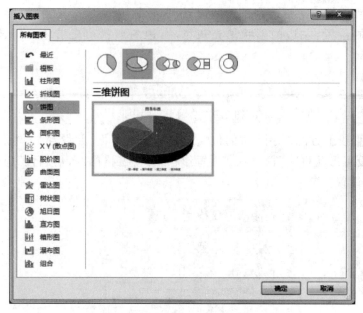

图 2.12 "插入图表"对话框

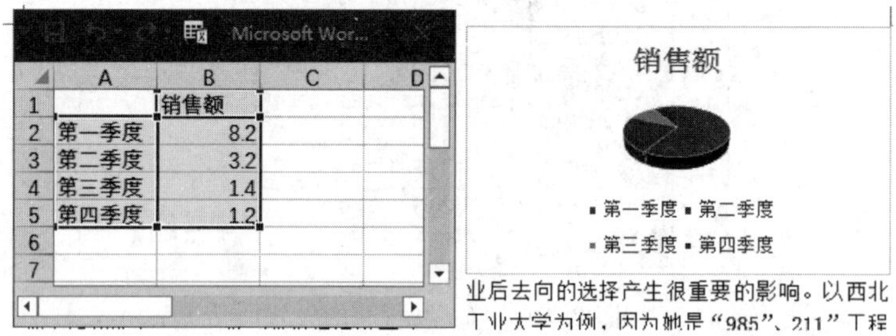

图 2.13 插入图表

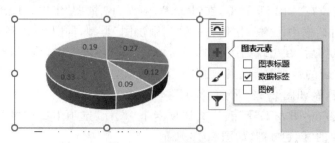

图 2.14 更新图表数据源数据

图 2.15 显示数据标签

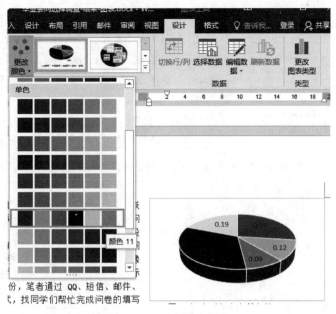

图 2.16　更改图表颜色

（5）右击某数据标签，选择"设置数据标签格式"选项，在"设置数据标签格式"窗格的"标签选项"下，勾选如图 2.17 所示的选项。

（6）右击某一图块，选择"设置数据点格式"选项，在"填充与线条"下，设置各图块的颜色，如图 2.18 所示。

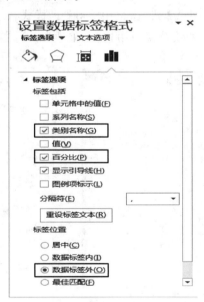

图 2.17　设置数据标签选项

图 2.18　设置图块颜色

（7）根据需要对数据标签的文字的字体、字号进行调整。

2）制作"图 2"

（1）插入点定位在"图 2"字样前，插入一个 7 行 3 列的表格，并输入数据，同时调整表格的列宽，如图 2.19 所示。

选项	小计	比例
大一	1	
大二	14	
大三	80	
大四	5	
研究生及以上	0	
本题有效参与人数	100	

图 2.19　插入表格

（2）类似前面"图 1"的制作方法，制作一个"三维簇状条形图"图表，选择"相关图表数据.xlsx"中的"图表 2"工作表的数据，作为图表数据源，且将"类别 1"～"类别 5"修改为如图 2.20 所示的值，同时删除图表的"图表标题""图例""网格线"等图表元素，设置显示"数据标签"，以及在"图表工具"上下文选项卡的"设计"选项卡中的"图表样式"组中，选择"更改颜色"按钮中的"颜色 11"项。

（3）设置图表的形状轮廓为"无轮廓"，设置图表的环绕方式"衬于文字下方"，调整图表的高度与宽度，置于如图 2.21 所示的位置。

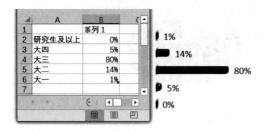

图 2.20　制作三维簇状条形图

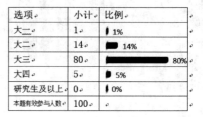

图 2.21　图表置于表格中

3）制作"图 3"～"图 7"

操作方法如上，不再赘述。

3. 设置标题样式

（1）选定文档中含有"（标题 1）"字样的段落，单击"样式"窗格中"标题 1"样式。

（2）右击"样式"窗格中的"标题 1"样式，在弹出的快捷菜单中选择"修改"命令，打开"修改样式"对话框，在其中按要求修改字体等，如图 2.22 所示。

图 2.22　"修改样式"对话框

（3）同理设置含有"标题2""标题3"字样的段落。

（4）打开"查找和替换"对话框，在"查找内容"后的文本框中输入"(标题^#)"，"搜索"范围"全部"，单击"全部替换"按钮，如图2.23所示。

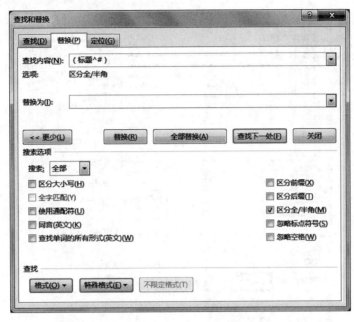

图2.23 "查找和替换"对话框

注意："^#"可通过单击"查找和替换"对话框左下角的"特殊格式"按钮，在打开的列表中选择"任意数字"选项而得到。

（5）插入点定位到"标题1"样式段落中，在"开始"选项卡的"段落"组中，单击"多级列表"按钮，选择其中"定义新的多级列表"选项，打开"定义新多级列表"对话框，如图2.24所示。

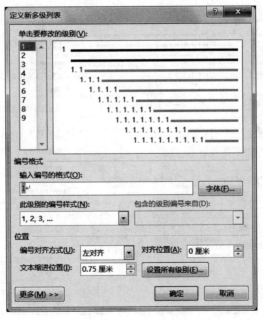

图2.24 "定义新多级列表"对话框

（6）单击"定义新多级列表"对话框左下角"更多"按钮，"单击要修改的级别"为 1，"将级别链接到样式"选择"标题 1"，"此级别的编号样式"选择"一，二，三（简）"，在"输入编号的格式"的灰底编号前和后分别输入"第"和"章"，修改"文本缩进位置"为 "0 厘米"，如图 2.25 所示。

图 2.25　在"定义新多级列表"对话框中定义 1 级编号

（7）接着按如图 2.26、图 2.27 所示，定义 2 级编号和 3 级编号。

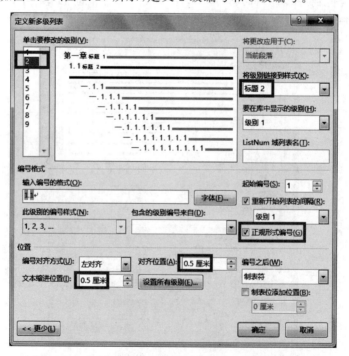

图 2.26　在"定义新多级列表"对话框中定义 2 级编号

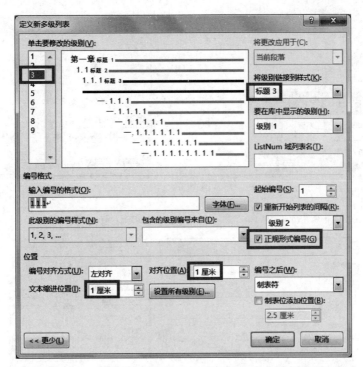

图 2.27 在"定义新多级列表"对话框中定义 3 级编号

(8) 删除各标题行中的原编号字符。

4. 插入脚注、尾注及题注

(1) 将插入点定位在正文第 2 段"'985'大学"后,在"引用"选项卡"脚注"组中,单击"插入脚注"按钮,如图 2.28 所示。

(2) 文中插入点跳转到当前页的下部带有编号"1"字符的后面,此处输入"教育部在 20 世纪 90 年代规划的重点高校。"如图 2.29 所示。

(3) 同理,将插入点定位在正文第 2 段中"走上工作岗"后,在"引用"选项卡"脚注"组中,单击"插入尾注"按钮。

(4) 文中插入点跳转到整个文档的尾部带有编号"ⅰ"字符的后面,此处输入"自然人退休之前的最后一步,时间从 0-45 年。",如图 2.30 所示。

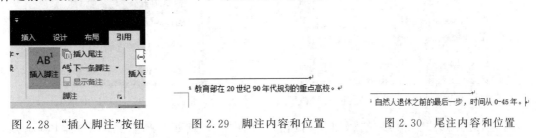

图 2.28 "插入脚注"按钮　　图 2.29 脚注内容和位置　　图 2.30 尾注内容和位置

(5) 对原"图 1"作题注。

① 插入点定位到图 1 的下方,删除"图 1"字符,在"引用"选项卡"题注"组中,单击"插入题注"按钮,如图 2.31 所示,即打开的"题注"对话框,如图 2.32 所示。

② 在"题注"对话框中,"标签"的列表框中选择"图表"项,如没有此项,则单击"新建标

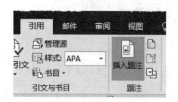

图 2.31 "插入题注"按钮

图 2.32 "题注"对话框

签"按钮,打开"新建标签"对话框,在"标签"下的文本框中输入"图表",如图 2.33 所示。

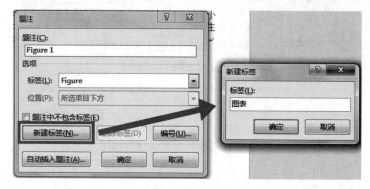

图 2.33 新建标签

③ 单击"确定"按钮,返回如图 2.34 所示的"题注"对话框中。

④ 单击"编号"按钮,打开"题注编号"对话框,勾选"包含章节号"复选框,在"章节起始样式"列表框中选择"标题 1"项,如图 2.35 所示。

图 2.34 新建标签后的"题注"对话框

图 2.35 "题注编号"对话框

⑤ 单击"确定"按钮,在单击"确定"按钮,文档中插入点处即产生了题注,居中对齐后,有如图 2.36 所示的效果。

(6) 对原"图 2"作题注。

插入点定位到图 2 的下方,删除"图 2"字符,在"引用"选项卡下"题注"组中,单击"插入题注"按钮,根据需要新建"表"标签,其余步骤同上,最后将产生的题注行移至表格的上方,并居中对齐,如图2.37所示。

图2.36 插入的"图表"题注

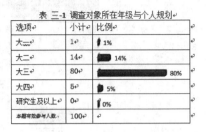

图2.37 插入的"表"题注

(7) 同理对原"图3""图4""图5"和"图7"作"图表"题注,对原"图6"作"表"题注。

5. 创建交叉引用

(1) 选定正文中"图1"字样,在"引用"选项卡下"题注"组中,单击"交叉引用"按钮,如图2.38所示。

(2) 在打开的"交叉引用"对话框中,按如图2.39所示的选择。

图2.38 "交叉引用"按钮　　　　图2.39 "交叉引用"对话框

(3) 单击"插入"按钮,再单击"关闭"按钮,则文中被选定的内容替换成了如图2.40所示的内容。

(4) 依此类推,分别对其他几处创建交叉引用,注意"引用类型"根据实际情况进行选择。

图2.40 "交叉引用"后的效果

6. 添加封面和目录

1) 封面

(1) 在"插入"选项卡"页面"组中,单击"封面"下拉按钮,在其中选择一种样式的封面,如"离子(深色)",如图2.41所示。

(2) 此封面作为独立的一页,插入在文档的最前面,成为首页。

(3) 复制文档大标题,在封面页上,右单击"文档标题"占位符,选择快捷菜单中"粘贴选项"中的"合并格式"项粘贴,如图2.42所示。

(4) 同理需要填写封面上其他占位符内容,删除封面上不需要的多余占位符。

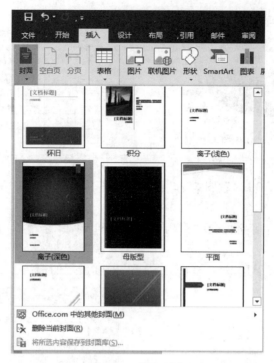

图 2.41 插入封面

图 2.42 封面中的文档标题

2)标题目录

(1)将插入点定位在文档大标题前,在"引用"选项卡下"目录"组中,单击"目录"下拉按钮,如图 2.43 所示。

(2)选择其中的"自动目录 1"或"自动目录 2",即在封面后、原文档前插入了目录,如图 2.44 所示。

(3)设置"目录"二字居中对齐。

(4)设置目录为独立页。将插入点定在文档大标题前,在"布局"选项卡"页面设置"组中,单击"分隔符"下拉按钮,选择"分节符"中的"下一页"选项,如图 2.45 所示。

3)图表目录

(1)将插入点定位在文档的最后,在"引用"选项卡"目录"组中,单击"目录"下拉按钮,选择其中的"自定义目录"选项,打开"目录"对话框,如图 2.46 所示。

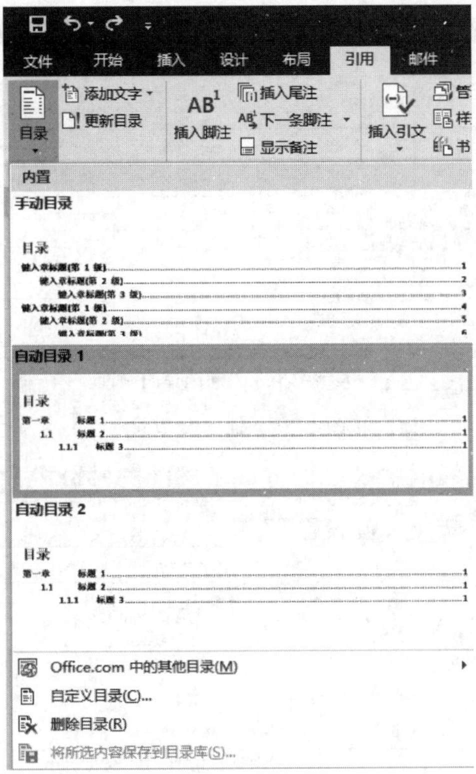

图 2.43　自动生成目录选项

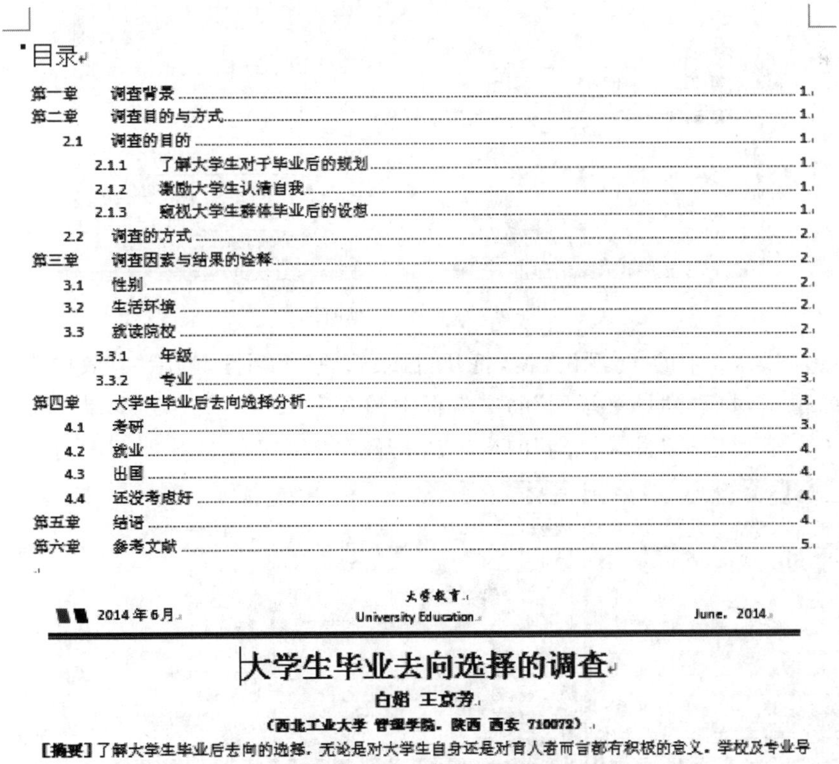

目录

第一章　调查背景 1
第二章　调查目的与方式 1
2.1　调查的目的 1
2.1.1　了解大学生对于毕业后的规划 1
2.1.2　激励大学生认清自我 1
2.1.3　窥视大学生群体毕业后的设想 1
2.2　调查的方式 2
第三章　调查因素与结果的诠释 2
3.1　性别 2
3.2　生活环境 2
3.3　就读院校 2
3.3.1　年级 2
3.3.2　专业 3
第四章　大学生毕业后去向选择分析 3
4.1　考研 3
4.2　就业 4
4.3　出国 4
4.4　还没考虑好 4
第五章　结语 4
第六章　参考文献 5

2014 年 6 月　大学教育 University Education　June. 2014

大学生毕业去向选择的调查

白鹃　王京芳

(西北工业大学 管理学院，陕西 西安 710072)

[摘要] 了解大学生毕业后去向的选择，无论是对大学生自身还是对育人者而言都有积极的意义。学校及专业号

图 2.44　自动生成的目录

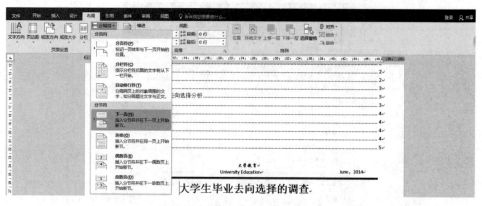

图 2.45 插入分节符

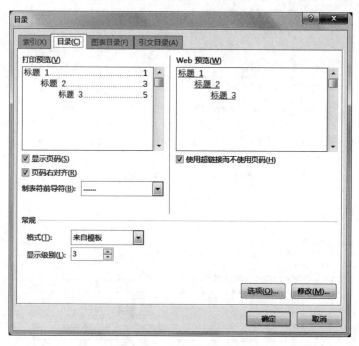

图 2.46 "目录"对话框

（2）单击图 2.46 中的"选项"按钮，打开"目录选项"对话框，删除"有效样式"中"标题 1""标题 2""标题 3"对应的"目录级别"的文本框中的数字"1""2""3"，再移动右侧滑块，在"有效样式"中"题注"对应的"目录级别"的文本框中输入数字"1"，如图 2.47 所示。

图 2.47 "目录选项"对话框

（3）单击"确定"按钮，再单击"确定"按钮，在弹出的消息框中，单击"否"按钮，如图2.48所示，即在文档尾部生成图表目录，如图2.49所示。

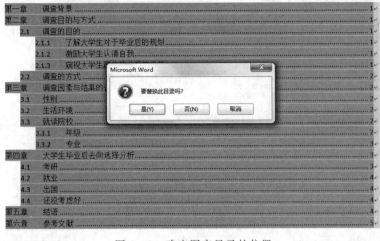

图2.48　确定图表目录的位置

图2.49　生成的图表目录

7．添加页眉和页脚

（1）双击正文第一页的页眉，进入页眉页脚的编辑状态，插入点左对齐，在"插入"选项卡的"文本"组中，单击"文档部件"下拉按钮，选择其中的"域"选项，如图2.50所示。

图2.50　插入文档部件

（2）在弹出的"域"对话框中，在左侧"类别"下拉列表框中选择"链接和引用"项，"域名"列表框中选择"StyleRef"项，中部"样式名"列表框中选择"标题1"项，如图2.51所示。

（3）单击"确定"按钮，即在正文第一页的页眉中出现了本页的第一个"标题1"的内容，如图2.52所示。

（4）如果正文第二页及后面页与正文第一页是处在不同节内的，那么，后面的页按上述方法再重复做一次即可。

（5）双击目录页的页脚，进入页眉页脚的编辑状态，由于封面页与目录页处在同一节中，此时勾选"页眉和页脚工具"上下文选项卡下"设计"选项卡的"选项"组中的"首页不同"复选框，在"页眉和页脚工具"上下文选项卡的"设计"选项卡的"页眉和页脚"组中，单击"页

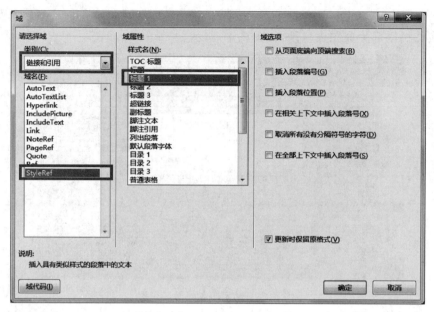

图 2.51 "域"对话框

图 2.52 正文第一页页眉

码"下拉按钮,选择"页面底端"的下拉菜单中的"普通数字 2"项,如图 2.53 所示。

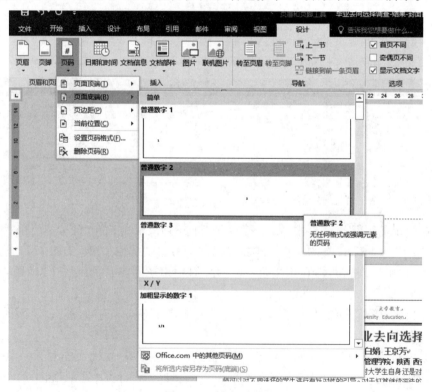

图 2.53 插入页码

(6) 目录页的页脚中居中出现页码"1"的字样,再单击图 2.53 所示的"页码"下拉按钮中的"设置页码格式"项,打开"页码格式"对话框,按图 2.54 所示设置"编号格式"和"起始页码"。

(7) 插入点定位到正文第一页的页脚中,同样的方式插入页码,且"起始页码"设为"1"。如果正文第二页及后面页与正文第一页不在同一节内,正文第二页及后面页的页码,需要在图 2.54 所示的"页码格式"中选择"续前节"项。

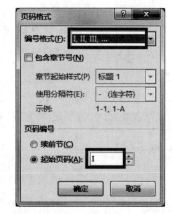

图 2.54 "页码格式"对话框

注意问题

1. 分栏时最后一页几栏对称问题

在对选定文本进行分栏时,如果分栏的内容从文中某处到文末,且希望最后一页的几栏文本的高度基本一致,则在选定文本时,注意文末最后一个段落结束标记符不要选择。

2. 题注中包含章节编号

在给 Word 文档中的图、表或图表添加题注进行自动编号时,如果以章节号的形式来自动编号,则章节编号需要采用多级列表。

3. 分节

有时在对 Word 文档进行了某些操作后,文中会自动分节,如分栏后,但如要求文中不同页的纸张方向不一样,或需设置不同的页眉页脚,此时需要进行手动分节处理。

2.2 批阅审核

范例要求

打开"中小学生五项管理改革.docx"文档,在"修订"状态下,进行如下操作。

1. 确定身份、添加批注、修订文档★

以用户名"小明"的身份,完成:

(1) 添加标题"中小学生五项管理改革",黑体、加粗、居中、三号;

(2) 删除所有空行;

(3) 除标题外的各段落首行缩进 2 字符;

(4) 给正文第 1 段中"五项管理"文字添加批注"陈宝生在《旗帜》杂志上发文中的一个话题";

(5) 将正文第 2 段中的"药店"修改为"要点";

(6) 将正文第 3 段开头"陈宝生称"修改为"陈宝生解释称"。

以用户名"小红"的身份,完成:

(1) 将正文第 1 段中"关系学生健康成长、全面发展"文字加粗;

(2) 删除正文第 4 段。

2. 接受或拒绝修订★

接受审阅者小明对文档的所有修订;拒绝审阅者小红对文档的"删除第 4 段"的修订,

接受其对文档的其他修订。

3. 设置摘要和自定义属性★

为文档设置摘要属性,作者为"无名氏",然后添加自定义属性,其中,名称:会议精神;类型:文本;取值:学习。

4. 限制文档编辑★

为表格所在的页面添加限制编辑保护,不允许随意对表格内容进行编辑修改。

相关知识

在修订状态下修改文档时,Word 后台应用程序会自动跟踪全部内容的变化情况,并且会将用户所做的增、删、改的每一项修改内容详细地记录下来。

1. 批注

在 Word 中,要对文档某处进行特殊说明,可添加批注对象(如文本、图片)对文档进行审阅。批注与修订的不同之处在于:批注是在文档页面空白处添加的注释信息,并用带有颜色的方框(批注框)括起来。

批注的颜色会根据不同机器用户而不同,同时文档中的批注可被全部或部分删除。

2. 修订

在未启动"修订"功能之前,在 Word 中编辑文档时,经常要把一些修改过的地方标注起来,怕到以后忘记是哪里进行了修改,而且文档一旦存盘退出,那一些删除的内容就不能恢复了,如果想再恢复一些内容也是不可能的,因为此时用"恢复"命令已无效了。

其实可以通过 Word 的"修订"功能可完全避免上述情况的发生,因为 Word 强大的"修订"功能可以轻松保存文档初始时的内容,文档中每一处的修改都会显示在文档中,如果不满意可以有选择地接受或拒绝,即使存盘退出文档,下次再打开文档时,还可以记录着上次编辑的情况。通过单击"审阅—修订—修订",启用"修订"状态,如图 2.55 所示。

图 2.55 进入"修订"状态

图 2.56 "修订"的 4 中显示状态

Word2016 为修订提供了 4 种显示状态,如图 2.56 所示,在不同的状态下,修订以不同的形式进行显示。

(1)简单标记:文档中显示为修改后的状态,但会在编辑过的区域左边显示一条红线,这根红线表示附近区域有修订。

(2)所有标记:在文档中显示所有修订痕迹。

(3)无标记:文档中隐藏所有修订标记,并显示为修改后的状态。

(4)原始状态:文档中没有任何修订标记,并显示为修改前的状态,以原始形式显示文档。

默认情况下,Word 以简单标记显示修订内容。为了便于查看文档中的修订情况,一般建议将修订的文档状态设置为所有标记。

3. 接受修订和拒绝修订

查看了修订内容后,可根据 Word 文档的内容决定是接受还是拒绝修订。接受修订内容后,程序会将修改后的内容显示在 Word 文档中,修改前的内容不会再显示出来,而拒绝修订则会将修改后的内容删除,被修改的内容恢复原样。

4. 限制编辑

在保护某些重要文档时,通常的做法是通过"文件—信息—保护文档—标记为最终状态"的设置,将其标记为最佳状态,此时文档已经不能做任何编辑操作了,这样就可以保护文档不被编辑,这是针对整个文档。如果要保护文档中的部分内容不被编辑,就需要用到限制编辑,即设置格式修改权限、编辑权限等。

操作步骤

1. 确定身份、添加批注、修订文档

(1) 单击"文件"选项卡中的"选项"命令,打开"Word 选项"对话框,在"常规"选项卡下,在右侧窗格的"对 Microsoft Word 进行个性化设置"栏中,"用户名"的文本框中输入:小明、"缩写"文本框中输入:xm,如图 2.57 所示,再单击"确定"按钮。

图 2.57　设置用户名

(2) 单击"审阅"选项卡的"修订"组中的"修订"按钮,文档进入批阅审核状态。

(3) 插入点定位在第一段的第一个字符前,按 Enter 键,输入标题文字"中小学生五项管理改革",并设置字体为黑体、字形为加粗、字号为三号、对齐方式为居中,如图 2.58 所示。

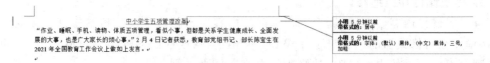

图 2.58 部分修订效果 1

此时,改变一下修订的显示状态,可以看到不同的显示形式。

(4) 单击"开始"选项卡的"编辑"组中的"替换"按钮,打开"查找和替换"对话框,在"替换"选项卡下,插入点定位在"查找"文本框中,单击"特殊格式"按钮,再单击"段落标记"选项,重复一次,输入 2 个段落标记符;插入点定位在"替换为"文本框中,单击"特殊格式"按钮,再单击"段落标记"选项,输入 1 个段落标记符;在"搜索"列表框中选择"全部",如图 2.59 所示,再单击"全部替换"按钮。

图 2.59 删除空行

(5) 关闭"查找和替换"对话框,如图 2.60 所示。

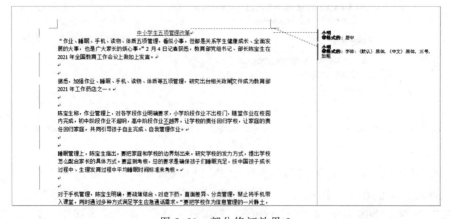

图 2.60 部分修订效果 2

(6) 选定除标题外的所有文本,打开"段落"对话框,设置首行缩进 2 字符,如图 2.61 所示。

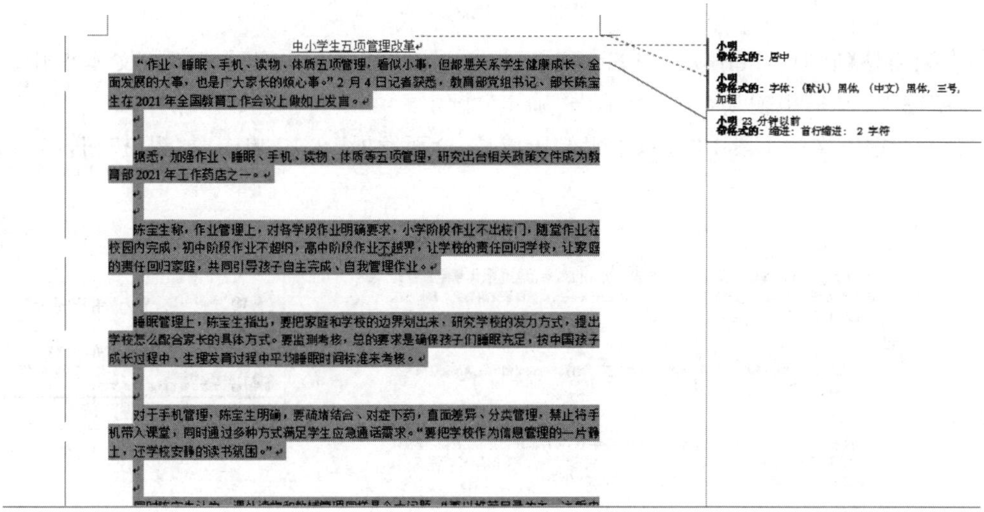

图 2.61　部分修订效果 3

(7) 选定正文第一段中"五项管理"字符,单击"审阅"选项卡下"批注"组中的"新建批注"按钮,在文档右侧,光标处输入批注内容"陈宝生在《旗帜》杂志上发文中的一个话题",如图 2.62 所示。

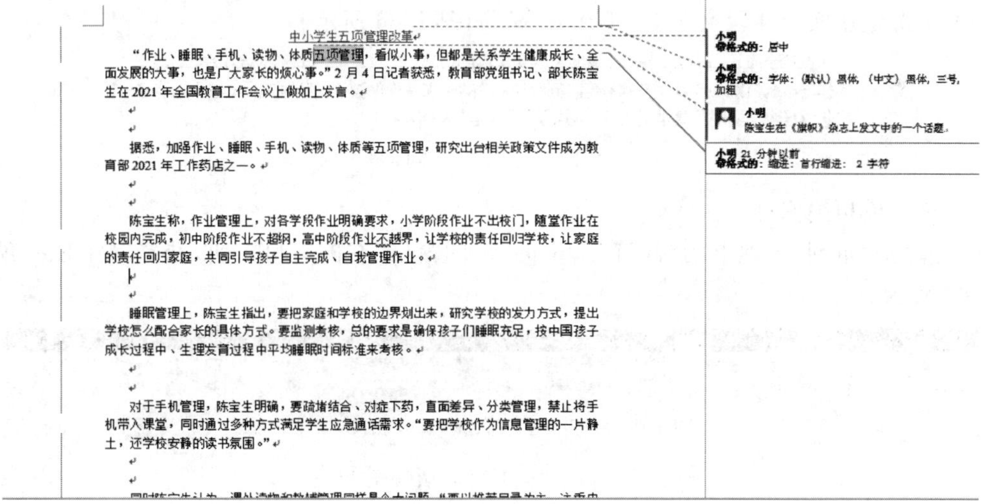

图 2.62　添加批注

(8) 删除正文第 2 段中的"药店"两字,输入"要点"两字,如图 2.63 所示。

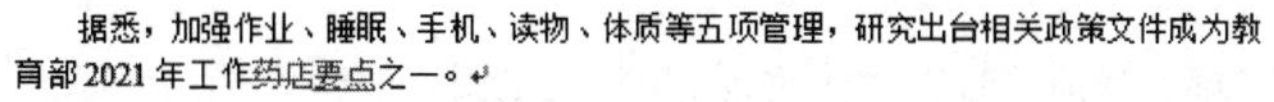

据悉,加强作业、睡眠、手机、读物、体质等五项管理,研究出台相关政策文件成为教育部 2021 年工作要点之一。

图 2.63　删除文本(1)

(9) 插入点定位在正文第 3 段第 3 个字后,输入"解释"两字,如图 2.64 所示。

(10) 单击"文件"选项卡中的"选项"命令,打开"Word 选项"对话框,在"常规"选项卡陈宝生解释称，作业管理上，对各学段作业明确要求，小学阶段作业不出校门，随堂作业在校园内完成，初中阶段作业不超纲，高中阶段作业不越界，让学校的责任回归学校，让家庭的责任回归家庭，共同引导孩子自主完成、自我管理作业。

图 2.64　插入文本

下，在右侧窗格的“对 Microsoft Word 进行个性化设置”栏中，“用户名”的文本框中输入：小红、“缩写”文本框中输入：xh，再单击“确定”按钮。

(11) 选定正文第 1 段中“关系学生健康成长、全面发展”文本，单击“加粗”按钮，如图 2.65 所示。

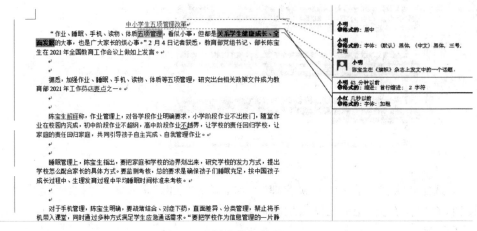

图 2.65　部分修订效果 2

(12) 选定正文第 4 段文本，按 Delete 键，如图 2.66 所示。

~~睡眠管理上，陈宝生指出，要把家庭和学校的边界划出来，研究学校的发力方式，提出学校怎么配合家长的具体方式。要监测考核，总的要求是确保孩子们睡眠充足，按中国孩子成长过程中、生理发育过程中平均睡眠时间标准来考核。~~

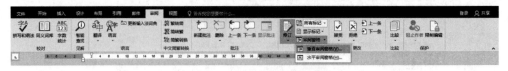

图 2.66　删除文本(2)

2. 接受或拒绝修订

(1) 单击“审阅”选项卡的“修订”组中的“审阅窗格”右侧三角按钮，选择其中任一项，如图 2.67 所示。

图 2.67　“审阅窗格”中的选项

(2) 这里选择“垂直审阅窗格”项，如图 2.68 所示。

(3) 单击“审阅”选项卡的“修订”组中的“显示标记”右侧三角按钮，光标移至“特定人员”选项上，如图 2.69 所示。

(4) 勾选“小明”项(去掉“小红”项前面的√)，效果如图 2.70 所示。

(5) 单击“审阅”选项卡的“更改”组中的“接受”下部三角按钮，如图 2.71 所示。

(6) 选择“接受所有显示的修订”项，效果如图 2.72 所示。

(7) 重复步骤(3)，勾选“小红”项(去掉“小明”项前面的√)，如图 2.73 所示。

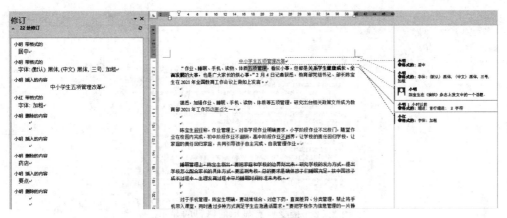

图 2.68　显示"垂直审阅窗格"

图 2.69　"显示标记"选项

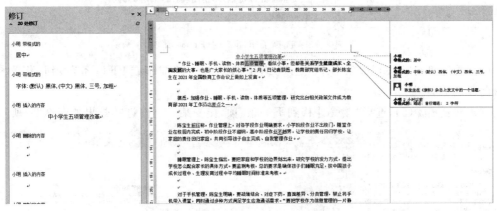

图 2.70　选择了审阅者的修订显示 1

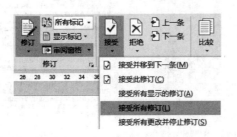

图 2.71　接受修订选项

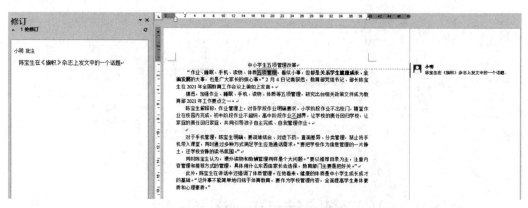

图 2.72　接受所有显示的修订的显示

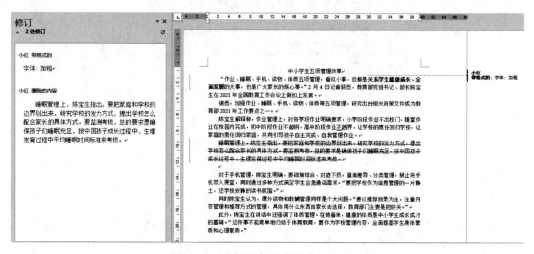

图 2.73　选择了审阅者的修订显示 2

（8）通过单击"审阅"选项卡下"更改"组中的"上一条"按钮或"下一条"按钮,将光标移至最前面的修订处。

（9）重复步骤(5),选择"接受并移到下一条"项,接受某一项修订的效果如图 2.74 所示。

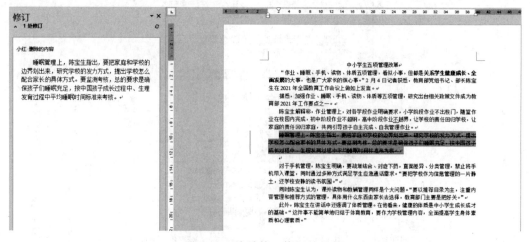

图 2.74　接受某一修订的显示

(10) 单击"审阅"选项卡的"更改"组中"拒绝"下部的三角按钮,选择"拒绝更改"项,拒绝其他修订的效果如图 2.75 所示。

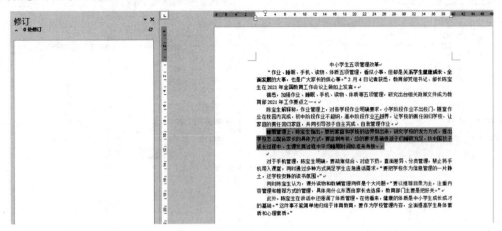

图 2.75　拒绝某一修订的显示

3. 设置摘要和自定义属性

(1) 在"文件"选项卡下"信息"命令窗口中,单击右上部"属性"按钮,再单击"高级属性"选项,打开"中小学生五项管理改革.docx 属性"对话框。

(2) 在"摘要"选项卡中的"作者"文本框中输入"无名氏",如图 2.76 所示。

图 2.76　文档属性对话框(1)

(3) 单击"自定义"选项卡,在"名称"文本框中输入"会议精神",在"类型"列表框中选择"文本"项,在"取值"文本框中输入"学习",如图 2.77 所示。

(4) 单击"添加"按钮,如图 2.78 所示,再单击"确定"按钮。

图2.77　文档属性对话框(2)　　　　图2.78　文档属性对话框(3)

4．限制文档编辑

（1）单击"审阅"选项卡下"保护"组中的"限制编辑"按钮，打开"限制编辑"窗格，如图2.79所示。

（2）勾选"1.格式设置限制"栏下面的"限制对选定的样式设置格式"复选框。

（3）勾选"2.编辑限制"栏下面的"仅允许在文档中进行此类型的编辑"复选框，同时选定列表框中的"填写窗体"选项，如图2.80所示。

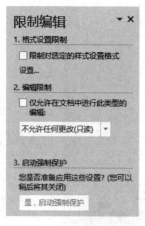
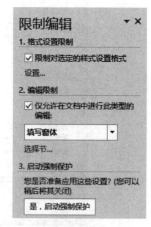

图2.79　"限制编辑"窗格　　　　图2.80　限制编辑的相关设置(1)

（4）单击"限制编辑"窗格中"选择节"项，打开"节保护"对话框，勾选"节2"，如图2.81所示，再单击"确定"按钮。

（5）在"限制编辑"窗格中，单击"3.启动强制保护"栏下面的"是，启动强制保护"按钮，可以跳过密码，直接单击"确定"按钮。

注意：文档设置限制编辑后，可在"限制编辑"窗格下部，单击"停止保护"按钮，解除限制的编辑。如果启动强制保护时，输入了密码，那么在停止保护时，需要输入当时的密码，密码无误，才可解除限制的编辑。

注意问题

如果设置文档部分内容可编辑，部分内容限制编辑，亦可按下面的方式进行。

图 2.81　设置保护的节

例如，在如图 2.82 所示的文中设置横线部分可编辑，其余部分不可编辑，即可在"限制编辑"窗格中，勾选"仅允许在文档中进行此类型的编辑"，下方状态中显示"不允许任何更改（只读）"，如图 2.83 所示，然后选中所有允许编辑的区域，再在右侧的设置框中勾选例外项下的"每个人"，如图 2.84 所示，最后单击图 2.84 右下方的"是，启动强制保护"按钮。

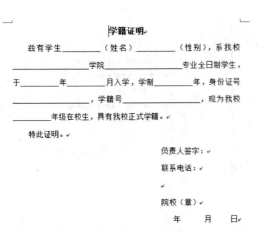

图 2.82　示例

图 2.83　限制编辑的相关设置(2)

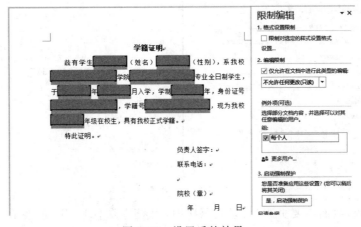

图 2.84　设置后的效果

练　习

一、打开“大学兼职权益问题.docx”文档,完成以下操作。

1. 选取并添加封面(含文档标题、摘要、关键词)。★

2. 制作图 2,并将其插入到文档中的相应位置。(选作图 1 和图 3)★

注意:表格中的图表制作完成,删除原文档中的对应图片及空行。

3. 设置文章大标题:一号,楷体,加粗,居中,副标题的字体、字号、字形不变。★

4. 设置 3 级标题,适当调整格式,包括每级标题的对齐位置、文本缩进量。要求如下:★★

(1) 标题 1,添加“第 X 章”,黑体,二号,加粗(其中 X 为阿拉伯数字 1、2、3……)。

(2) 标题 2,添加“X. X”,黑体,三号,加粗(其中 X 为阿拉伯数字 1、2、3……)。

(3) 标题 3,添加“X. X. X”,黑体,四号;加粗(其中 X 为阿拉伯数字 1、2、3……)。

注意:设置完成后,删除原标题行中的原编号和行末括号中的内容及括号。

5. 在封面页后添加目录页,调整目录的段落格式,使目录占 2 个页面。效果如图 2.85 所示。★

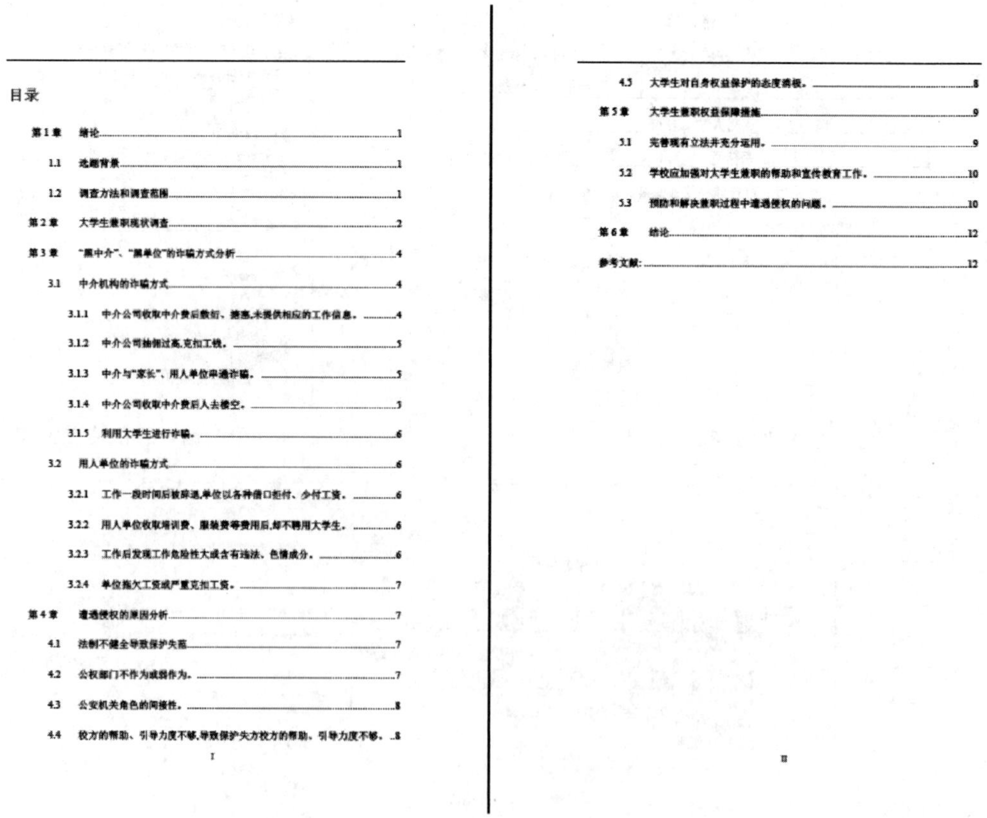
目录

第 1 章　绪论……1
1.1　选题背景……1
1.2　调查方法和调查范围……1
第 2 章　大学生兼职现状调查……2
第 3 章　“黑中介”、“黑单位”的诈骗方式分析……4
3.1　中介机构的诈骗方式……4
3.1.1　中介公司收取中介费后敷衍、搪塞,未提供相应的工作信息。……4
3.1.2　中介公司抽佣过高,克扣工钱。……5
3.1.3　中介与“家长”、用人单位串通诈骗。……5
3.1.4　中介公司收取中介费后人去楼空。……5
3.1.5　利用大学生进行诈骗。……6
3.2　用人单位的诈骗方式……6
3.2.1　工作一段时间后被辞退,单位以各种借口拒付、少付工资。……6
3.2.2　用人单位收取培训费、服装费等费用后,却不聘用大学生。……6
3.2.3　工作后发现工作危险性大或含有违法、色情成分。……6
3.2.4　单位拖欠工资或严重克扣工资。……7
第 4 章　遭遇侵权的原因分析……7
4.1　法制不健全导致保护失范……7
4.2　公权部门不作为或弱作为。……7
4.3　公安机关角色的间接性。……8
4.4　校方的帮助、引导力度不够,导致保护失方校方的帮助、引导力度不够。……8

I

4.5　大学生对自身权益保护的态度消极。……8
第 5 章　大学生兼职权益保障措施……9
5.1　完善现有立法并充分运用。……9
5.2　学校应加强对大学生兼职的帮助和宣传教育工作。……10
5.3　预防和解决兼职过程中遭遇侵权的问题。……10
第 6 章　结论……12
参考文献:……12

II

图 2.85　目录效果

6. 设置页码,封面不要页码,目录页码居中,用罗马数字Ⅰ、Ⅱ、Ⅲ表示;正文和参考文献页码用阿拉伯数字 1、2、3 表示,其中奇数页左对齐,偶数页右对齐。★

7. 设置页眉,使各标题 1 居中显示在相应正文页的页眉中,效果如图 2.86 所示。★★

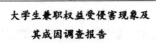

图 2.86 页眉效果

8. 将正文中的参考文献引用处,形如"[X]"的设置为上标(出现在第 4 章和第 5 章的中间,其中 X 为阿拉伯数字 1、2、3……)。★

9. 对正文内容适当排版,如设置首行缩进、段前(后)距、段间距等。★

10. 保存为".docx"文档及".pdf"文档。★

二、打开"投资理财.docx"文档,完成以下操作。

1. 添加封面。★

2. 修改正文样式为宋体小四号字,每段首行的第一个字前空 2 个汉字字符,并应用于正文中。★

3. 删除文章中的所有空行。★

4. 文章题目、各级标题设置恰当的字体和大小(文章题目、一级标题、二级标题、三级标题,要求字号大小依次变小,但要大于正文的字的字号),各级标题颜色设置为黑色;并将相应样式应用到各级标题上。★★

注意:设置完成后,删除原标题行行末括号中的内容及括号。

5. 给各级标题编号,形如"第一章 ……"、"1.1……"、"1.1.1……"。★★

6. 封面后添加目录。★

7. 页脚:正文部分页码在左下部,从数字 1 开始编号;目录页页码在下部并居中,从大写字母 A 开始编号;正文页眉要求右置引用文档标题内容。效果如图 2.87 所示。★

8. 保存文档。★

三、请参考"文件效果.pdf"的效果,打开"素材.docx"文档,完成论文基本排版,制作图表和表格(共 4 张图和 4 张表,数据源见文件"数据.xlsx"),添加相应的题注、脚注、尾注和交叉引用,以及在文档末尾添加图表目录。★

注意:

(1) 调整分栏的栏间距为 0.5 字符;

(2) 三级标题分别套用相应的样式,并对字号进行调整,且每级标题需采用多级列表的编号形式;

(3) 题注中的标签,根据需要选择或"新建标签"为"图"或"表";

(4) 对文章的作者做脚注,对文章的大标题做尾注;

(5) 操作过程中,适当调整图或表的高度,注意某图和其下的题注行、某表和其上的题注行不要分开(即不要分在不同页或分在左右不同处);

目录

第一章　投资理财陷阱……1
1.1　死穴之一：投机炒股……1
1.1.1 小贴士……1
1.2　死穴之二：买房保值……2
1.2.1 小贴士……2
1.3　死穴之三：盲目购买银行理财产品……2
1.3.1 死穴之四：买黄金保值……3
1.4　死穴之五：所有资金全部存银行……4
1.5　死穴之六：把买保险当成投资理财……5
1.6　死穴之七：把"定投基金"当成投资理财……5
1.7　死穴之八：按教科书理论投资理财……6
1.8　死穴之九：迷信专家学者……6
1.9　死穴之十：透支信用卡来投资……7
第二章　在校大学生如何理财……7
2.1　开源：……8
2.1.1 勤奋学习，获取奖学金……8
2.1.2 适当参加兼职……8
2.1.3 学会利用金融工具增加收益。……8
2.1.4 适当运用信用卡。……8
2.2　节流……9
2.2.1 避免盲目的攀比消费。……9
2.2.2 不要简单的因为喜欢就消费。……9
2.2.3 不要看不起小钱。……9
2.2.4 节约水电等费用。……9
2.2.5 买书不看。……10

大学生投资理财

大学生投资理财

第一章　投资理财陷阱

理财很重要，但随着理财产品的丰富，市场竞争也日趋激烈，在选择增加的前提下，不少人盲目追求高收益，而忽略了很多风险。尤其是当下国人，从众盲目心理过于严重，刚起步理财的他们，大多数时候都走入这些死穴。

1.1　死穴之一：投机炒股

中国股票市场在最近 13 个月中过山车般的跌宕起伏，彰显出这个独特投资者群体行为的"滚雪球效应"。上证综合指数在最近 1 年中大幅飙涨了 150%，但在短短的三个交易周多一点的时间里暴跌了 30%。

当市场一路涨升时，国家一直引导着投资者队伍一路前行，政府希望中国股票的估值大幅上升。更高的股价也有助于中国的国有企业降低负债水平，因为它们可以将自己持有的股票卖出偿还借款。

投资者进入股市，根本目的当然是要赢利，要使财富增值。但股市中有"7 赔 2 平 1 赢"的规律，这么多人赔钱，不能不说是这一规律使然。为什么这么多投资者不懂或不相信这条规律？

原因有多种，重要的方面是心理上本能的偏误在不自觉地影响着人们的行为。而股市幻觉又强化并放大了人们原本就有的行为偏差。

"股市有风险"，不是说作为普通的工薪阶层的散户，炒股时不该有一点儿"投机心理"，但"投机心理"还是少一些为好。

如果说，一段时日，股市上"一路飘红"，大爷大妈们便"蜂拥而至"，而一旦风吹草动便"仓皇出逃"，这样的"投机"，十之八九会"血本无归"的。

毕竟，"市场大鳄"，他们"经验丰富"，往往瞅准机会，"快进快出"而"赚了就跑"，那样的功夫，一般中小散户是难以学来的。

很多人都知道股市有风险，入市需谨慎。但只看到人云亦云，很少看到真正有人能静下来思考股市的风险究竟在哪里，如何规避。很多人认为，在你没有找到规避股市风险的办法，没有找到好的指路人之前，最好不要进入股市。

此外，在股市一定要用自己合法的闲钱，并且以投资的心态去操作，绝对不能像赌徒一样。

1.1.1　小贴士

先多熟悉股市的游戏规则，然后再做好资金管理，在股市调整的时候可适当的进入，然后在上涨到有一定的利润时要果断坚决卖出，不要贪婪，贪字到最后只得一个贫。学习专业的股票技术分析，因为学习的成本总比套牢的亏损要便宜得多。记住：永远要先保住本金再盈利，控制好风险后才会有盈利。

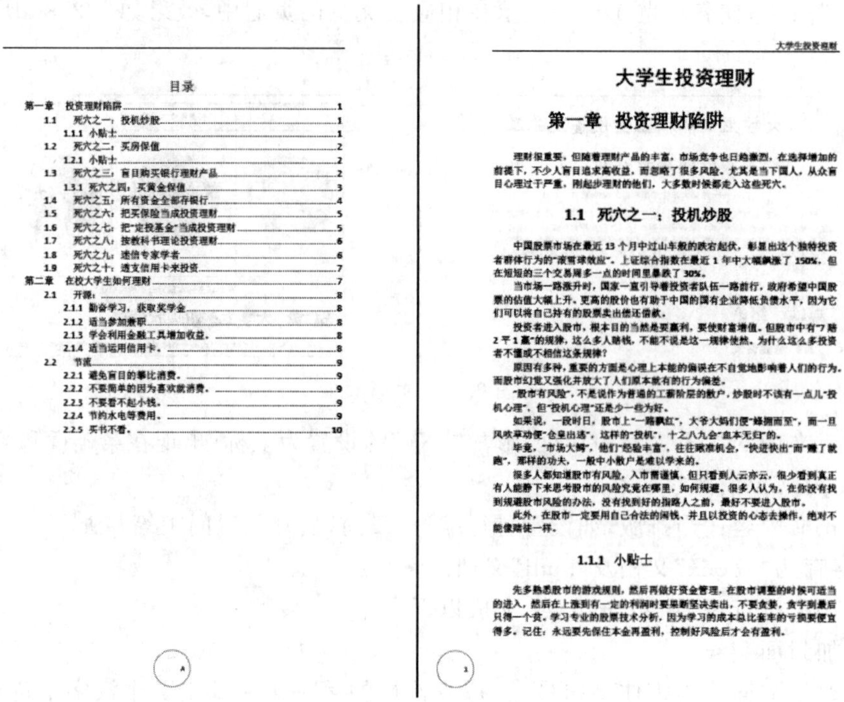

图 2.87　排版效果

(6) 根据情况，可适当增加空行。

四、打开"绘画小探秘.docx"文档，在"修订"状态下，完成以下操作。

1. 以王子洋的身份，完成：★

(1) 将文档第 11 行中"perspicio"改为"Perspicio"；

(2) 将文档第 50 行中"A4"改为"B5"；

(3) 将文档第 118 行中"8"改为"八"；

(4) 将文档第 219 行中"焦点"改为"交点"。

2. 以刘思玮的身份，完成：★

(1) 将文档第 1 行中"密秘"改为"秘密"；

(2) 删除文档第 113 行中第一个字符"1"；

(3) 删除文档第 144 行中第一个字符"2"。

3. 接受审阅者刘思玮对文档的所有修订，拒绝审阅者王子洋对文档的所有修订。★

4. 为文档添加摘要属性。作者为"某某某"，然后再添加如表 2.1 所示的自定义属性。★

表 2.1　文档高级属性名称

名　称	类　型	取　值
机密	是或否	否
分类	文本	绘画史

5. 对文档除红色字所在段落以外的内容添加限制编辑保护，密码为空。★★

第 3 章　邮件合并

Word 可以实现复杂的图文混排，但是一篇文档的排版需要花费较长的时间。对于像邀请函、成绩单、准考证、工资单这类需要批量生成且文档排版样式相同，仅数据信息不一样的文档（例如：邀请函中的姓名、成绩单中的姓名和成绩等），能否有一种便捷的方法能实现批量生成版式相同的 Word 文档呢？

掌握 Word"邮件合并"，批量生成 Word 文件，让你的工作事半功倍。

3.1　普通邮件合并

范例要求

利用邮件合并，完成邀请函的制作。★

根据给出的数据源（邀请函数据.xlsx），利用邮件合并，制作邀请函。要求新建 Word 文档，插入"邀请函背景图片.jpg"和"邀请函文字.docx"中的文字内容，进行版面排版，利用数据源筛选功能筛选学院为"商学院"和"法学院"的教师作为受邀教师，邮件合并结果按受邀教师的职称排序。完成效果如图 3.1 所示。

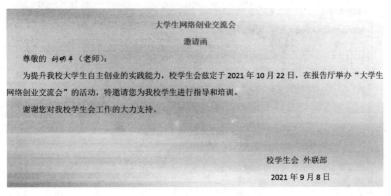

图 3.1　邀请函制作效果图

相关知识

1. 什么是邮件合并

邮件合并是指 Word 提供一个文档的格式模板，Excel 或 Access 等数据库提供数据源，邮件合并操作生成后的文档的数量由数据源中的数据条数决定，文档中的数据也是按数据源中的数据次序依次显示，文档的格式由 Word 提供的模板来确定。例如：需要生成 50 人的邀请函，则先用 Word 建立邀请函的文档格式，然后在 Excel 中建立一个含有 50 人的数据文件,通过邮件合并,可生成 50 份相同格式的邀请函。

2. 邮件合并建立的方法

邮件合并通常通过普通 Word 文档创建。首先建立 Word 文档,完成模板格式的编排,再通过 Excel 数据源文件(本节内容的数据源均采用 Excel 文件),插入邮件合并域,最后生成邮件合并的文件。

3. 邮件合并可支持的数据源文件类型

本例中,数据源是 Excel 表格,邮件合并支持的数据源类型有:Access 数据库文件、Excel 文件、Word 文档、网页、RTF 格式、文本文件等,如图 3.2 所示。如果是 Excel 文件作为数据源,一般情况下,Excel 工作簿有三张工作表,则需要确认数据源在哪张工作表中。

```
Office 数据库连接 (*.odc)
Access 数据库 (*.mdb;*.mde)
Access 2007 数据库 (*.accdb;*.accde)
Microsoft Office 通讯录 (*.mdb)
Microsoft Office 列表快捷方式 (*.ols)
Microsoft 数据链接 (*.udl)
ODBC 文件数据源名称 (*.dsn)
Excel 文件 (*.xlsx;*.xlsm;*.xlsb;*.xls)
网页 (*.htm;*.html;*.asp;*.mht;*.mhtml)
RTF 格式 (*.rtf)
Word 文档 (*.docx;*.doc;*.docm)
所有 Word 文档 (*.docx;*.doc;*.docm;*.dotx;*.dot;*.dotm;*.rtf;*.htm;*.html)
文本文件 (*.txt;*.prn;*.csv;*.tab;*.asc)
数据库查询 (*.dqy;*.rqy)
OpenDocument 文本文件 (*.odt)
```

图 3.2 邮件合并可支持的数据源

4. 邮件合并时新建数据源文件

如果数据源文件未提前创建,也可在邮件选项卡下"开始邮件合并"组中选择"选择收件人"按钮,选择"键入新列表…"弹出如图 3.3 所示的对话框,输入邮件合并数据。

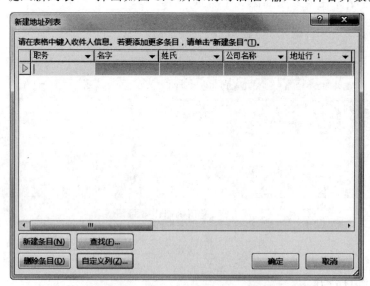

图 3.3 建立邮件合并数据源

(1) 通过图 3.3 所示的"自定义列"可以编辑数据源字段名。

(2) "新建条目"可以增加数据源记录。"删除条目"可以删除已有数据记录。

5．数据源的筛选与排序

数据源可以设置条件对数据进行筛选，也可以按照指定的顺序对数据进行排序。例如数据源文件中有100条数据，在做邮件合并时，只想取出其中的一部分满足指定条件的数据作为邮件合并的数据源，可以在邮件选项卡"开始邮件合并"组中选择"编辑收件人列表"对已有数据筛选出部分满足条件的记录。例如，对于性别字段，筛选性别为"女"的所有数据作为邮件合并的数据源，如图3.4所示，这是从字段的数据值中直接选取某个数据作为筛选条件，也可以在筛选条件中手动设置某一个条件或多个组合条件来作为筛选条件，如图3.5和图3.6所示，在数据源中筛选五(1)班且语文在80分以上的数据作为邮件合并的数据源，经过筛选后，满足条件的4条记录就是邮件合并的数据源，如图3.7所示。

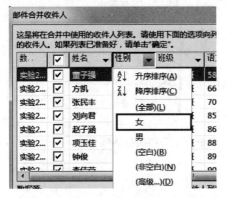
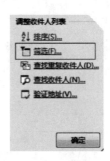

图3.4　字段值中选取数据值作为筛选条件　　　图3.5　筛选

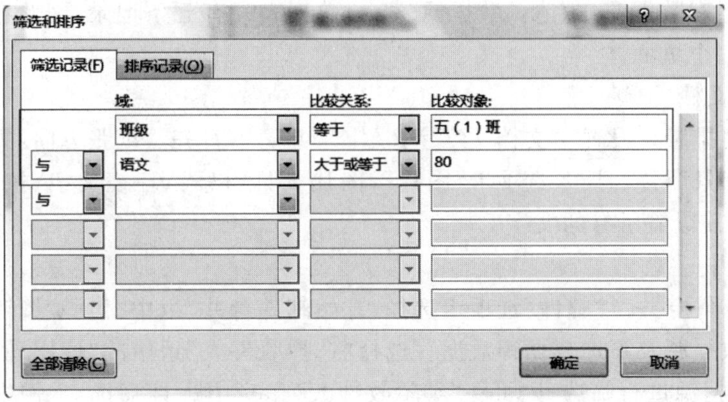

图3.6　多个组合条件筛选数据源

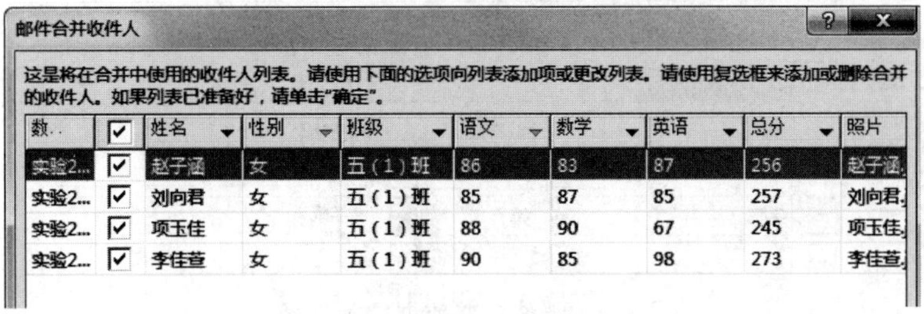

图3.7　筛选条件为"性别为女且语文成绩在80分以上"的数据源

6. 邮件合并中的文档域

在邮件合并时,需要插入"合并域",即从指定的数据表中取出对应字段的数据值,数据表中的记录数即为该字段值的条目数。插入"合并域"后,只有在"预览结果"和"完成并合并"后可以看合并后的信息。如:插入合并域"姓名"字段,在预览结果前,文档中显示《姓名》,在"预览结果"和"完成并合并"文档后显示的是具体的数据值:吴予欣、李锦华等,如图 3.8 所示。

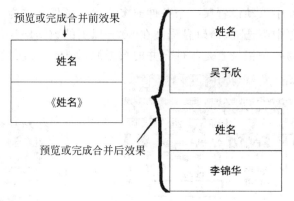

图 3.8 邮件合并中合并文档前后的效果

操作步骤

1. 制作数据源

本例中已经有数据源(邀请函数据源.xls),数据表中有五条记录,因此我们生成的邮件合并文件也有 5 个页面。

2. 制作主文档

(1) 主文档排版。设置主文档文字字体、字号并居中对齐。纸张方向:横向。

(2) 设置背景图片。插入选项卡"图片",图片工具\格式\环绕文字\衬于文字下方,调整图片大小,使其覆盖所有的文字。

3. 邮件合并

(1) 开始邮件合并。"邮件"选项卡选择"开始邮件合并"组中"信函"按钮。

(2) 选择数据源及筛选数据源数据。选择"选择收件人"组中的"使用现有列表"选择数据源,如果对数据源进行筛选,则可在"编辑收件人列表"中进行筛选,本例中筛选条件为学院仅为"商学院"和"法学院",结果按"职称"排序。如图 3.9 和图 3.10 所示。

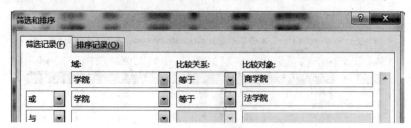

图 3.9 邮件合并数据源筛选条件

(3) 插入合并域。光标定位在插入合并域的位置,"邮件"选项卡选择"插入合并域"组,

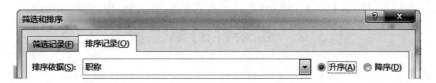

图 3.10　邮件合并结果排序

此时会看到由于关联的数据源,此处可以查看到数据源中的所有字段,如图 3.11 所示。本例中将光标置于"老师"前,插入"姓名"合并域。

（4）预览结果,完成合并。利用"邮件"选项卡的"预览结果"组选择"预览结果"按钮,可以预览查看邮件合并的内容。单击"完成并合并"按钮,选择"编辑单个文档",在弹出来的"合并到新文档"里选择"全部记录"即可完成邮件合并。

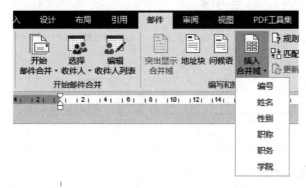

图 3.11　插入合并域按钮显示所有字段名

注意问题

完成邮件合并操作后,如果打开域文档(插入邮件合并域后的文档),会出现如图 3.12 所示的图片,说明此文档之前已有关联的数据源文件,此时再次打开主文档文件,会询问是否关联数据源文件,需要单击"是"再次关联主文档与数据源文件,将数据源中的字段读取到主文档。如果单击"否"则取消主文档和数据源文件的关联,也就无法制作邮件合并,如果需要再次生成邮件合并文件,则需要重新选择"选择收件人"组中的"使用现有列表"选择数据源。

图 3.12　主文档与数据源文件关联

3.2 带条件的邮件合并

范例要求

使用规则进行邮件合并操作★★

根据给出的数据源(学生档案数据.xlsx),利用邮件合并,制作学生成绩单。要求:学生"评定等级"栏数据通过条件判断实现,评定等级栏结论为:甲、乙、丙、丁四个等级,评定等级如表 3.1 所示。完成效果如图 3.13 所示。

表 3.1 总分与评定等级

总　　分	评 定 等 级
≥270	甲
[240,270)	乙
[180,240)	丙
<180	丁

希望小学期末考试成绩单

姓　名	赵子涵	性　别	女
班　级	五(1)班		
本学期学习情况			
语　文	86	数　学	83
英　语	87	总　分	256
评定等级	乙		

图 3.13 成绩单制作效果图

相关知识

1. 文档域设置条件判断

可以使用邮件合并中的"规则"中的"如果……那么……否则……"规则进行双分支条件判断,类似于 Excel 操作中的 IF 语句。对于多分支条件判断,则是在前一个"规则"的"否则"处再嵌套一次该"规则"。如果条件有两个分支,则使用一次"规则"就可以,如果条件有三个分支,则需要由两个"规则"嵌套实现,四个分支,需要由三个"规则"嵌套实现,依此类推。根据某一个合并域的条件显示不同的结果。每个分支条件切换到代码中可以查看分支代码,每个分支条件由大括号括起来。本例使用的是四分支条件判断结构,需要书写三次规则并进行嵌套。

2. 常用的组合键

Ctrl+A:全选。Alt+F9:切换代码/文档域。

操作步骤

1. 制作主文档

建立一个 6 行 3 列的表格,通过单元格拆分合并,完成如图 3.14 所示的主文档。

2. 关联数据源

在 Excel 表中,将所有需要打印"成绩单"的学生信息及各科目成绩,建立一个如图 3.15 所示的 Excel 表格(学生信息表.xlsx)作为邮件合并的数据源。

3. 邮件合并

(1)选择数据源。在"邮件"选项卡的"开始邮件合并"

希望小学期末考试成绩单

姓名		性别	
班级			
本学期学习情况			
语文		数学	
英语		总分	
评定等级			

图 3.14 主文档

组中,单击"选择收件人"组中的"使用现有列表"选项,选择数据源"学生信息表.xlsx"。

(2) 插入合并域。将光标分别置于各字段后面的空白单元格(除"评定等级"),单击"插入合并域"组的"选择字段"选项,插入相应的合并域字段。

(3) 编辑带条件的合并域。将光标置于"评定等级"后面的空白单元格中,在"邮件"选项卡的"编写和插入域"组中单击"规则",选择"如果……那么……否则……"规则。在如图 3.16 所示的条件判断窗口中,在"域名"中选择"总分"字段,在"比较条件"中选择"大于等于",在"比较对象"中输入:270,在"则插入此文字"中输入第一个分支条件满足后执行的语句,此时输入"甲"。执行该语句即完成了双分支的条件判断。此时看到"评定等级"栏目已显示当前记录的结果。

图 3.15　作为数据源的 Excel 文件

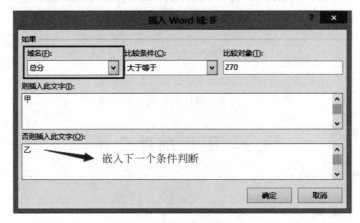

图 3.16　规则条件

4. 条件嵌套

按组合键"Ctrl+A"全选整个主文档。单击组合键"Alt+F9"将文档切换至代码编辑页面,此时我们会看到双分支域代码:{IF{MERGEFIELD 总分}>=270"甲""乙"}。选择代码中的"乙",保留文字"乙"前后的双引号,再次单击"邮件"选项卡"编写和插入域"组的"规则"按钮,选择"如果……那么……否则……"规则,在弹出来的条件判断窗口中进行如图 3.17 所示

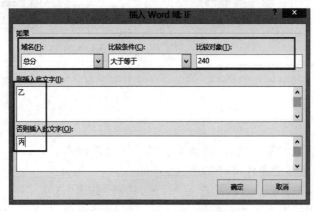

图 3.17　第一次条件判断

的选择和输入,完成后,在域代码中选中"丙"这个字,再次执行条件判断,输入信息如图3.18所示。完成3个分支后,域代码如图3.19所示。

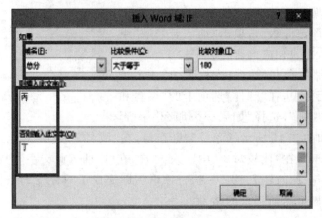

图3.18 第二次条件判断

评定等级	{ IF { MERGEFIELD 总分 } >= 270 "甲" " { IF { MERGEFIELD 总分 } >= 240 "乙" " { IF { MERGEFIELD 总分 } >= 180 "丙" "丁" } } }

图3.19 完成规则设置后的3分支域代码

3.3 图片邮件合并

范例要求

图片邮件合并★★

利用图片邮件合并,制作完成如图所示的武汉名片(共6个页面),完成后保存为PDF格式文件。完成效果如图3.20和3.21所示(这里仅提供前两个页面效果)。

图3.20 效果完成图页面1效果

图3.21 效果完成图页面2效果

相关知识

图片域不同于普通的文本域,不能和文本域一样直接插入。直接插入图片域,显示的是图片文件的文件名,而不是图片文件的内容。

邮件合并中插入图片域,需要调用"域"对象,选择"插入"选项卡的"文档部件"组的"插入域"中的"IncludePicture",在"域属性"填充相应的图片文件名或图片网址。其中图片文件名可临时取一个名称指代一个不存在的文件名,然后通过插入合并域替换成具体的图片文件的文件名。插入图片域后,可以通过组合键 Alt＋F9 切换域代码。

操作步骤

1. 制作主文档

插入一个 3 行 2 列的表格,如图 3.22 所示。

2. 关联数据源

在"邮件"选项卡的"开始邮件合并"组中,"选择收件人",选择"实验 3:武汉名片数据源.xlsx"。

3. 插入除照片字段外的合并域

在"邮件"选项卡中选择"编写和插入域"组中选择"插入合并域",将除"照片"字段外的其他字段(名称、简介、推荐指数)分别插入到文档中的相应位置。

4. 插入图片域

(1) 单击"插入"选项卡,选择"文档部件"中的"域",在"类别"中选择"链接和引用",域名:IncludePicture,文件名任意取,此例中文件名取为数字"1"。如图 3.23 所示。

图 3.22　图片邮件合并主文档

图 3.23　插入图片域

(2) 选中文件名"1",保留双引号,只选中数字"1"。在"邮件"选项卡下选择"插入合并域"的"照片"域,替换数字 1,完成图片域的插入操作。

5. 保存邮件合并后生成的文件

在"邮件"选项卡的"完成"组中选择"完成并合并"。完成后,保存合并后的文件,此时必须将邮件合并后的文档保存放至图片文件所在的文件夹,即合并后的文档与图片文件要在同一个文件夹。

6. 刷新合并后的图片域

在合并后生成的文档中,按下组合键 Ctrl＋A 全选文档中的所有内容,按 F9 键刷新文档,文件夹中的所有图片将会被正确加载到文档。单击"文件"选项卡下的"另存为",文档文件保存为 PDF 文件。

注意问题

1. 预览图片为同一张图片的处理

预览结果时图片显示的是同一张图片,将光标置于图片单元格,刷新(按 F9 键)。

2. 生成后的文档显示的图片均相同的处理

需要将生成后的文档保存至图片所在路径下,全选所有文档,按 F9 键刷新文档。

3. 图片无法显示的原因

数据源中的图片字段的数据必须和图片文件名一致，如果两者不一致，则会导致图片无法显示。例如：数据源中的图片名为"黄鹤楼.jpg"，而图片文件名称取为"黄鹤风景.png"，此时，数据源中的图片数据和图片文件的名称不一致，则会导致图片无法显示。

4. 图片与表格单元格的大小不一致的处理

本例中图片与表格单元格大小不相称时，由于插入的图片尺寸过大而将表格格式强制变形，解决方法：在"表格属性"选项中取消"自动重调尺寸以适应内容"勾选。

5. 笔记本计算机的组合键说明

在图片邮件合并操作中用到了很多组合键，组合键 Alt＋F9 用于域代码和文档文件间的切换。如果是笔记本计算机，需要在这些组合键的基础上再加上 Fn 按键。例如：笔记本计算机的域代码切换功能的组合键是"Fn＋Alt＋F9"。

3.4 大纲视图拆分合并文件

范例要求

利用大纲视图拆分文件★★★

利用大纲视图方式拆分邮件合并文件，将范例 3.3 所做的邮件合并完成后的文档文件"武汉名片"修改后，让文档中的每个景点记录作为一个独立的 Word 文档，效果如图 3.24 所示。

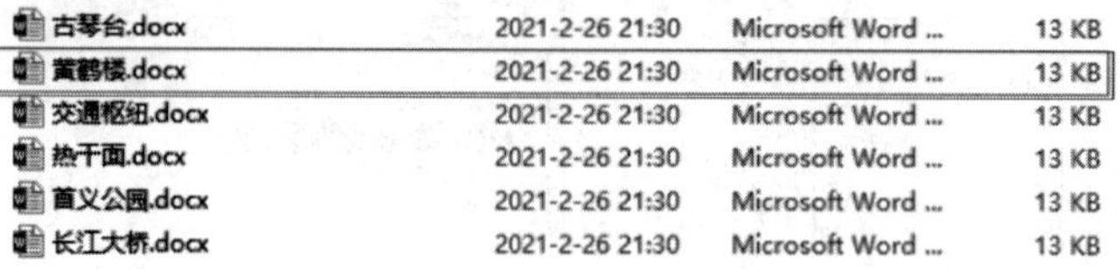

图 3.24 邮件合并后的大纲视图拆分后的效果图

相关知识

1. 大纲视图拆分文档

邮件合并后的文档中有多个页面，每个页面对应数据源中的一行记录。通过大纲视图拆分，可以将邮件合并中的每行记录处理为一个独立的文档文件。在范例 3.3 中，邮件合并后生成一个具有 6 个页面的文件，通过大纲视图拆分，得到 6 个独立的景点文档文件，如图 3.24 所示。范例 3.2 中的邮件合并后文档，也可以通过大纲视图拆分为多个独立的学生成绩文件。

2. 主控文档和子文档

通过大纲视图"显示文档"创建的为主控文档，存储内容为每个子文档的路径及文件名；子文档即通过大纲视图拆分后的每个子文档。通过"大纲"选项卡的"主控文档"中选择"折叠子文档"按钮，可以看到合并后的文档内容不再为原合并内容，而是所有分页文档的链接。如图 3.25 所示。当每个子文档的内容发生改变后，主控文档的内容也会改变。

3. 分节符的处理

使用大纲视图作文档的拆分时，会自动在邮件合并文件中增加一个"分节符（连续）"，因

图 3.25 大纲视图下折叠子文档后主控文件内容

此在做大纲视图拆分邮件合并文件时,需要删除每个子文档页面最后的空白页。

操作步骤

1. 新建主文档

建立如图 3.26 所示的邮件合并主文档。

2. 设置一级标题

光标定位在表格的前面,按下回车键,在"邮件"选项卡的"编写和插入域"组中选中"插入合并域"中的"名称"文本域;在表格上方插入"《名称》"文本域,如图 3.27 所示。在"开始"选项卡的"样式"组中,将插入的"《名称》"文本域设置为标题 1 的样式。

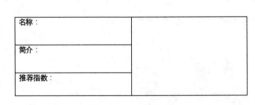

图 3.26 主文档

图 3.27 插入"名称"域后的邮件合并效果

3. 完成邮件合并

按照范例 3.3 中的步骤完成图片邮件合并。

4. 利用标题 1 拆分合并文件

选择"大纲"选项卡下"大纲工具"组中单击"显示级别"按钮,选择"1 级"标题。选中所有的 1 级标题,在"主控文档"组中单击"显示文档",再单击"创建",创建主控文档,此时所有的景点上加了一个框,且每个框的下面增加了一个"分节符(下一页)",如图 3.28 所示,每个框的内容对应一个 Word 文档。

5. 去掉子文档最后的空白页

关闭大纲视图,回到合并生成后含有六个页面的文档文件中,单击"文件"选项卡的"选项"中的"显示"选项,勾选"显示所有格式标记",邮件合并自动会产生"分节符(下一页)",大纲视图拆分也会产生"分节符(连续)"。此时需要删除"分节符(连续)"的空白页,在"开始"

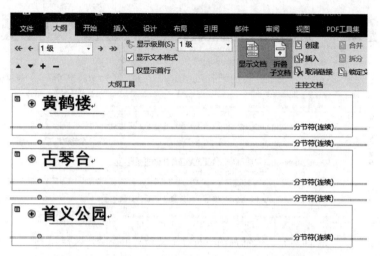

图 3.28　创建主控文档后每个页面标题加框显示

选项卡的"编辑"组中选择"替换",在查找内容中输入"^b",替换为空(不输入任何字符),如图 3.29 所示,单击"全部替换"出现如图 3.30 所示的弹窗。

图 3.29　删除分节符

图 3.30　删除全部空白页

6. 保存

单击"保存"按钮,保存主控文档至图片及主文档保存的文件夹下,此时可以看到有 6 个以景名名称命名的 Word 文件,即该文件夹下除图片文件外,有合并前的主文档,利用大纲视图制作的 1 个主控文档及 6 个子文档文件。

注意问题

利用大纲合并生成的文件有时会出现在一个文档后出现空白页的现象,这是由于在大纲视图中产生分节符(连续)而引起的,此时在合并后的文档中用批量替换:分节符(^b)替换为空即可消除多余的空白页。

练 习

根据"家长会.docx"文档,通过邮件合并完成含有 10 页的文档"正式家长会通知.doc"。具体要求如下。

1. 制作邮件合并域文档,内容包括家长会通知、期中成绩报告单及家长会通知回执,且所有内容在一个页面显示。如图 3.31 所示。★

2. 根据"学生成绩表.XLSX"数据源,通过邮件合并制作"期中成绩报告单"。要求从数据源中筛选学号为 WH192001~WH192005,WH192016~WH192020 的 10 位同学制作家长会通知。★

3. 在"尊敬的"和"学生家长"之间插入学生姓名,在"期中考试成绩报告单"的相应单元格中分别插入学生姓名、学号、各科成绩、总分,以及班级各科平均分(成绩均保留两位小数)。保留两位小数在域代码中增加"/♯0.00",如图 3.32 所示。将 Excel 工作表"学生成绩表.XLSX"中的班级平均分输入到下表中。★★

图 3.31 邮件合并生成文档　　　　图 3.32 平均分字段保留两位小数

第 4 章 Excel 基础

4.1 数据获取和整理

范例要求

打开工作簿文件“数据获取和整理.xlsx”，完成以下操作后保存文件。

1. 导入外部数据★

在工作簿“数据获取和整理”的 Sheet1 工作表中导入文本文件“文本数据源.txt”，在 Sheet2 工作表中导入网页文件“网页数据源.html”中的表格数据。完成后，删除外部数据源的数据连接。

2. 删除重复数据和分列操作★

在 Sheet1 工作表中，删除重复的人员信息。将“射击数据”列拆分为 2 列：“射击数据”列和“满分”列。完成后如图 4.1 所示。

	A	B	C	D	E	F	G	H
1	姓名	职务	性别	学校	是否参加比赛	射击数据	满分	身份证号
2	屠冉冉	队员	女	湖南省长沙市三中高三	0		10.9	420102200301025396
3	祝态	队员	男	吉林省长春市一中高三	10	7.9	10.9	420102200308302194

图 4.1 完成后效果

3. 快速填充★

在 Sheet1 工作表的“学校”列前添加 1 列，命名为“地区”列。在“地区”列中运用快速填充计算学校所属的省份或直辖市。

4. 替换和分列★

在 Sheet1 工作表的“是否参加比赛”列中，将数字 0 替换为“未参加”，将数字 10 替换为“参加”。在 Sheet1 工作表中，将“射击数据”列的空值单元格中的空值替换为数字 0。在 Sheet2 工作表中，通过替换操作去掉所有单元格中多余的空格，通过分列操作去掉姓名列中所有的不可见字符。

建议：用文本函数 len 验证是否去除了“姓名”列的相关字符。如图 4.2 所示。

	A	B	C	D
1	序号	姓名	出差时间	长度验证(len函数)
2	1	张三	2021/12/30	2
3	2	李四	2022/12/11	2
4	3	王五	2022/2/21	2
5	4	赵六	2022/3/30	2
6	5	向七	2022/6/21	2
7	6	吴八	2022/7/4	2

图 4.2 Sheet2 工作表删除多余字符后的效果及验证

5. 自定义单元格★★

在 Sheet1 工作表中,通过自定义单元格格式,为"射击数据"列的数据区域设置自定义样式,区间要求如表 4.1 所示。为"联系方式"列设置自定义样式,要求将 11 位数字长度的联系方式替换为 11 个"＊",将 8 位数字长度的联系方式替换为 8 个"＊"。完成后如图 4.3 所示。

表 4.1 区间分布

射击成绩	等级
成绩＜9	不合格
成绩≥9 并且成绩＜10	良好
成绩≥10	优秀

图 4.3 自定义单元格效果图

在 Sheet2 工作表中,通过自定义单元格格式,在"序号"列设置 001、002 样式的单元格显示效果,在日期列设置诸如"2021/12/30 星期四"的单元格显示效果。完成后调整合适的行高和列宽,效果如图 4.4 所示。

图 4.4 自定义单元格效果图

6. 定位条件★

在 Sheet1 工作表的"姓名"列前添加一列,设置该列标题为"序列"。通过条件定位,将同一地区的选手序列设置在一个合并后的单元格中。完成后,效果如图 4.5 所示。

图 4.5 定位条件完成效果图

相关知识

1. 导入外部数据

在 Excel 2016 中,工作表单元格中的数据除了可以直接输入,还可以从外部获取,常见的有网页获取和文本文件获取,还可以从数据库和 Power Query 处理后的数据获取。这些获取方式都在"数据"选项卡的"获取外部数据"组和"获取和转换"组。如图 4.6 所示。

图 4.6　获取外部数据

2. 删除重复数据、分列操作

1）删除重复数据

在 Excel 2016 中,"删除重复项"和"分列"功能按钮都在"数据"选项卡的"数据工具"组中。如图 4.7 所示。

图 4.7　删除重复数据

在 Excel 2016 中,可以根据单字段删除重复的记录行,也可以根据多字段删除重复的记录行。关键是:找到能唯一标识一行记录的字段或字段组合作为删除重复值时的依据。

2）分列

在 Excel 2016 中,可以通过分列操作完成单元格中的数据分离和格式处理。范例中通过分隔符"/"完成了"射击数据"列的分列处理,通过分列操作清除不可见字符。当然,不可见字符的清除也可以通过 Clean 函数处理。分列操作还可以在分列向导的第 3 步中改变单元格的数据类型。

除了使用分隔符进行分列操作,还可以通过固定的字符或数值长度进行分列。例如将 8 位长度的数据,通过固定长度拆分为 4 位年份、2 位月份和 2 位天数。在分列向导第 2 步时,注意设置月份的单元格类型为文本和拆分长度。操作步骤和完成后的效果如图 4.8 和图 4.9 所示。

需要注意,使用分隔符号进行拆分时,分列符号只允许输入 1 个,且只能为半角字符。

3. 快速填充

在 Excel 2016 中,快速填充的位置有 2 处,分别在"开始"选项卡"编辑"组"填充"下拉

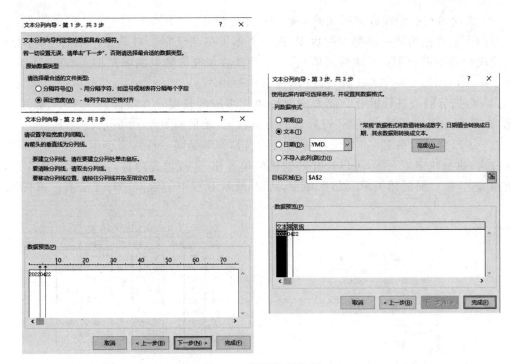

图 4.8 固定长度分列

图 4.9 固定长度分列后的效果

按钮和"数据"选项卡"数据工具"组中。如图 4.10 和图 4.11 所示。

图 4.10 "开始"选项卡中的快速填充位置

图 4.11 "数据"选项卡中的快速填充位置

Excel 中的快速填充能让一些复杂的字符串处理操作变得更简单。需要注意的是：
（1）快速填充在横向填充时不起作用。

(2) 快速填充必须在数据区域的相邻列内才能使用。

范例中的数据为同一种类型的数据(都是文本类型的汉字),对单元格中同一种类型的数据使用的是根据分隔位置的快速填充,这种用法在填充区域只能填充相同的长度,在范例中取了第1位到第3位字符。除此之外,还有3种用法。

(1) 根据分隔符进行拆分。此方法允许填充不同的长度。在下面的例子中,通过快速填充,在B列中获取了A列中"-"符号后的所有数据,效果如图4.12所示。

(2) 字段合并。在Excel单元格中输入的内容如果是同一行的多个单元格内容所组成的字符串,执行快速填充后,可以合并其他相应单元格,生成填充内容。在下面的例子中,通过快速填充,在C列的相关单元格区域中,将A列和B列中的数据进行了合并。如图4.13所示。

图4.12　快速填充-根据分隔符拆分　　　图4.13　字段合并

(3) 部分内容合并。这是一种将拆分功能和合并功能同时组合在一起的使用方式,将拆分的部分内容再次进行合并。在下面的例子中,在D列中的相关单元格区域中,将A列、C列和B列中的部分内容进行了合并。如图4.14所示。

快速填充功能在一定程度上可以替代分列功能和进行这种处理的函数公式,但是和函数公式处理效果的不同之处在于:使用快速填充功能时,如果原始数据区域中的数据发生变化,填充区域中的结果数据不能自动更新。

4. 替换

在Excel 2016中,替换功能在"开始"选项卡"编辑"组的"查找和选择"下拉列表中。

在"查找和替换"对话框中,单击"选项"按钮可以显示更多查找和替换选项。如图4.15所示。

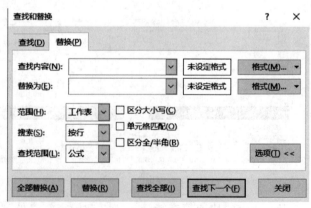

图4.14　快速填充-部分字段合并　　　图4.15　Excel中的查找和替换对话框

"查找和替换"对话框中各选项的含义如表 4.2 所示。

表 4.2 查找和替换对话框中的各功能按钮

查找和替换选项	功 能
范围	查找的目标范围是当前工作表还是整个工作簿
搜索	查找时的搜索顺序。按行查找优先查找行号较小的单元格,按列查找优先查找列号较小的单元格
查找范围	查找对象的类型。"公式"指查找所有单元格数据及公式中所包含的内容。"值"指的是仅查找单元格中的数值、文本及公式运算结果,不包括具体的公式函数。"批注"指的是仅在批注内容中进行查找。在"替换"选项卡中,只有"公式"一种方式
区分大小写	是否区分英文字母的大小写
单元格匹配	查找的目标单元格是否仅包含需要查找的内容。例如,选中"单元格匹配"复选框,查找内容为"jszx"时,就不会对值为"jhdxjszx"的工作表单元格进行替换
区分全/半角	是否区分全角和半角字符。如果区分,则查找"jszx"时,就不会对值为"jszx"的工作表单元格进行替换

5. 自定义单元格

在 Excel 2016 中,自定义单元格的格式在单元格格式中设置。默认条件可省略的单元格自定义格式代码的完整结构为:正数 正数对应的值;负数 负数对应的值;零 零对应的值;文本。

结构中的分号是半角分号";",功能为:以分号间隔的 4 个区段构成了一个完整结构的自定义格式代码,每个区段中的值分别在单元格为正数、负数、0 和文本类型的值时才会起作用。用法效果如图 4.16 所示。

衍生的用法:

条件 1 条件 1 对应的值;条件 2 条件 2 对应的值;除此之外的数值对应的值;文本。

上述结构中的条件 2 对应的值,不仅要满足条件 2,还要求不满足条件 1。用法效果如图 4.17 所示。即:小于 60 的数值对应文本"不合格",60~80 的数值对应文本"合格",大于等于 80 的数值对应文本"良好",单元格中的文本对应转换为"学校名称"。

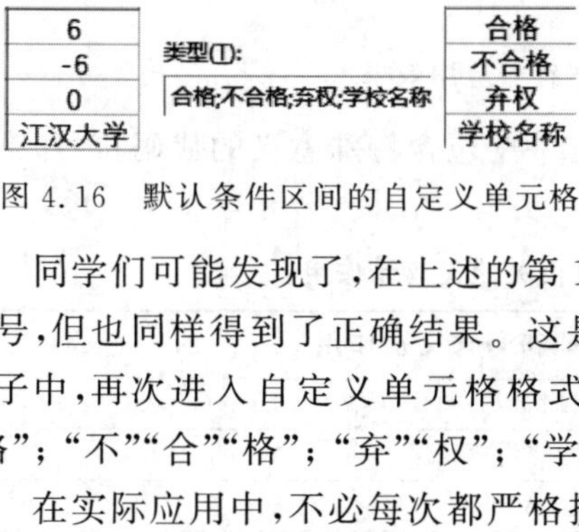

图 4.16 默认条件区间的自定义单元格 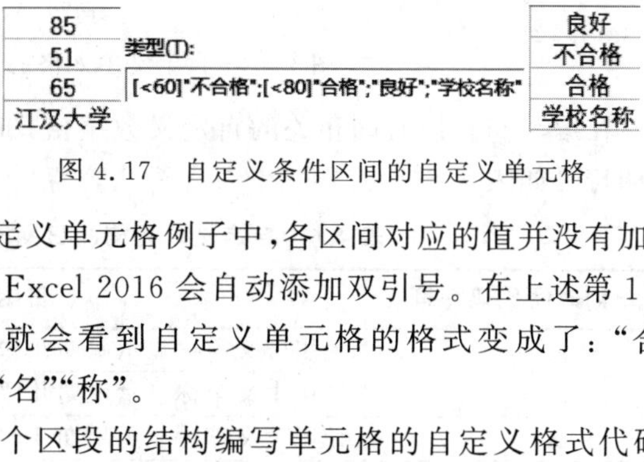　　图 4.17 自定义条件区间的自定义单元格

同学们可能发现了,在上述的第 1 个自定义单元格例子中,各区间对应的值并没有加双引号,但也同样得到了正确结果。这是因为 Excel 2016 会自动添加双引号。在上述第 1 个例子中,再次进入自定义单元格格式设置,就会看到自定义单元格的格式变成了:"合""格";"不""合""格";"弃""权";"学""校""名""称"。

在实际应用中,不必每次都严格按照 4 个区段的结构编写单元格的自定义格式代码。默认条件下(正数、负数、零)的区段数可少于 4 个,最少 1 个,代码结构含义如表 4.3 所示。

表 4.3 少于 4 个默认条件区间的自定义单元格代码结构含义

区段数	代码结构含义
1	格式代码作用于所有类型的值
2	第 1 区段作用于正数和零值,第 2 区段作用于负数
3	第 1 区段作用于正数,第 2 区段作用于负数,第 3 区段作用于零值

对于包含条件值的格式代码来说,区段数也可以少于 4 个,但最少不能少于 2 个区段,相关的代码结构含义如表 4.4 所示。

表 4.4 少于 4 个自定义条件区间的自定义单元格代码结构含义

区段数	代码结构含义
2	第 1 区段作用于满足条件 1,第 2 区段作用于其他情况
3	第 1 区段作用于满足条件 1,第 2 区段作用于满足条件 2,第 3 区段作用于其他情况

除了表示区间的代码结构外,完成一个格式代码还需要了解自定义格式所使用的其他代码字符及其含义。常用的自定义格式代码编码符号及其对应的含义和作用如表 4.5 所示。

表 4.5 自定义单元格常用代码符号和作用

代 码 符 号	符号含义及作用
G/通用格式	不设置任何格式,按原始输入显示。同"常规"格式
#	数字占位符,只显示有效数字,不显示无意义的零值
0	数字占位符,显示有效数字和无意义的零值
[颜色]	显示相应的颜色。对于中文版 Excel,只能使用中文颜色名称;英文版 Excel 则只能使用英文颜色名称。例如:[蓝色],[red]
[DBNum1]	显示中文小写数字,如"12"显示为"十二"
[DBNum2]	显示中文大写数字,如"12"显示为"拾贰"
;;;(3 个半角分号)	隐藏单元格中的值

应用效果如图 4.18 所示。

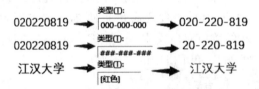

图 4.18 自定义单元格的常用代码符号应用效果

在编写与日期时间相关的自定义数字格式时,还有一些包含特殊意义的代码符号,常用日期符号如表 4.6 所示。

表 4.6 自定义单元格的日期时间格式相关的代码和作用

日期时间代码符号	日期时间代码符号含义及作用
aaa	使用中文简称显示星期几("一"—"日")
aaaa	使用中文全称显示星期几("星期一"—"星期日")
ddd	使用英文缩写显示星期几("Sun"—"Sat")
dddd	使用英文全称显示星期几("Sunday"—"Saturday")
mmm	使用英文缩写显示月份("Jan"—"Dec")
mmmm	使用英文全称显示月份("January"—"December")

需要注意,自定义单元格不会改变单元格的类型,只会改变单元格的显示效果。

用户所创建的自定义格式仅保存在当前工作簿中。如果要将自定义的数字格式应用于其他 Excel 工作簿,可将包含特定格式的单元格直接复制到目标工作簿中。如果要在所有新工作簿中使用这些自定义数字格式,可以通过创建和使用 Excel 模板来实现。

6. 定位条件

定位条件功能在"开始"选项卡"编辑"组的"查找和选择"下拉按钮中,可以快速选中某单元格区域或工作表中的常量、空值和公式等单元格。在范例的最后一问,我们通过定位条件选定了 A 列"序号"列中的空值,进而完成了 A 列中相邻单元格的单元格合并操作。范例中的第 4 问"将射击数据列的空值替换为数字 0"也可以通过定位条件功能完成。

如果想要对通过定位条件选中的多个单元格赋值,需要在定位到这些单元格后,输入数据,然后按下 Ctrl+Enter 组合键才能生效。

操作步骤

1. 导入外部数据

(1) 打开"数据获取和整理.xlsx"工作簿。

(2) 鼠标定位在 Sheet1 工作表中,单击"数据"选项卡"获取外部数据"组中的"自文本"按钮,选择文本文件"文本数据源.txt"所在的位置,单击"导入"按钮,如图 4.19 所示。

图 4.19 导入文本数据

(3) 在弹出的"文本导入向导"的第 1 步中,选择"分隔符号"方式导入文本文件,文件原始格式选择"936:简体中文(GB2312)",如图 4.20 所示。

(4) 在"文本导入向导"的第 2 步,选择或输入文本文件中分隔字符的符号,本题是制表符 Tab 键作为分隔符,如图 4.21 所示。

(5) 在"文本导入向导"的第 3 步,选中"身份证号"这一列,将数据类型修改为"文本"类型,如图 4.22 所示。完成后,单击"完成"按钮,在现有工作表"Sheet1"的 A1 单元格中导入文本文件中的数据,如图 4.23 所示。

(6) 鼠标指针定位在 Sheet2 工作表中,单击"数据"选项卡下"获取外部数据"组中的"自网站",将网页文件"网页数据源.htm"拖入"新建 Web 查询"对话框中。选中网页中

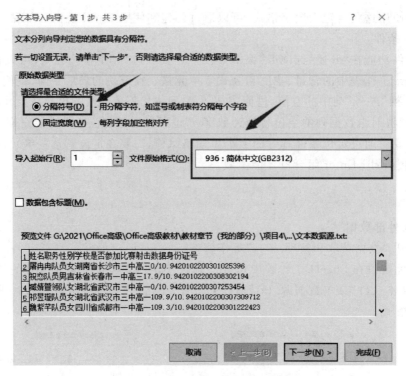

图 4.20 文本导入向导第一步

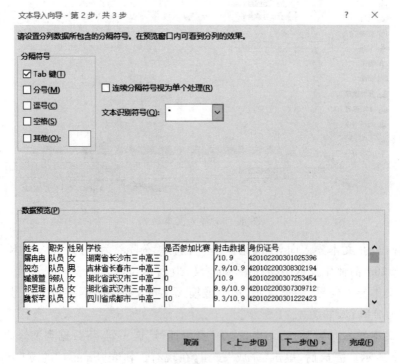

图 4.21 文本导入向导第二步

表格数据前面的箭头标记符,选中网页中的表格数据,单击"导入"按钮导入到 Sheet2 工作表的 A1 单元格中。如图 4.24 和图 4.25 所示。

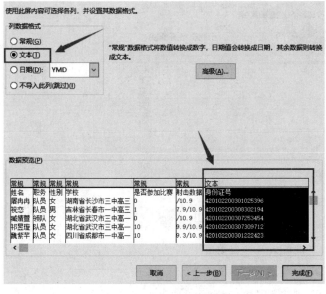

图 4.22　文本导入向导第三步　　　　图 4.23　文本导入到 Excel 中的位置

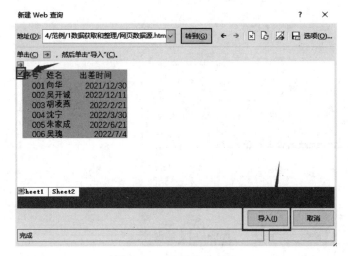

图 4.24　网页导入向导　　　　图 4.25　网页导入到 Excel 中的位置

2. 删除重复数据和分列操作

（1）鼠标指针定位在 Sheet1 工作表的数据单元格中，单击"数据"选项卡"数据工具"组的"删除重复项"按钮，在弹出的"删除重复项"对话框中，单击"取消全选"按钮，再勾选"身份证号"列字段，单击"确定"按钮，删除数据区域中 3 行重复的数据记录，如图 4.26 所示。

（2）在"身份证号"列前插入空白列。选中"射击数据"列，单击"数据"选项卡"数据验证"组中的"分列"按钮，在弹出的文本分列向导第一步中，选中"分隔符号"单选按钮。在向导第二步中，勾选"分隔符号"中的"其他"，在后面的文本框中输入分隔符"/"，单击"完成"按钮完成分列，如图 4.27 所示。在新生成列的第一行的空白列名位置输入"满分"。

3. 快速填充

在"学校"列前添加 1 列空白列，在第一行的空白列名位置输入"地区"。在 D2 单元格

图 4.26 设置"删除重复数据"

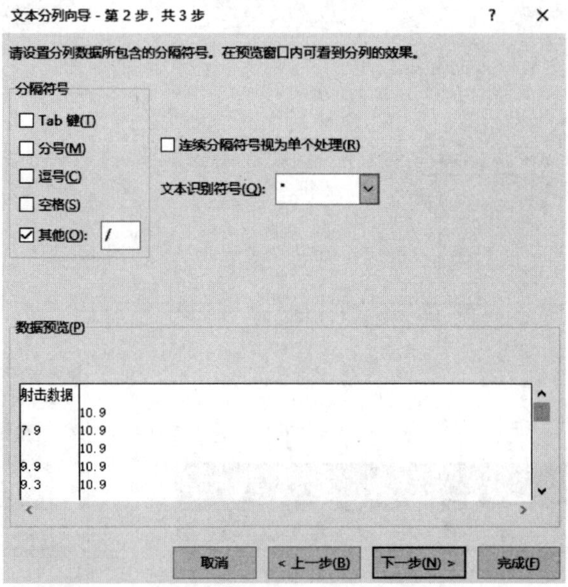

图 4.27 设置"文本分列向导"-分隔符分列

中输入"湖南省"。单击"数据"选项卡"数据工具"组的"快速填充"按钮,完成 D 列相关单元格数据的快速填充。

4. 替换和分列

(1) 鼠标指针定位在 Sheet1 工作表的任意数据单元格,在"开始"选项卡的"编辑"组中单击"查找和选择"下拉按钮,选中"替换"。在弹出的"查找和替换"对话框的"替换"选项卡中,单击"选项"按钮,在"查找内容"文本框中输入数字 0,在"替换为"文本框中输入"未参加",勾选"单元格匹配"复选框,如图 4.28 所示。单击"全部替换"按钮,完成替换。运用相同的方法,将"姓名"列中的数字 10 替换为"参加"。

(2) 在 Sheet1 工作表中,选中"射击"列中所有选手的射击数据单元格。在"开始"选项卡"编辑"组中单击"查找和选择"下拉按钮,选中"替换"。在弹出的"查找和替换"对话框的

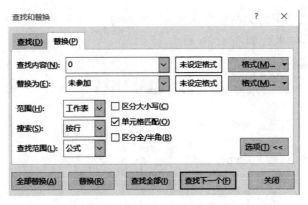

图 4.28　"单元格匹配"模式替换

"替换"选项卡中,单击"选项"按钮,在"查找内容"文本框中不输入内容,在"替换为"文本框中输入数字 0,完成空值替换。

(3) 将光标定位在 Sheet2 工作表的任意数据单元格,在"开始"选项卡"编辑"组中单击"查找和选择"下拉按钮,选中"替换"。在弹出的"查找和替换"对话框的"替换"选项卡中,在"查找内容"文本框中输入空格字符,"替换为"文本框中不输入内容,去掉所有单元格中多余的空格字符。

(4) 选中"姓名"列,在"数据"选项卡的"数据工具"组中单击"分列"按钮,在弹出的"分列"向导对话框中单击"完成"按钮,即可去掉"姓名"列中的不可见字符。

5. 自定义单元格

(1) 选中"射击数据"列的数据单元格区域,单击鼠标右键,选中"设置单元格格式"。在弹出的"设置单元格格式"对话框的"数字"选项卡中,在"分类"中选择"自定义"类型,在"类型"说明文字下的文本框中输入:[<9]"不合格";[<10]"良好";"优秀",完成单元格中文本的显示效果。如图 4.29 所示。

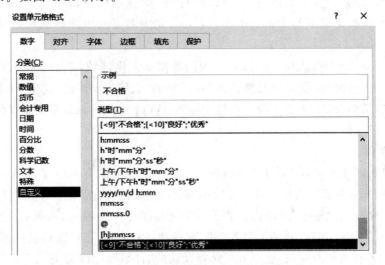

图 4.29　自定义条件的自定义单元格设置

(2) 选中 Sheet1 工作表中"联系方式"列的数据单元格区域,单击鼠标右键,选中"设置单元格格式"。在弹出的"设置单元格格式"对话框的"数字"选项卡下,在"分类"中选择"自定义"

类型,在"类型"说明文字下的文本框中输入:[>99999999]" ************ ";" ******** ",完成需要的单元格显示效果。如图 4.30 所示。

图 4.30　自定义条件的自定义单元格设置

(3) 选中 Sheet2 工作表中"序号"列的数据单元格区域,单击鼠标右键,选中"设置单元格格式"。在弹出的"设置单元格格式"对话框的"数字"选项卡下,在"分类"中选择"自定义"类型,在"类型"说明文字下的文本框中输入:000,完成需要的单元格显示效果。如图 4.31 所示。

(4) 选中 Sheet2 工作表中"出差时间"列的数据单元格区域,单击鼠标右键,选中"设置单元格格式"。在弹出的"设置单元格格式"对话框的"数字"选项卡中,在"分类"中选择"自定义"类型,在"类型"说明文字下的文本框中输入:yyyy/m/d aaaa,完成需要的单元格显示效果。如图 4.32 所示。

6. 定位条件

(1) 在 Sheet1 工作表的"姓名"列前插入 1 列空白列,在第一行字段名单元格中输入"序号"。选中 Sheet1 工作表中的任意 1 个数据单元格,在"数据"选项卡的"排序和筛选"组中单击"排序"按钮,以"地区"字段为主要关键字进行排序。如图 4.33 所示。在"数据"选项卡的"分级显示"组中,单击"分类汇总"按钮,在弹出的"分类汇总"对话框中,以"地区"作为分类字段,"序号"作为汇总字段,汇总方式选择默认的"计数",完成分类汇总操作。如图 4.34 所示。

(2) 选中"序号"列中的 A2:A44 单元格区域,在"开始"选项卡"编辑"组中单击"查找和选择"下拉按钮,选中"定位条件"。在弹出的"定位条件"对话框中选中"空值",如图 4.35 所

图 4.31　数字序列的自定义单元格设置

图 4.32　日期格式的自定义单元格设置

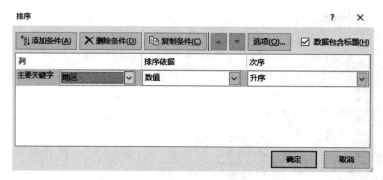

图 4.33　分类汇总排序字段

示。单击"确定"按钮后，可以选中 Sheet1 工作表 A2:A44 单元格区域中的所有空值单元格，如图 4.36 所示。在"开始"选项卡的"对齐方式"组中，单击"合并后居中"按钮，完成 A2:A44 单元格中所有相连的空值单元格的单元格合并。

图 4.34　分类汇总设置

图 4.35　定位条件设置

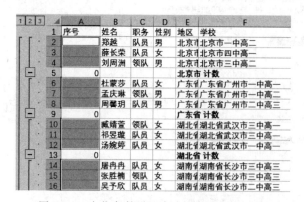

图 4.36　定位条件设置完成后选中的单元格

（3）在"数据"选项卡的"分级显示"组中，单击"分类汇总"按钮，在弹出的"分类汇总"对话框中，单击"全部删除"按钮，删除 Sheet1 工作表中的分类汇总操作，去除多余的单元格。

选中 A 列单元格,按照第 5 问自定义单元格中的操作步骤,设置自定义单元格的"000"显示效果。选中 A2 单元格,输入 001,将光标指向在 A2 单元格的右下角,此时光标变成黑色十字。如图 4.37 所示。双击鼠标左键,完成剩余的合并单元格中的数据填充。

图 4.37　填充单元格

注意问题

1. 导入数据时的文件编码和单元格格式设置

在导入文本文件中的数据时,需要在导入向导中设置导入文件的格式和各列的单元格格式,否则会出现乱码和数据位显示不全的情况。

2. 删除重复数据

由于可能出现同名同姓的人员,所以不能只通过"姓名"字段进行删除操作,可以通过"姓名"字段和"身份证号"字段的组合值进行重复值的删除操作。当然,也可以通过"身份证号"字段进行重复字段的删除。这里的关键是:找到能唯一标识一行记录的字段或字段组合。

3. 快速填充

如果需要完成图 4.38 所示的快速填充效果,需要进行两次快速填充。

进行快速填充或自动填充时,填充的单元格区间必须是同样大小。如图 4.39 所示的蓝色底纹单元格区间无法进行快速填充和自动填充。

原始数据	第1次快速填充	第2次快速填充
北京~一中	北京	北京市
武汉~二中	武汉	武汉市
天津~三中	天津	天津市
哈尔滨~一中	哈尔滨	哈尔滨市
石家庄~四中	石家庄	石家庄市
乌鲁木齐~三中	乌鲁木齐	乌鲁木齐市

图 4.38　两次快速填充的效果

图 4.39　单元格大小不同时无法快速填充

4. 替换

进行替换操作时,如果没有选定单元格区域,默认对当前活动状态下的工作表的所有单元格进行替换。

5. 自定义单元格输入时的规范

自定义单元格中输入格式代码时,所有的字符都是半角字符。

4.2　格式设置

范例要求

打开工作簿文件"格式设置.xlsx",完成以下操作。

1. 表格格式★

在"出生率"工作表中,为单元格区域 A1:I32 套用表格样式"表样式浅色 2",在 J2:J32 单元格区域计算每一个省份的各年出生率平均值,并将 J1 单元格中的列名称修改为"出生率均值"。取消表格的筛选按钮,并通过表格的汇总行功能,在 B33:J33 单元格区域中计算各省份各年的出生率平均值和总平均值,保留 2 位小数。完成后如图 4.40 所示。

	A	B	C	D	E	F	G	H	I	J
1	地区	2019年	2018年	2017年	2016年	2015年	2014年	2013年	2012年	出生率均值
2	北京市	8.12	8.24	9.06	9.32	7.96	9.75	8.93	9.05	8.80375
3	天津市	6.73	6.67	7.65	7.37	5.84	8.19	8.28	8.75	7.435
4	河北省	10.83	11.26	13.2	12.42	11.35	13.18	13.04	12.88	12.27
	⋮	⋮	⋮	⋮	⋮	⋮	⋮	⋮	⋮	
31	宁夏回族自治区	13.72	13.32	13.44	13.69	12.62	13.1	13.12	13.26	13.28375
32	新疆维吾尔自治区	8.14	10.69	15.88	15.34	15.59	16.44	15.84	15.32	14.155
33	汇总	10.56	11.11	12.12	11.8	11.15	11.63	11.26	11.42	11.38

图 4.40　单元格区域转为表格格式的完成后效果图

2. 名称管理器★

在名称管理器中,将出生率工作表的单元格区域 A2:J32 重命名为"各省年出生率"。

3. 单元格样式★★

在"出生率"工作表的标题行(第 1 行)前插入新的一行,合并新行中的 A1:J1 单元格区域,输入文字"各省年度出生率"。将工作簿"样式"中的单元格样式合并到素材文件工作簿,并将新获取的样式"标题 1 2"应用到出生率工作表中新插入行的合并单元格区域 A1。效果如图 4.41 所示。

	A	B	C	D	E	F	G	H	I	J
1	各省年度出生率									
2	地区	2019年	2018年	2017年	2016年	2015年	2014年	2013年	2012年	出生率均值
3	北京市	8.12	8.24	9.06	9.32	7.96	9.75	8.93	9.05	8.80375
4	天津市	6.73	6.67	7.65	7.37	5.84	8.19	8.28	8.75	7.435
5	河北省	10.83	11.26	13.2	12.42	11.35	13.18	13.04	12.88	12.27

图 4.41　单元格样式应用后的效果图

4. 条件格式

在"出生率"工作表的"2019 年"字段列(B3:B32),按照表 4.7 的规则设置条件格式。效果如图 4.42 所示。★

表 4.7　条件格式区间

语文分数段	图标集效果(3 颗星)
[12,+∞)	满星
[8,12)	半星
[0,8)	无星

	A	B	C	D	E	F	G	H	I	J
1	各省年度出生率									
2	地区	2019年	2018年	2017年	2016年	2015年	2014年	2013年	2012年	出生率均值
3	北京市	☆ 8.12	8.24	9.06	9.32	7.96	9.75	8.93	9.05	8.80375
4	天津市	☆ 6.73	6.67	7.65	7.37	5.84	8.19	8.28	8.75	7.435
5	河北省	☆ 10.83	11.26	13.2	12.42	11.35	13.18	13.04	12.88	12.27

图 4.42　图标集条件格式完成效果

在"出生率"工作表的"出生率均值"字段列(J3:J33),设置数据条实心填充的条件格式,实心填充色为"标准色-橙色",无边框,不显示数值。效果如图 4.43 所示。★

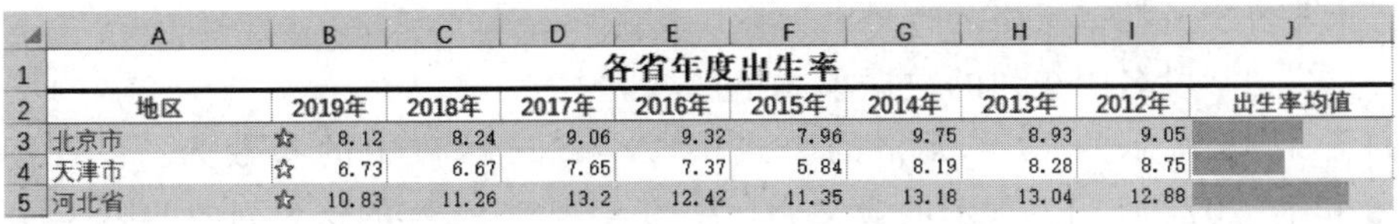

图 4.43　数据条条件格式完成效果

在"出生率"工作表的"地区"字段列(A3:A33)设置条件格式：当该地区 2017 年的出生率大于 2016 年的出生率时，该地区用标准色-红色的底纹进行填充。效果如图 4.44 所示。★★

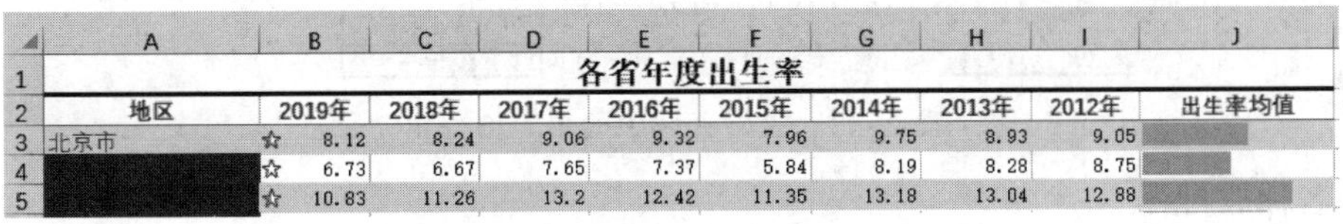

图 4.44　带公式的跨列条件格式完成效果

在"出生率"工作表的各年度字段列(B3:I33)设置条件格式：将各地区各年度出生率排名前 2 位的单元格底纹设置为"6.25%灰色"底纹。效果如图 4.45 所示。★★★

图 4.45　混合引用公式的条件格式完成效果

相关知识

1. 表格格式

在 Excel 中，可以将普通的单元格区域转换为表格格式，方法是：通过"开始"选项卡"样式"组中的"套用表格格式"设置完成。如图 4.46 所示。也可以将表格区域转换为普通的单元格区域，方法是：选中表格区域单元格后，在"表格工具-设计"选项卡的"工具"组中，单击"转换为区域"按钮。如图 4.47 所示。

图 4.46　套用表格格式

图 4.47　套用表格格式

在 Excel 中，将普通的单元格区域转换为表格格式后，如果需要引用其中的单元格或单元格区域进行公式计算，选中表格中的单元格或单元格区域时，显示的是@和[字段名]。下面我们进行简单说明。

@：计算公式所在单元格的行号。

[字段名]：字段名所在列的数据单元格区域。

在如图 4.48 所示的 J3 单元格的公式中，Average 函数中的参数为：各省年出生率 [@[2019 年]:[2012 年]]。表示的含义为：2019 年到 2012 年的这 8 列中的第 3 行数据，即 B3:I3 的单元格区域。因为计算公式在 J3 单元格中，所以 J3 单元格中函数参数中的@就对应第 3 行。

图 4.48　表格区域中的单元格公式

2. 名称管理器

在 Excel 中，名称管理器的主要作用是用一个有意义的名称代表一个单元格区域，让单元格区域看起来更有意义。名称管理器在"公式"选项卡的"定义的名称"组中。

在名称管理器中，单击"新建"按钮可以新建一个名称，对应一个单元格或单元格区域。在引用位置中，既可以用单元格描述，也可以用其他名称描述。以图 4.49 中的左图为例，在引用位置中的表示方式一般为：工作表名称!单元格 或 工作表名称!单元格区域，左图表示的引用位置为"出生率"工作表的 B3:B33 单元格区域。跨工作表的函数也经常使用"工作表名称!单元格区域"的方式作为函数参数，例如 Vlookup 函数的第 2 参数。

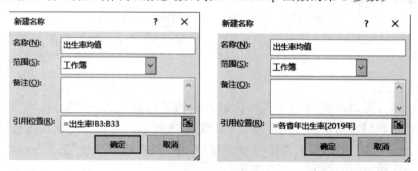

图 4.49　名称管理器

3. 单元格样式

单元格样式是一组特定单元格格式的组合。使用单元格样式可以快速地对需要应用相同样式的单元格进行格式化，从而提高工作效率。这个功能和格式刷有些类似。需要说明的是，应用了某一种单元格样式设置的单元格和单元格区域，在修改了该单元格样式后，所有应用过该样式的单元格和单元格区域都会自动更新。这一点是格式刷做不到的。

同样，单元格样式也有局限性，比如无法进行单元格合并设置等。在 Excel 2016 中，单元格样式支持 6 种类型的设置：数字、对齐、字体、边框、填充和保护。实质上就是单元格设置的 6 个选项卡（限制了对齐选项卡中的合并单元格）。具体如图 4.50 所示。

4. 条件格式

条件格式能够以单元格的内容为基础，根据条件判断规则，将格式应用到单元格中。应用格式的单元格或单元格区域可以和进行条件判断规则的单元格或单元格区域不同。条件

图 4.50 单元格样式

格式的规则类型比较多,范例中用到了图标集、数据条和自定义公式。

在"条件格式"范例中,应用条件格式的单元格区域为 A3:A33,进行条件格式规则判断的是 D3:E33 单元格区域。进行规则判断的条件格式的公式为"=$D3>$E3",这里采用了相对引用书写公式。因为公式中的单元格 D3 和 E3 只需向下填充,就可以依次判断 D3:E33 单元格区域的所有大小关系(例如:D4 和 E4,D5 和 E5 等),所以列号不变,只改变行号。在不变的列号前加绝对引用符号即可。

在"条件格式"范例中,进行规则判断的单元格区域和应用条件格式的单元格区域都是 B3:I33。进行规则判断的条件格式的公式为"=RANK(B3,$B3:$I3)<=2",同样采用了相对引用书写公式。因为需要对 B3:I33 区域中的每一个单元格进行判断,所以 B3 单元格的行号和列号都是相对引用状态;而任何一个单元格都只会在 B3:I33 单元格区域的某一行进行判断,以 B3 单元格对应的判断区域 B3:I3 为例,B3:I3 在接下来只会衍变为 B4:I4,B5:I5 等,所以 B3:I3 单元格区域的列号不变,行号改变。在不变的列号前加绝对引用符号即可。

如果书写错了条件格式的规则,还可以在"条件格式规则管理器"中进行修改。在"条件格式"下拉框中单击"管理规则"就可以看见,如图 4.51 所示。选中错误的规则,单击"编辑规则"按钮,就可以进行修改。

图 4.51 管理条件格式规则

在条件格式中存在应用规则的优先级。通常情况下,在"条件格式规则管理器"中,越是位于上方的规则,优先级越高。新添加的规则一般位于最上方。当有2个公式形式的条件规则应用到同一个单元格或单元格区域时,如果规则之间没有冲突,2条规则都会应用;如果有冲突,则只会执行优先级高的那一条规则。

操作步骤

1. 表格格式

(1)打开工作簿文件"格式设置.xlsx"。

(2)在"出生率"工作表中选中A1单元格,按下Ctrl+A组合键,快速选中工作表中的数据单元格区域A1:I32。在"开始"选项卡的"样式"组中,单击"套用表格格式"下拉按钮,选中"浅色"区域中第一行第二列的"表样式浅色2",在弹出的"套用表格式"对话框中,确认勾选复选框"表包含标题",如图4.52所示。单击"确定"按钮,完成普通的单元格区域到表格格式的转换。

图4.52 单元格区域转表格格式

(3)在"出生率"工作表的J2单元格中输入公式"=average(表1[@[2019年]:[2012年]])",J2:J32单元格区间会自动填充公式。注意,average函数中的参数"表1[@[2019年]:[2012年]]"所代表的单元格区域是:B2:I2,在书写average函数的参数时,直接选中单元格区域B2:I2就行。完成后,在J1单元格中输入"出生率均值",J1单元格的格式自动套用表格格式。

(4)光标定位在表格中的任意一个单元格,在"表格工具"的"设计"选项卡中,取消勾选复选框"筛选按钮"就能去除表格的筛选,如图4.53所示。

图4.53 表格设计-不显示筛选按钮

(5)光标定位在表格中的任意一个单元格,在"表格工具"的"设计"选项卡中,勾选复选框"汇总行",调出表格的汇总行功能,如图4.54所示。A33:J33单元格区域会转变成表格格式,如图4.55所示。

图4.54 表格设计-汇总行功能

	A	B	C	D	E	F	G	H	I	J
31	宁夏回族自治区	13.72	13.32	13.44	13.69	12.62	13.1	13.12	13.26	13.28375
32	新疆维吾尔自治区	8.14	10.69	15.88	15.34	15.59	16.44	15.84	15.32	14.155
33	汇总									352.83625

图4.55 普通单元格区域转为表格格式后的效果

（6）选中 B33 单元格，在右侧会出现筛选按钮，单击该筛选按钮后选中"平均值"，如图 4.56 所示。修改 B33 单元格中的公式为："＝ROUND(SUBTOTAL(101,[2019 年]),2)"。Subtotal 函数是筛选后计算函数，会在下一章进行讲解，这里是表格汇总行的计算功能自动生成的。

图 4.56　表格格式-汇总行计算

（7）完成 B33 单元格中的计算后，鼠标横向拖动到 J33 单元格，完成公式填充，如图 4.57 所示。完成效果如图 4.58 所示。

图 4.57　公式填充

图 4.58　表格格式设置完成后的底部表格效果

2. 名称管理器

在"公式选项卡"的"定义的名称"组中单击"名称管理器"按钮，在弹出的"名称管理器"对话框中，选中名称"表1"所在的记录行，单击"编辑"按钮修改引用位置"出生率!A2:J32"对应的名称为"各省年出生率"。如图 4.59 所示。完成后，在"名称管理器"对话框中单击"关闭"按钮。

图 4.59　名称管理器

3. 单元格样式

（1）在工作表"出生率"中，光标定位在第 1 行表格区域（A1:J1）以外的任意一个第 1 行单元格。单击鼠标右键，选择"插入"按钮，继续选择"整行"，即可在表格第 1 行上方插入新的 1 行。选中新生成的 A1:J1 单元格区域，在"开始"选项卡的"对齐方式"组中单击"合并后居中"按钮，再输入文字"各省年度出生率"。

（2）打开"样式"工作簿。

（3）在"格式设置"工作簿中，单击"开始"选项卡"样式"组中的"单元格样式"下拉按钮，选中"合并样式"选项,如图 4.60 所示。

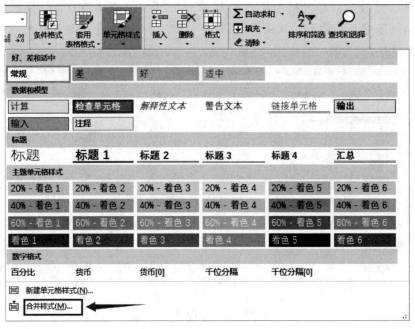

图 4.60　单元格合并样式的位置

(4) 在弹出的"合并样式"对话框中,选中"合并样式来源"区域中的"样式.xlsx",单击"确定"按钮后,在弹出的对话框中,Excel 会询问"是否合并具有相同名称的样式",单击"是"即可将"样式"工作簿的样式复制到"格式设置"工作簿中。如图 4.61 所示。

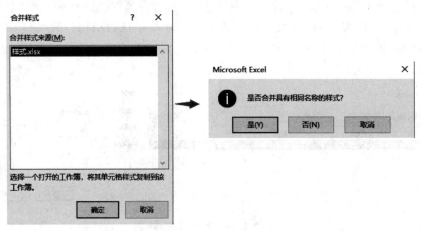

图 4.61　单元格合并样式设置

(5) 在"格式设置"工作簿的"出生率"工作表中,选中第 1 步中合并后的单元格 A1。在"开始"选项卡的"样式"组中,单击"单元格样式"下拉按钮,选中复制得到的新单元格格式"标题 1 2",即可完成单元格格式的复制,操作如图 4.62 所示。

4. 条件格式

(1) 在工作簿"格式设置.xlsx"的"出生率"工作表中,选中 B3:B32 单元格区域。单击"开始"选项卡"样式"组的"条件格式"下拉按钮,选择"新建规则"选项。在弹出的"新建格式规则"

图 4.62 应用新的单元格样式

对话框中,选中"基于各自值设置所有单元格的格式"。在"编辑规则说明"区域中,在"格式样式"下拉列表中选择"图标集","图标样式"选择 3 颗星。在"根据以下规则显示各个图标"区域中,"类型"选择"数字",半星和满星对应的值分别输入 8 和 12。操作设置如图 4.63 所示。

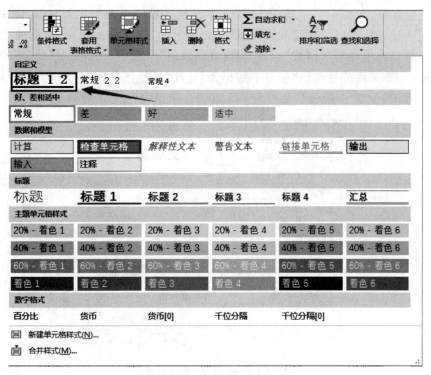

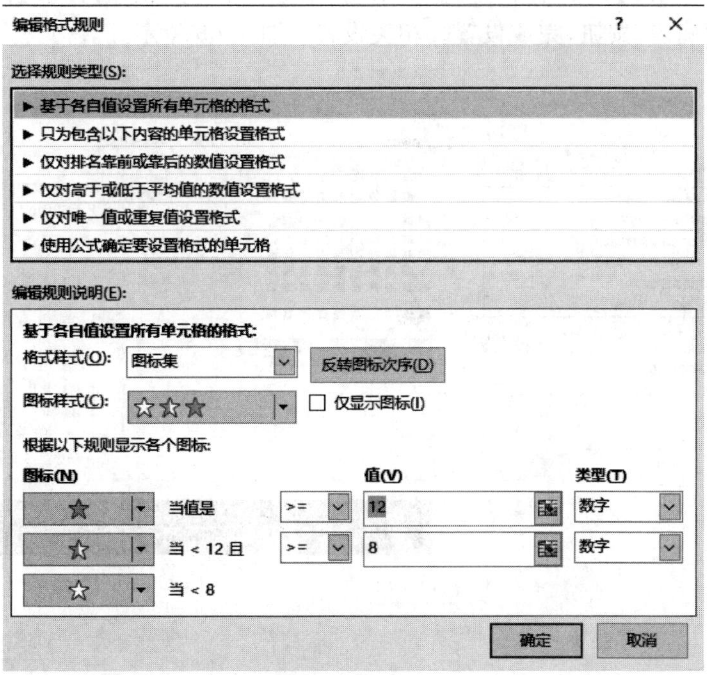

图 4.63 条件格式-图标集设置

(2) 在工作表"出生率"中,选中 J3:J33 单元格区域。单击"开始"选项卡"样式"组的"条件格式"下拉按钮,选择"新建规则"选项。在弹出的"新建格式规则"对话框中,选中"基于各自值设置所有单元格的格式"。在"编辑规则说明"区域中,在"格式样式"下拉列表中选择"数据条",勾选右侧的复选框"仅显示数据条"。在"条形图外观"区域,填充项选中"实心填充",颜色选中"标准色-橙色",边框为"无边框"。操作设置如图 4.64 所示。

图 4.64　条件格式-数据条设置

(3) 在工作表"出生率"中,选中 A3:A33 单元格区域。单击"开始"选项卡"样式"组的"条件格式"下拉按钮,选择"新建规则"选项。在弹出的"新建格式规则"对话框中,选中"使用公式确定要设置格式的单元格"。在"为符合此格式的值设置格式"的文本框中输入公式"=＄D3＞＄E3"。在对话框中单击"格式"按钮,在"填充"选项卡的背景色区域,选中"标准色-红色",单击"确定"按钮,完成设置。相关设置如图 4.65 所示。

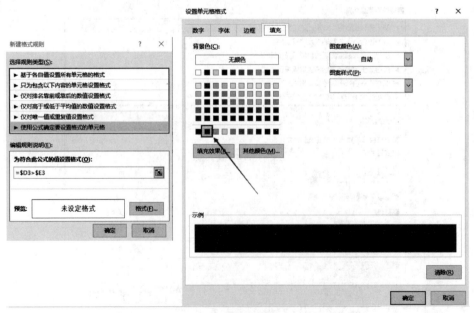

图 4.65　条件格式-跨列应用中的公式和底纹设置

(4) 在工作表"出生率"中,选中 B3:I33 单元格区域。单击"开始"选项卡"样式"组的"条件格式"下拉按钮,选择"新建规则"选项。在弹出的"新建格式规则"对话框中,选中"使用公式确定要设置格式的单元格"。在"为符合此格式的值设置格式"的文本框中输入公式"=rank(B3,$B3:$I3)<=2"。在对话框中单击"格式"按钮,在"填充"选项卡的"图案样式"区域,选中"6.25%灰色"样式的图案。单击"确定"按钮,完成设置。相关设置如图 4.66 所示。

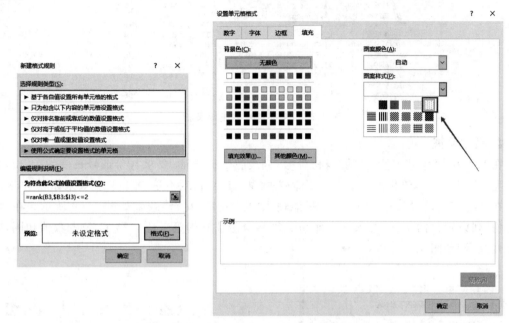

图 4.66 条件格式-混合引用中的公式和底纹图案设置

注意问题

1. 单元格样式

在"单元格样式"范例中,不能直接在表格区域的第 1 行单元格区域(A1:J1)中的单元格单击鼠标右键插入行;只能在表格区域外的第 1 行单元格中,通过鼠标右键插入新的 1 行。

2. 条件格式

当应用公式书写条件格式规则时,一定要在公式前输入"=",分析公式中的单元格和单元格区域的填充方向,进而判断公式中的行号和列号的绝对引用和相对引用。

4.3 数据工具

范例要求

打开工作簿文件"数据工具.xlsx",完成以下操作。

1. 合并计算★

在工作表"两次考试平均成绩"中进行合并计算,以"二月调考"工作表中"姓名"列中的姓名排序为基准,得到工作表"2月调考"和工作表"4月调考"中所有数据的平均值,数据填写在工作表"二次考试平均成绩"的 A1 单元格。完成后,在工作表"二次考试平均成绩"的 A1 单元格输入"姓名"。整体完成效果如图 4.67 所示。

	A	B	C	D	E	F	G
1	姓名	语文	数学	英语	历史	地理	政治
2	郑越	120	100	141.5	91.5	69	74
3	薛长荣	120	93.5	113.5	87.5	78.5	63.5
4	刘周洲	109	117	123	74	69	58.5
5	杜蒙莎	131	119	125.5	64.5	85.5	79
6	孟庆琳	121	120.5	110	93.5	81	77
7	周馨玥	122	119.5	110	86.5	63.5	75.5
8	臧靖萱	110.5	130	118.5	75.5	82.5	64
9	祁昱璇	120	110	121	89	78.5	75
10	汤婉婷	99	121.5	104.5	94	73	79
11	屠冉冉	136	131	119.5	82	64	92
12	魏紫芊	108.5	113	101.5	76.5	85.5	91.5
13	张胜楠	126.5	117	122.5	55.5	99.5	73.5
14	祝忞	105.5	117	118	68	84	81.5

图 4.67　合并计算完成效果图

2. 数据验证

在工作表"学生基本信息"的"身份证号"列设置数据验证,要求身份证号长度为 18 位,如果长度不等于 18 位,给出出错信息:"您输入的身份证号长度不是 18 位!"。效果如图 4.68 所示。在"性别"列设置数据验证,要求只能输入"男"或者"女"。效果如图 4.69 所示。在"出生年份"列设置数据验证,要求出生年份必须和身份证号的第 7 位—第 11 位的数值相同,圈出无效数据,如图 4.70 所示。★

图 4.68　数据验证出错警告

图 4.69　序列形式的数据验证

	A	B	C	D	E	F
1	姓名	性别	行政区	学校	身份证号	出生年份
2	郑越	男	江岸区	二中	420102200304086703	2003
3	薛长荣	女	江岸区	二中	420102200308065960	2003
4	刘周洲	男	江岸区	六中	420102200302231796	2003
5	杜蒙莎	女	江岸区	六中	420102200309055960	2003
6	孟庆琳	女	江岸区	十六中	420102200212161975	2001
7	周馨玥	女	江岸区	十六中	420102200403042033	2002
8	臧靖萱	女	江汉区	一中	420102200102246418	2001

图 4.70　数据验证中的无效数据

提示:

(1) 可以用"公式 len 函数"或"数据验证中的文本长度"判断身份证号的长度。

(2) 完成所有操作后保存文件,无效数据上的圆圈会消失。这是正常现象。

在工作表"学生基本信息"的"学校"列设置数据验证,根据 C 列中显示的行政区,在 D 列下拉列表中显示该行政区中的学校。行政区和学校的对应关系在 H1:J2 单元格区域。例如在 C2 中的数据为"江岸区",则在 D2 单元格的下拉列表中只能显示"二中,六中,十六中"。效果如图 4.71 所示。★★★

提示: 用名称管理器定义单元格区域,结合 indirect 函数处理。

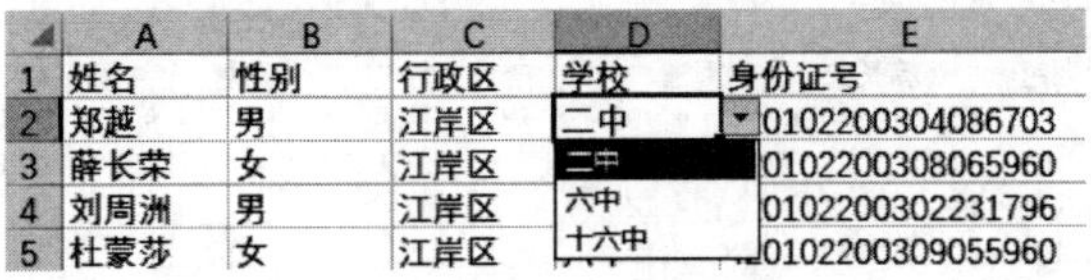

图 4.71 关联性的数据验证

相关知识

1. 合并计算

Excel 2016 的"合并计算"功能可以汇总或合并多个数据源区域中的数据。合并计算在"数据"选项卡的"数据工具"组中。

合并计算的数据源区域可以是同一工作表中的不同表格，也可以是同一工作簿中的不同工作表，还可以是不同工作簿中的表格。范例中使用的合并计算的数据源来自于同一工作簿中的不同工作表。

在合并计算中，合并计算结果的数据排序以第 1 个放入"合并计算"中"引用位置"的区域为准。

当不同数据源的首行标题顺序不同而首列标题顺序相同时，可以选中"合并计算"对话框中的首行，此时根据行标题进行分类合并计算，合并计算后的首列没有数据。以计算"合并计算平均值"为例，操作如图 4.72 所示。

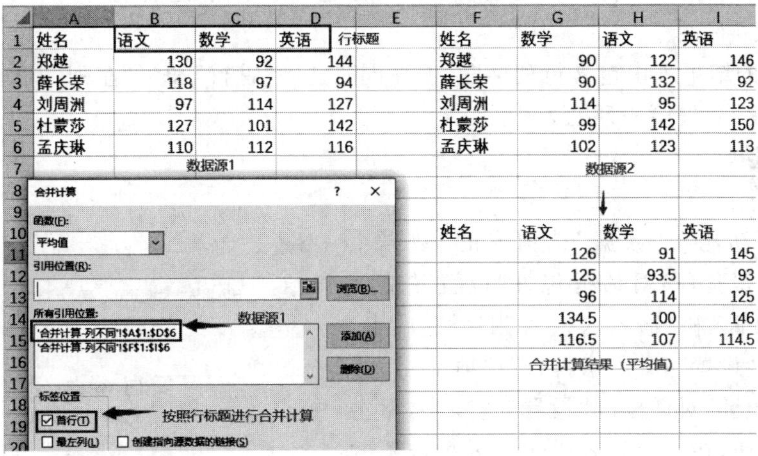

图 4.72 按照行标题合并计算

当不同数据源的首列标题顺序不同而首行标题顺序相同时，可以选中"合并计算"对话框中最左列，此时根据列标题进行分类合并计算，合并计算后的首行没有数据。以计算"合并计算平均值"为例，操作如图 4.73 所示。

当然，上面的两种情况也可以同时选中"合并计算"对话框的"首行"复选框和"最左列"复选框，得到的数据结果只会缺失第一列的列标题。

当不同数据源的首行内容顺序和首列内容顺序都相同时，进行合并计算时，可以不需要选中"合并计算"对话框的"首行"复选框和"最左列"复选框。

当不同数据源的首行内容顺序和首列内容顺序都不同时，无法进行合并计算。

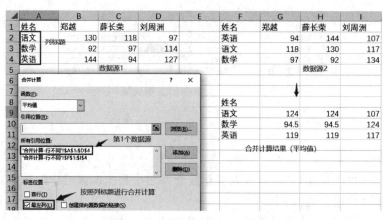

图 4.73　按照列标题合并计算

需要注意的是：

（1）合并计算的前提条件是，不同数据源的首行标题顺序和首列标题顺序中，需要至少有一个相同。当不同数据源的首行标题顺序不同而首列标题顺序相同时，需要勾选"合并计算"对话框中的"首行"复选框，根据列标题进行合并计算。当不同数据源的首列标题顺序不同而首行标题顺序相同时，需要勾选"合并计算"对话框中的"最左列"复选框，根据行标题进行合并计算。

（2）当不同数据源的首行标题顺序或首列标题顺序不同，进行合并计算时，数据源列表必须包含行或列标题。

（3）合并的结果表中包含行列标题，但在同时选中"首行"和"最左列"复选框时，所生成的合并结果表会缺失第一列的列标题。

2．数据验证

1）基本用法

数据验证功能在"数据"选项卡的"数据工具"组中。"数据验证"对话框包含"设置""输入信息""出错警告"和"输入法模式"4个选项卡。范例中使用了"设置"和"出错警告"选项卡。

在"数据验证"对话框的"设置"选项中，单击"允许"下拉按钮，在下拉列表中包含8种内置的数据验证条件，当用户选择不同类型的验证条件时，会在对话框底部出现基于该规则类型的设置选项，如图4.74所示。

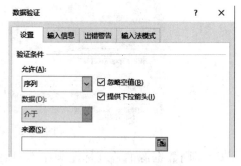

图 4.74　数据验证-序列

不同验证条件的说明如表4.8所示。

表 4.8　数据验证的各种类型

验证条件	说　　明
任何值	允许在单元格中输入任何数据而不受限制
整数	限制单元格只能输入整数，并且可以指定数据允许的范围
小数	限制单元格只能输入小数，并且可以指定数据允许的范围

续表

验证条件	说明
序列	限制单元格只能输入包含在特定序列中的内容。序列的内容可以是单元格引用、公式，也可以手动输入
日期	限制单元格只能输入某一区间的日期，或者是排除某一日期区间之外的日期
时间	与日期条件设置基本类似，限制单元格中的时间
文本长度	限制输入数据的字符个数
自定义	使用函数与公式实现自定义条件

2）范例详解

范例中的 3 个数据验证中，关于文本长度，有 2 种设置方法：①使用"文本长度"模式，在"数据"中选择关系运算符"等于"，在"长度"文本框中输入"18"。②使用"自定义"模式，通过 len 函数进行控制。由于是单列数据验证，公式中的单元格引用可以是相对引用，也可以是混合引用（列名前加绝对引用符号）。

关于性别控制，同样有 2 种设置方法：①在"序列"模式中，"来源"中输入具体的字符，需要注意的是，所有的非中文字符都是半角状态下输入。②在"序列"模式中，"来源"中可以引入 2 个单元格，2 个单元格中的值为文本字符"男"和"女"。

关于出生年月的数据验证，通过 Mid 函数实现。由于是单列数据验证，公式中的单元格引用可以是相对引用，也可以是混合引用（列名前加绝对引用符号）。

关于学校名称的级联控制是这 3 个数据验证中最难的。需要借助引用函数 Indirect 和名称管理器进行处理。

Indirect 函数能够根据第一参数的文本字符串，生成具体的单元格或单元格区域的引用。具体的语法如下：

Indirect(ref_text,[a1])

第一参数 ref_text 是一个表示单元格地址的文本，可以是 A1 单元格作为引用或 A1 单元格中的内容作为引用，或者是 R1C1 引用样式的字符串。

第二参数[a1]是一个逻辑值，如果该参数为 True 或省略，则第一参数中的文本被解释为 A1 样式的引用。如果为 False，则解释为 R1C1 样式的引用。一般情况下，第二参数省略。

举例：Indirect(A1)，表示将 A1 单元格中的内容作为引用，得到以 A1 单元格中的内容为引用所对应的单元格中的内容。例如 A1 单元格中是 b1，得到的就是 b1 单元格中的内容。Indirect("A1")，表示将 A1 单元格作为引用，得到 A1 单元格中的内容。函数运用效果如图 4.75 所示。

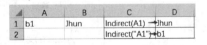

图 4.75 Indirect 函数应用效果

在范例中，通过名称管理器中定义好的"江岸区"和"江汉区"分别对应了各自的 3 所学校，C 列的数据区中每一个单元格的值就是"江岸区"或"江汉区"，所以通过 Indirect 函数和 C 列数据单元格，可以关联区和学校的信息。在"数据验证"对话框的"来源"文本框中，输入的公式是一个相对引用："=indirect($c2)"，因为此公式需要引用 C 列数据区中的每一个单元格，在引用过程中，列号 C 不变，仅仅只有行号发生改变，所以列号 C 前加绝对引用符号。

如果想清除数据验证规则,可以选中包含数据验证规则的单元格区域,在"数据验证"对话框中单击"全部清除"按钮即可。如图4.76所示。

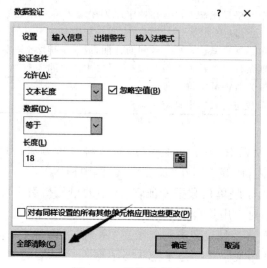

图4.76 清除数据验证

操作步骤

1. 合并计算

光标定位在"两次考试平均成绩"工作表的A1单元格中,单击"数据"选项卡"数据工具"组的"合并计算"按钮。在弹出的"合并计算"对话框中,函数选择"平均值",单击"引用位置"文本框右侧的红色按钮,先选中"二月调考"工作表的A1:G14单元格区域,单击"添加"按钮,将此单元格区域添加到"所有引用位置"文本框中。完成后再将"四月调考"工作表的A1:G14单元格区域,以同样的方式添加到"所有引用位置"文本框中。完成后,在"标签位置"中勾选"首行"和"最左列"复选框。单击"确定"按钮。操作如图4.77所示。完成后,在"两次考试平均成绩"工作表的A1单元格中输入"姓名"。

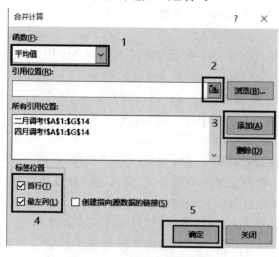

图4.77 合并计算操作步骤

2. 数据验证

(1) 在工作表"学生基本信息"中,选中"身份证号"列的数据单元格区域 E2:E14。在"数据"选项卡的"数据工具"组中,单击"数据验证"按钮。在弹出的"数据验证"对话框的"设置"选项卡中,在"验证条件"区域的"允许"下拉选项中,选择"自定义"选项,输入公式"=len($E2)=18"。如图 4.78 所示。在"数据验证"对话框中切换到"出错警告"选项卡,在错误信息中输入"您输入的身份证号长度不是 18 位!"。如图 4.79 所示。完成身份证号的 18 位长度验证。

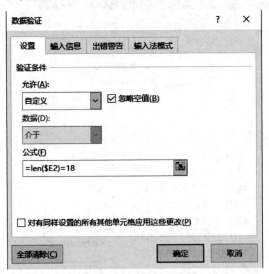

图 4.78 数据验证-公式

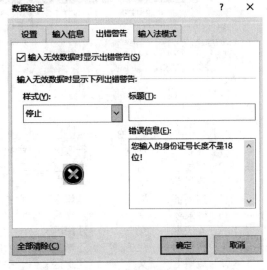

图 4.79 数据验证-出错警告

(2) 在工作表"学生基本信息"中,选中"身份证号"列的数据单元格区域 B2:B14。在"数据"选项卡的"数据工具"组中,单击"数据验证"按钮。在弹出的"数据验证"对话框的"设置"选项卡中,在"验证条件"区域的"允许"下拉选项中,选择"序列"选项。在"来源"文本框中输入"男"和"女",如图 4.80 所示。单击"确定"按钮,完成"性别"列的序列验证。

图 4.80 数据验证-序列

（3）在工作表"学生基本信息"中，选中"出生年份"列的数据单元格区域 F2:F14。在"数据"选项卡的"数据工具"组中，单击"数据验证"按钮。在弹出的"数据验证"对话框的"设置"选项卡中，在"验证条件"区域的"允许"下拉选项中，选择"自定义"选项，在公式区域下的文本框中输入公式"=$F2=MID($E2,7,4)"，单击"确定"按钮。在"数据"选项卡的"数据工具"组中，单击"数据验证"下拉按钮，选择"圈释无效数据"，操作和完成后的效果如图 4.81 所示。

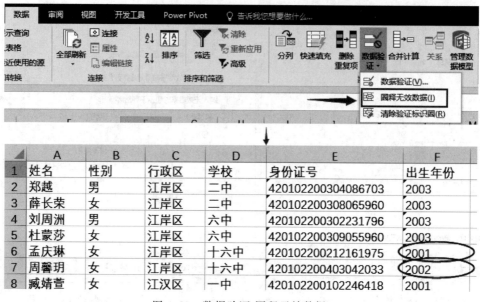

图 4.81　数据验证-圈释无效数据

（4）在"公式"选项卡下"定义的名称"组中单击"名称管理器"按钮，在弹出的"名称管理器"对话框中分别新建名称"江岸区"和名称"江汉区"，引用位置分别对应各区的 3 所中学，如图 4.82 和图 4.83 所示。完成后，关闭"名称管理器"对话框。

图 4.82　"江岸区"的单元格关联

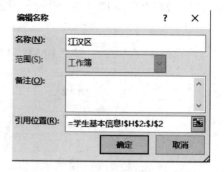

图 4.83　"江汉区"的单元格关联

（5）选中"学校"列的数据单元格区域 D2:D14。在"数据"选项卡的"数据工具"组中，单击"数据验证"按钮。在弹出的"数据验证"对话框的"设置"选项卡中，在"验证条件"区域的"允许"下拉选项中，选择"序列"选项。在"来源"文本框中输入"=indirect($C2)"，如图 4.84 所示。单击"确定"按钮，完成"学校"列中数据单元格的数据验证的设置。

图 4.84 数据验证-Indirect 函数和混合引用

注意问题

1. 合并计算

合并后，结果表的数据项排列顺序按第一个被添加的数据源表的数据项顺序排列。

2. 数据验证

在数据验证对话框中，输入"序列"模式和"自定义"模式中的公式时，一定要在输入公式的文本框中先输入"＝"，所有的非汉字字符都是半角字符。

数据验证的"圈释无效数据"的红色圆圈，会在保存 Excel 工作簿文件时消失，这是正常现象。

4.4 工作表和工作窗口

范例要求

打开工作簿文件"工作表和工作窗口.xlsx"，完成以下操作。

1. 工作簿属性和工作表★

设置工作簿文件"工作簿、工作表和工作窗口.xlsx"的属性，其中名称为：成绩，类型为：文本，值为：期末。隐藏工作表"成绩分析"，设置工作表"期末成绩"的标签颜色为：标准色-红色。

2. 工作窗口★

为工作簿"工作表和工作窗口.xlsx"文件新建一个窗口，垂直并排展示工作表"一中期中成绩"和工作表"二中期中成绩"，取消工作表窗口的同步滚动。效果如图 4.85 所示。

在工作表"期末成绩"中，设置窗口拆分和窗口冻结效果。要求：拖动工作表右侧的垂直滚动条时，字段行名称始终显示；拖动工作表下方的水平滚动条时，第 1 列姓名数据始终显示。

相关知识

1. 工作簿属性和工作表

Excel 工作簿中可以包含多张工作表。单击"文件"选项卡的"选项"菜单项，在弹出的"Excel 选项"中，在"自定义功能区"中可以添加当前工作簿中没有的选项卡和功能按钮，如

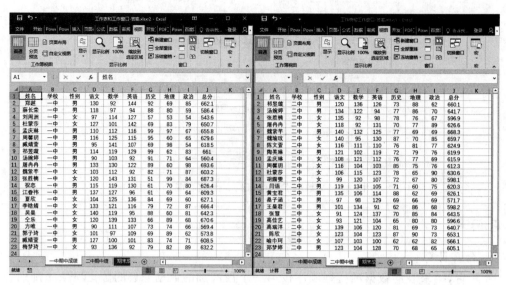

图 4.85　并排查看 Excel 工作表

图 4.86 所示。在"加载项"中可以加载 Power Bi 相关组件、数据分析工具和第三方软件的插件。如图 4.87 所示。

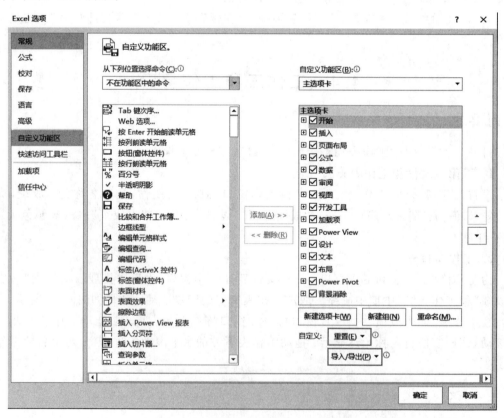

图 4.86　添加新功能到 Excel 选项卡

范例中涉及的工作簿文件的属性是高级属性，在"属性"对话框的"自定义"选项卡中设置，常规属性在"摘要"选项卡中设置。如图 4.88 所示。

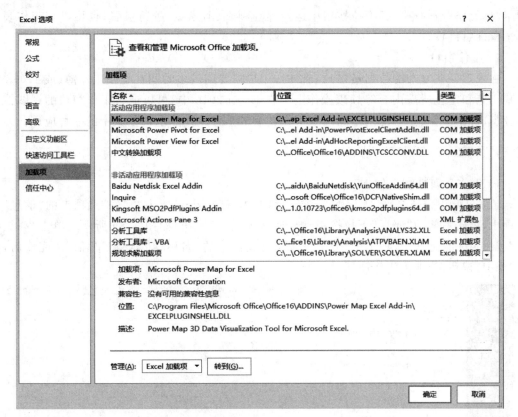

图 4.87　Excel 中加载新插件

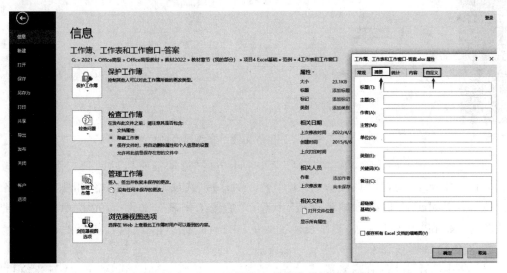

图 4.88　Excel 工作簿文件的高级属性设置

　　工作表标签颜色主要是为了方便用户对工作表进行辨识,除了可以在"开始"选项卡"单元格"组的"格式"下拉按钮中选择"工作表标签颜色"进行设置,还可以直接在工作表上单击鼠标右键设置。

　　隐藏工作表主要是出于数据安全方面的原因。同样有两种设置方法:可以在"开始"选项卡"单元格"组的"格式"下拉按钮中选择"隐藏和取消隐藏"进行设置,也可以在工作表上单击鼠标右键设置。

2. 工作窗口

在处理一些复杂的数据量多的表格时,用户需要用较多时间在切换工作簿(或工作表)、查找浏览和定位所需内容等烦琐操作上。在 Excel 2016 中,可以通过工作窗口的视图控制改变窗口的显示效果。范例中的两个工作表窗口垂直并排显示就是其中的一种应用。

操作步骤

1. 工作簿属性和工作表

(1) 打开工作簿文件"工作簿、工作表和工作窗口.xlsx"。在"文件"选项卡的"信息"菜单项中,单击右侧的"属性"下拉按钮,弹出"高级属性"按钮,如图 4.89 所示。单击"高级属性"按钮,在"自定义"选项卡中,分别设置文件属性中的"名称"、"类型"和"值"。完成后,单击"添加"按钮,添加到工作簿属性。如图 4.90 所示。

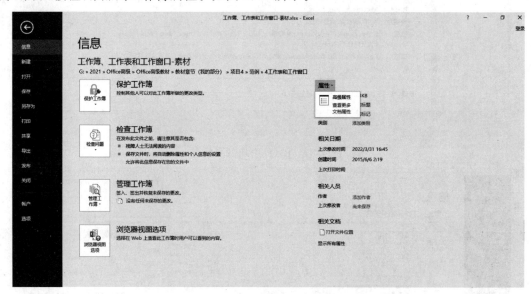

图 4.89　Excel 工作簿文件中高级属性的位置

(2) 完成上一步操作后,单击"信息"菜单项上方的"返回箭头",返回到工作簿的编辑模式,如图 4.91 所示。选择"成绩分析"工作表,在"开始"选项卡下"单元格"组中,单击"格式"下拉按钮,在"可见性-隐藏和取消隐藏"中选择"隐藏工作表",如图 4.92 所示。选中"期末成绩"工作表,在"组织工作表-工作表标签颜色"中选择"标准色-红色",如图 4.93 所示。

2. 工作窗口

(1) 选中工作表"一中调考成绩",在"视图"选项卡的"窗口"组中,单击"新建窗口"按钮,得到工作簿文件"工作簿、工作表和工作窗口.xlsx:2",原工作簿文件的名称变为"工作簿、工作表和工作窗口.xlsx:1"。在工作簿文件"工作簿、工作表和工作窗口.xlsx:1"中选中工作表"一中调考成绩",在"视图"选项卡的"窗口"组中单击"并排查看"按钮,取消两个工作表中"视图"选项卡"窗口"组中"同步滚动"按钮的选中状态。在工作簿文件"工作簿、工作表和工作窗口.xlsx:2"中选中工作表"二中调考成绩"。在任意工作表的"视图"选项卡"窗

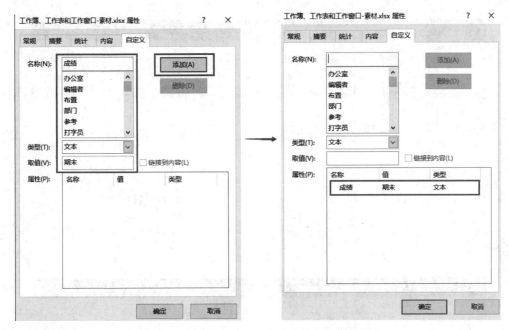

图 4.90　设置 Excel 工作簿文件的高级属性

图 4.91　返回 Excel 工作表编辑状态

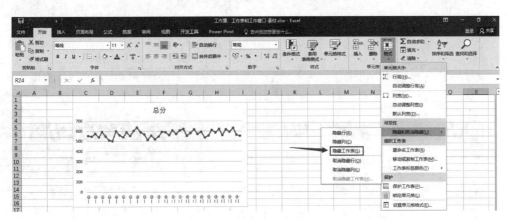

图 4.92　隐藏 Excel 工作表

口"组中,单击"全部重排按钮"。在弹出的"重排窗口"对话框中选择"垂直并排",单击"确定"按钮,完成 Excel 工作簿内 2 个工作表窗口的垂直并排展示。操作如图 4.94 所示。完成效果如图 4.95 所示。

(2)关闭上一步中新建的工作簿文件"工作簿、工作表和工作窗口.xlsx:2"。在"期末成绩"工作表中,光标定位在 B2 单元格。在"视图"选项卡的"窗口"组中单击"拆分"按钮。完成后,在"视图"选项卡的"窗口"组的"冻结窗格"下拉按钮中,单击"冻结拆分窗格"按钮,完成设置。操作设置如图 4.96 所示。

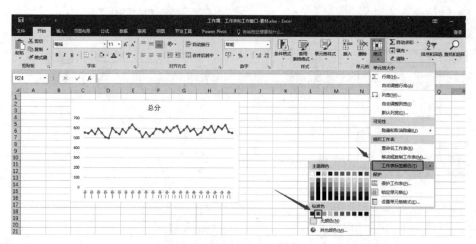

图 4.93 修改工作表颜色

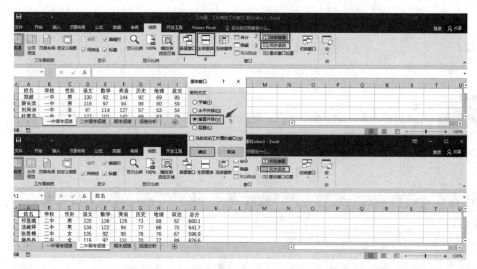

图 4.94 并排查看 Excel 工作表的操作步骤

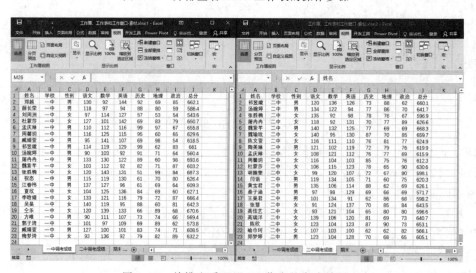

图 4.95 并排查看 Excel 工作表的完成效果

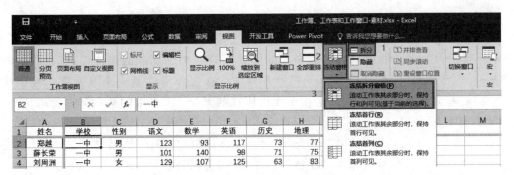

图 4.96 冻结拆分窗口的操作步骤

注意问题

1. 工作表

隐藏多张工作表后,无法对多张工作表一次性取消隐藏。如果没有隐藏的工作表,则取消隐藏命令呈灰色不可用状态。工作表的隐藏操作不改变工作表的排列顺序。

2. 工作窗口

在Excel工作簿中第1次进行并排查看两个工作表窗口时,默认是水平并排查看。之后再次进行"并排查看"时,会按照上一次的查看方式显示窗口的排列效果(水平或垂直窗口)。

4.5 超链接、打印设置和数据保护

范例要求

打开工作簿"超链接、打印设置和数据保护.xlsx",完成以下操作。

1. 超链接★

在"科目详情"工作表的A1单元格中建立超链接。链接文字为:统计详情。单击超链接后,可以跳转到"数据保护"工作表的A1单元格。

2. 打印设置★

在工作表"数据保护"中,将单元格区域A1:J113设置为打印区域,调整列宽和行高,使打印输出的所有列只占两个页面,并设置标题行在打印时可以重复出现在每页顶端。

3. 单元格批注和单元格保护★

在"数据保护"工作表中,为"总分"列名称(J1单元格)新建批注,批注内容为:高二期末考试。完成后隐藏该批注。

在"数据保护"工作表中,保护"总分"列的数据单元格区域(J2:J113)。要求:"总分"列的数据单元格区域(J2:J113)无法编辑,无法查看单元格中的公式。工作表其他数据区域和列字段名称可以编辑。所有保护区域和可编辑区域不设置密码。

相关知识

1. 超链接

超链接是指为了快速访问而创建的指向目标的链接关系。在Excel中,可以利用文字、

图片或图形创建具有跳转功能的超链接。

Excel 中的超链接分为两类,第 1 类是自动生成的,比如输入网址和电子邮箱地址时,按 Enter 键后,Excel 会将其转换为超链接的样式。第 2 类是创建的超链接,可以指向本地任意文件、电子邮箱、网页和链接单元格所在的 Excel 工作簿的某一个单元格。范例中的"超链接"就是创建的超链接,指向链接单元格所在的 Excel 工作簿的某一个单元格。

2. 打印设置

在"页面设置"对话框中的"工作表"选项卡中,可以对打印区域、打印标题、单元格注释内容(批注)、网格线、行号列标及错误值等打印属性进行设置。如图 4.97 所示。

图 4.97 打印设置

3. 单元格保护

在 Excel 中,除了进行工作表整体保护,还可以对工作表中的一部分进行保护,通过在"审阅"选项卡中设置"允许用户编辑区域"进行区分。如果还想隐藏单元格中的公式,需要在单元格格式设置中的"保护"选项卡中勾选"锁定"复选框和"隐藏"复选框,完成后再进行工作表保护的设置,才能生效。

操作步骤

1. 超链接

(1) 打开工作簿文件"超链接、打印设置和数据保护.xlsx"。

(2) 光标定位在工作表"科目详情"的 A1 单元格,单击鼠标右键,选择"超链接"。在弹出的"插入超链接"对话框中,在"要显示的文字"文本框中输入"统计详情";在"本文档中的位置"的"单元格引用区域"中选择"数据保护"工作表,在单元格引用中输入 A1。设置方法如图 4.98 所示。

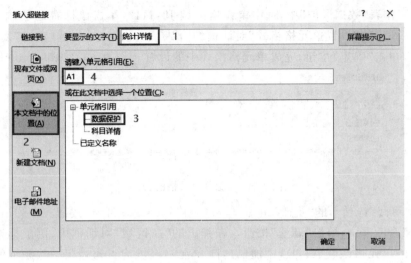

图 4.98 超链接设置

2. 打印设置

（1）在工作表"数据保护"中，单击"页面布局"选项卡的"页面设置"组中的"打印标题"按钮。在弹出的"页面设置"对话框的"工作表"选项卡中，在"打印区域"文本框中，用鼠标选择单元格区域 A1:J113；在"打印标题"区域的"顶端标题行"文本框中，用鼠标选择第 1 行。单击"打印预览"按钮查看预打印的效果。设置方法如图 4.99 所示。

图 4.99 打印设置

（2）在工作表"数据保护"中，选中所有的标题和数据单元格区域 A1:J113。在"开始"选项卡的"单元格"组中单击"格式"下拉按钮，选择"自动调整列宽"。完成后，A1:J100 的区域将打印在 2 页 A4 纸张规格的文档区域。

3. 单元格批注和单元格保护

（1）选中工作表"数据保护"的 J1 单元格。在"审阅"选项卡的"批注"组中单击"新建批注"按钮，在弹出的批注框中输入文字"高二期末考试"。完成后，在"审阅"选项卡的"批注"组中单击"显示/隐藏批注"按钮，可以隐藏或显示该批注。

（2）在工作表"数据保护"中，选中单元格区域 J2:J113，单击鼠标右键，选中"设置单元格格式"。在弹出的"设置单元格格式"对话框的"保护"选项卡中，勾选"锁定"复选框和"隐藏"复选框。单击"确定"按钮，完成单元格格式中的设置。设置方法如图 4.100 所示。

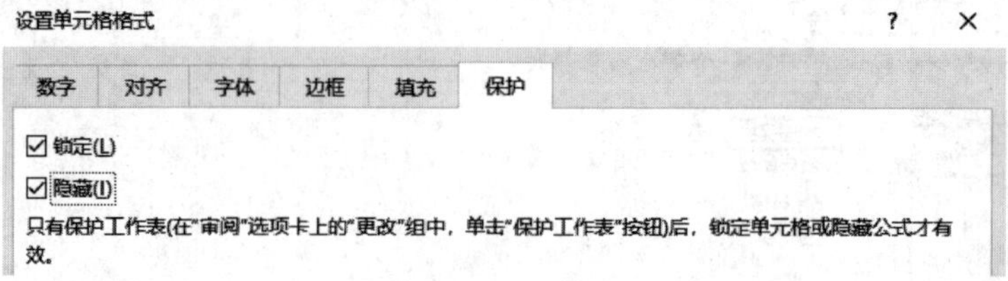

图 4.100　隐藏单元格的公式

（3）在"审阅"选项卡的"更改"组中，单击"允许用户编辑区域"按钮。在弹出的"允许用户编辑区域"对话框中，单击"新建"按钮。在弹出的"新区域"对话框中，用鼠标选择工作表"数据保护"的单元格区域 A1:J1，添加 A1:J1 单元格区域为工作表保护状态下的可编辑区域。在"新区域"对话框中单击"确定"按钮，返回"允许用户编辑区域"对话框。运用相同的方法，将工作表"数据保护"的单元格区域 A2:I113 添加为工作表保护状态下的可编辑区域。设置方法如图 4.101 所示。完成后，单击"保护工作表"按钮。在弹出的"保护工作表"对话框中，保持默认的复选框"保护工作表及锁定的单元格内容"、"选定锁定单元格"和"选定未锁定的单元格"被选中，单击"确定"按钮，完成设置。设置方法如图 4.102 所示。

图 4.101　部分单元格的保护设置

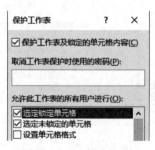

图 4.102　保护工作表

4.6　排序和高级筛选

范例要求

打开工作簿文件"排序和高级筛选.xlsx"，完成以下操作。

1. 排序★

在工作表“各省份 GDP”中，按照表 4.9 所示的排序规则进行排序。完成后效果如图 4.103 所示。

表 4.9 排序规则

排　　序	列 名 称	规　　则
第 1 序	地区名称	自定义排序：中南，华东，华北，西南，东北，西北
第 2 序	2020 年	红色底纹单元格在顶端
第 3 序	2019 年	数值降序

	A	B	C	D	E	F	G	H	I	J	K
1	地区	地区分类	2020年	2019年	2018年	2017年	2016年	2015年	2014年	2013年	2012年
2	广东省	中南	110760.9	107986.9	99945.2	91648.7	82163.2	74732.4	68173	62503.4	57007.7
3	河南省	中南	54997.1	53717.8	49935.9	44824.9	40249.3	37084.1	34574.8	31632.5	28961.9
4	湖北省	中南	43443.5	45429	42022	37235	33353	30344	28242.1	25378	22590.9
5	湖南省	中南	41781.5	39894.1	36329.7	33828.1	30853.5	28538.6	25881.3	23545.2	21207.2
6	广西壮族自治区	中南	22156.7	21237.1	19627.8	17790.7	16116.6	14797.8	13587.8	12448.4	11303.6

图 4.103　完成排序后的效果

2. 高级筛选★★

新建工作表，重命名为“筛选后结果”，将各地区 2012—2020 年这 9 年中 GDP 数值有 5 次及以上大于 50000 的数据筛选出来。筛选结果放在新建工作表的以 A1 单元格为起始单元格的区域。完成后效果如图 4.104 所示。

	A	B	C	D	E	F	G	H	I	J	K
1	地区	地区分类	2020年	2019年	2018年	2017年	2016年	2015年	2014年	2013年	2012年
2	广东省	中南	110760.9	107986.9	99945.2	91648.7	82163.2	74732.4	68173	62503.4	57007.7
3	江苏省	华东	102719	98656.8	93207.6	85869.8	77350.9	71255.9	64830.5	59349.4	53701.9
4	山东省	华东	73129	70540.5	66648.9	63012.1	58762.5	55288.8	50774.8	47344.3	42957.3

图 4.104　完成高级筛选后的效果

相关知识

1. 排序

Excel 提供了多种方法对数据列表进行排序，用户可以根据需要按行或列、按升序或降序来排序，也可以使用自定义排序命令。Excel 2016 最多可以指定 64 个排序条件。

进行自定义序列排序时，输入的序列形式可以是图 4.105 中的任意 1 种形式。方式 1 中的各项用半角逗号分隔，方式 2 中的各项用硬回车换行符 Enter 分隔。

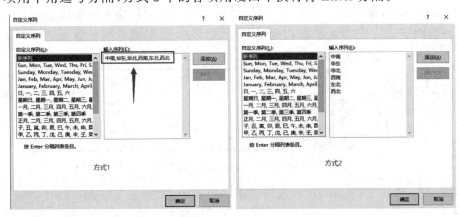

图 4.105　自定义排序中的两种方式

在范例中都是按列进行排序,涉及自定义序列排序、单元格底纹颜色排序和数值排序。如果需要进行按行排序,可以在"排序"对话框中单击"选项"按钮,在弹出的"排序选项"中选择"按行排序",如图 4.106 所示。当然,还可以在"方法"区域中选择"按字母排序"或"按笔划排序"。

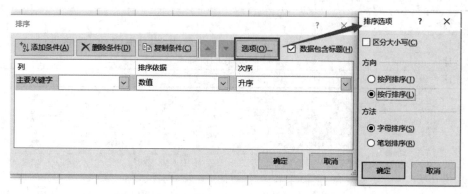

图 4.106　按行排序、按字母排序和按笔划排序

在"排序"对话框中,排序规则的优先级从上到下,第 1 行"主要关键字"的排序优先级最高。

2. 高级筛选

1) 基本用法

Excel 高级筛选功能是筛选的升级,它不但包含了筛选的所有功能,还可以设置更多复杂的筛选条件。主要分为两类:普通高级筛选和使用计算条件的高级筛选。

普通高级筛选的条件区域至少包含两行,第 1 行是列标题,列标题应和数据源列表中的标题匹配,建议使用复制和粘贴的方法将数据源列表中的标题粘贴到条件区域的第 1 行。第 2 行由筛选条件值构成,用关系运算符(>,<,=,<>等)表达式进行描述。条件区域不需要含有数据列表中的所有列的标题,与筛选过程无关的列标题可以不用写在条件区域中。

2) 范例详解

范例中的高级筛选属于使用计算条件的高级筛选。这类筛选包含两行,第 1 行为任意文字内容,第 2 行为对数据源相关区域进行判断的公式。在范例中依次对数据源中 C2:K32 单元格区域的每 1 行进行判断,从第 2 行开始,如图 4.107 所示。公式"=COUNTIF(各省份 GDP!$C2:$K2,">50000")>=5"中的"C2:K2"是单元格区域进行判断的第 1 行数据,之后向下进行公式填充,所以列号不变,行号改变,需要在列号前加绝对应用符号。

图 4.107　高级筛选条件中的公式分析和应用

不论是哪一种高级筛选,高级筛选的结果一定在单击"数据"选项卡"排序和筛选"组的"高级"按钮前,光标所在的工作表中。如果强制设置筛选结果在进行高级筛选前非光标所在的工作表中,会报错"只能复制筛选过的数据到活动工作表",如图4.108所示。

图4.108 高级筛选报错

操作步骤

1. 排序

(1) 打开工作簿文件"排序和高级筛选.xlsx"。

(2) 在工作表"各省份GDP"中,光标定位在数据单元格区域(A1:K32)的任意一个单元格。在"数据"选项卡的"排序和筛选"组中,单击"排序"按钮。在弹出的"排序"对话框中设置"主关键字"为"地区名称","排序依据"为"数值","次序"为自定义序列。在弹出的"自定义序列"对话框中,输入序列"中南,华东,华北,西南,东北,西北",完成后单击"添加"按钮,如图4.109所示。

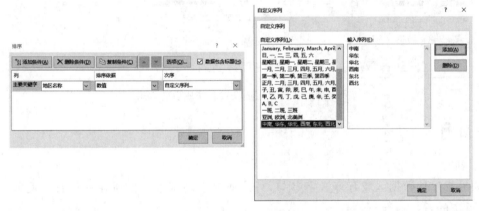

图4.109 自定义排序

(3) 在"排序"对话框中单击"添加条件",设置"次要关键字"为"2020年","排序依据"为"单元格颜色","次序"为"标准色-红色"在"顶端"。如图4.110所示。

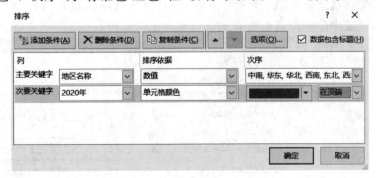

图4.110 单元格底纹颜色排序

(4) 在"排序"对话框中单击"添加条件",设置"次要关键字"为"2019年","排序依据"

为"数值","次序"为"降序"。完成后,单击"确定"按钮完成设置。

2. 高级筛选

(1) 新建工作表,重命名为"筛选后结果"。

(2) 光标定位在工作表"筛选后结果"A1:K32 以外的单元格区域。在 M1 单元格中输入"条件",在 M2 单元格中输入公式"=COUNTIF(各省份 GDP!\$C2:\$K2,">50000")>=5"。

(3) 光标定位在工作表"筛选后结果"的任意一个单元格。在"数据"选项卡的"排序和筛选"组中单击"高级"按钮。在弹出的"高级筛选"对话框中,"列表区域"选择工作表"各省GDP"的 A1:K32 单元格区域,"条件区域"选择工作表"筛选后结果"的 M1:M2 单元格区域,在"方式"区域中选择单选按钮"将筛选结果复制到其他位置",在"复制到"文本框中选择工作表"筛选后结果"的 A1 单元格。相关设置如图 4.111 所示。完成后,单击"确定"按钮,完成高级筛选。

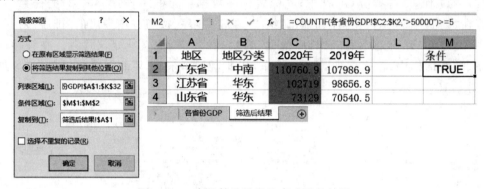

图 4.111　高级筛选设置和完成后的效果

注意问题

1. 排序

如果排序的数据区域有多音字参与,只能通过手动调整数据所在的位置。例如:长沙的长、重庆的重。

2. 高级筛选

筛选结果区不能覆盖筛选条件单元格和原始数据区。在范例中,数据源是 A1:K32 的单元格区域,如果筛选结果从 A1 单元格开始,条件区域就不能写在 A1:K32 的区域中,否则会报错"提取区域中的字段名丢失或无效",如图 4.112 所示。

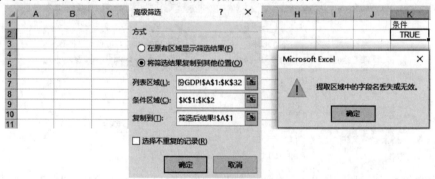

图 4.112　高级筛选出错警告

4.7 模拟运算

范例要求

打开工作簿文件"模拟分析.xlsx",完成以下操作。

1. 单变量模拟运算表★★

根据"自由落体速度"工作表中的数据,使用单变量模拟运算表计算自由落体时的速度。自由落体速度=g∗t,g=9.8米/秒,t 为时间。完成后如图 4.113 所示。

2. 双变量模拟运算表★★

根据"单年利息"工作表中的数据,使用双变量模拟运算表计算不同本金、不同存期年数下单年的存款利息。单年存款利息=本金∗(不同存期年数对应的年利率+0.001)。完成后如图 4.114 所示。

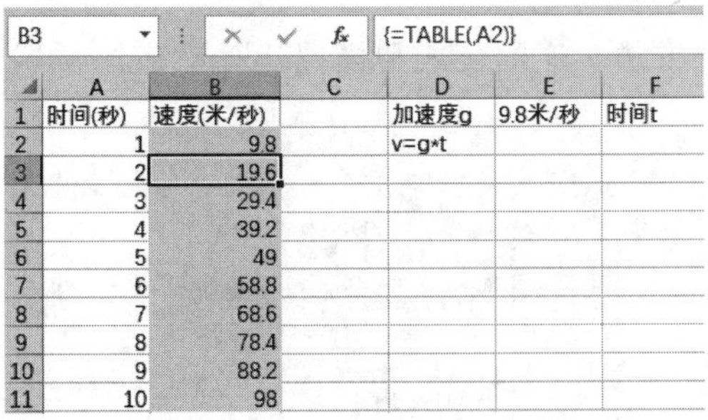

图 4.113 单变量模拟运算表

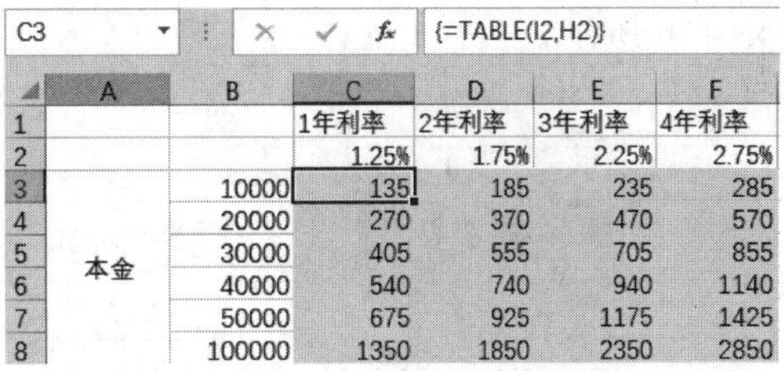

图 4.114 双变量模拟运算表

3. 方案管理器★★

使用方案管理器在"单年利息"工作表中为 C2:F2 单元格区域设置二组存款利率方案,方案名称和年利率数据如表 4.10。选择不同方案,观察不同方案下本金为 10000 元时的单年利息,方案中的当前值为正常利率和相应的计算结果。完成后如图 4.115 所示。

表 4.10 不同方案

方案名称	单元格 C2	单元格 D2	单元格 E2	单元格 F2
高利率	2.25%	2.75%	3.25%	3.75%
正常利率	1.25%	1.75%	2.25%	2.75%

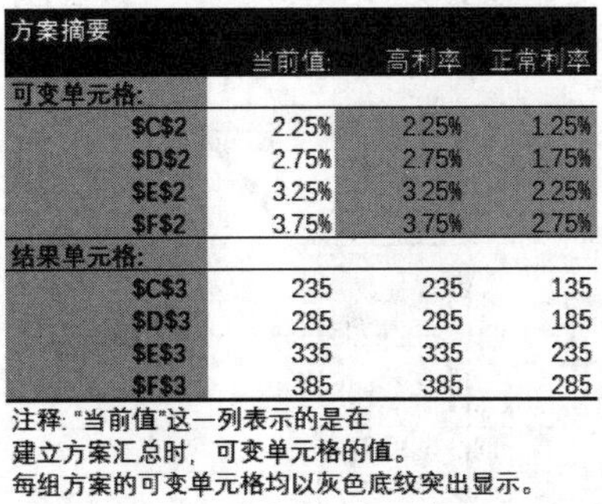

图 4.115 方案管理器

相关知识

1. 单变量模拟运算表

在 Excel 中,除了使用公式进行数据处理和分析,还可以使用模拟运算表。模拟运算实际上是一个单元格区域,它可以用列表的形式显示计算模型中某些参数的变化对计算结果的影响。在这个区域中,生成的值所需要的若干个相同公式被简化成一个公式,从而简化了公式的输入。根据模拟运算行、列变量的个数,可分为单变量模拟运算表和双变量模拟运算表。

在"模拟运算"范例中的第 1 问,采用了单变量的模拟运算,属于单变量中的列变量。在进行模拟运算时,通过将 A3:A11 单元格区域中的每一个值替换公式中的 A2 单元格来完成模拟运算。范例中的公式写在 B2 单元格,其实该公式书写在 B1 单元格也可以,只要和进行单列模拟运算的单元格区域(B2:B10)处于同一列即可。

需要注意的是:

(1) 公式不能写在单列填充区域。上述 2 种方法对应的公式和模拟运算对应的位置如图 4.116 所示。

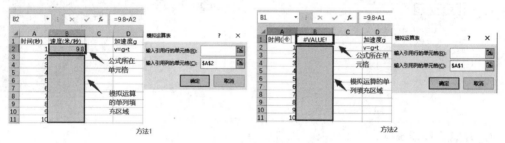

图 4.116　列变量模拟运算的公式和填充区域

(2) 进行模拟运算前,需要先选中替换公式中变量所在的单元格区域、进行模拟运算的单列填充区域、公式所在的单元格、和公式同行的变量单元格。以"方法 1"中的图为例,需要选中变量所在的单元格区域(A3:A11)、进行模拟运算的单列填充区域(B3:B11)、公式所在的单元格(B2)、和公式同行的变量单元格(A2),这 4 个区域合起来就是 A2:B11 单元格区域。

从完成后的运算结果来看,填充区域中的每一个公式都是相同的,这些公式都和 A2 单元格相关,也就是我们说的单变量模拟运算。如图 4.117 所示。

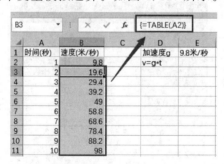

图 4.117　单变量模拟运算完成后,填充区域公式中的单变量 A2

除了列变量的单变量模拟运算,还有行变量的单变量模拟运算。公式和行填充区域如图 4.118 所示。进行模拟运算前,需要先选中 A1:K2 单元格区域。在模拟运算中,B1:K1 中每个单元格中的值会去替换公式中的 A1 单元格。

图 4.118　行变量模拟运算

2. 双变量模拟运算

双变量模拟运算就是在模拟运算的填充区域中,有 2 个变量和运算结果有关。在进行模拟运算时,分别用填充区域中的行区域单元格(C2:F2)的值替换公式中的行变量,用填充区域中的列区域单元格(B3:B8)的值替换公式中的列变量。公式只能写在行填充区域和列填充区域的交叉点,在模拟运算范例中,这个交叉点就是 B2 单元格,但是公式中涉及的行变量和列变量可以选择除了变量填充区域(行变量区域 C2:F2,列变量区域 B3:B8)和模拟运算结果区域(C3:F8)以外的任意单元格。如图 4.119 所示。

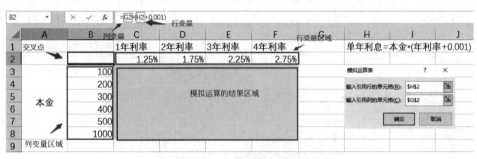

图 4.119　双变量模拟运算的各区域

需要注意的是:进行模拟运算前,需要先选中交叉点(公式所在单元格)、行变量区域、列变量区域和模拟运算的结果区域,即 B2:F8 单元格区域。

从完成后的运算结果来看,填充区域中的每一个公式都是相同的,这些公式都和 H2、G2 单元格相关,也就是我们说的双变量模拟运算。如图 4.120 所示。

	A	B	C 1年利率	D 2年利率	E 3年利率	F 4年利率
1			1年利率	2年利率	3年利率	4年利率
2			1.25%	1.75%	2.25%	2.75%
3		100	1.35	1.85	2.35	2.85
4		200	2.7	3.7	4.7	5.7
5	本金	300	4.05	5.55	7.05	8.55
6		400	5.4	7.4	9.4	11.4
7		500	6.75	9.25	11.75	14.25
8		1000	13.5	18.5	23.5	28.5

图 4.120　双变量模拟运算完成后,填充区域公式中的双变量 H2 和 G2

3. 方案管理器

在计算模型中,如需分析 1~2 个关键因素的变化对结果的影响,使用模拟运算表非常方便。但是如果要同时考虑更多的因素来进行分析,其局限性也是显而易见的。方案管理器允许使用多个变量来分析对结果的影响。在模拟运算范例中,通过 4 个变量(1 年利率、2 年利率、3年利率、4年利率)分析对B3单元格的影响。如图4.121所示。

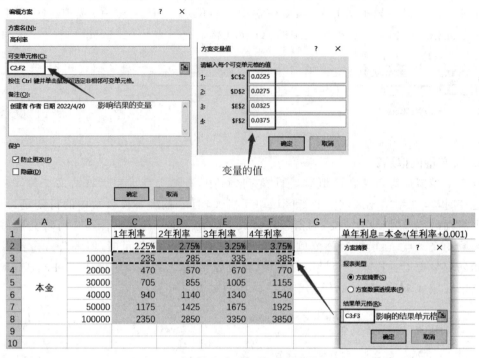

图4.121 方案管理器设置

在方案管理器中,还可以添加新方案,修改、删除已有的方案。如图4.122所示。

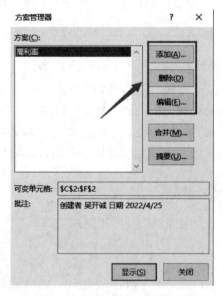

图4.122 添加、修改和删除方案

操作步骤

1. 单变量模拟运算表

(1) 打开工作簿"模拟分析.xlsx"。

（2）在工作表"自由落体速度"的 B2 单元格中书写公式"＝9.8＊A2"。

（3）选中单元格区域 A2:B11。在"数据"选项卡的"预测"组中单击"模拟分析"下拉按钮，选中"模拟运算表"。在弹出的"模拟运算表"对话框中，在"输入引用列的单元格"中，用鼠标选中 A2 单元格。单击"确定"按钮后，完成列变量的模拟运算。如图 4.123 所示。

2. 双变量模拟运算表

（1）在工作表"单年利息"的 B2 单元格中输入公式"＝H2＊(I2＋0.001)"。

（2）选中单元格区域 B2:F8，在"数据"选项卡的"预测"组中单击"模拟分析"下拉按钮，选中"模拟运算表"。在弹出的"模拟运算表"对话框中，在"输入引用行的单元格"中，用鼠标选中 I2 单元格；在"输入引用列的单元格"中，用鼠标选中 H2 单元格。单击"确定"按钮后，完成双变量模拟运算。如图 4.124 所示。

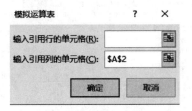
图 4.123　列变量模拟运算表的设置

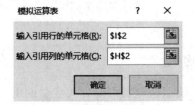
图 4.124　双变量模拟运算表的设置

3. 方案管理器

（1）选中工作表"单年利息"的单元格区域 C2:F2，在"数据"选项卡的"预测"组中单击"模拟分析"下拉按钮，选中"方案管理器"。

（2）在弹出的"方案管理器"对话框中，单击"添加"按钮。在弹出的"添加方案"对话框中，"方案名"下输入"高利率"，"可变单元格"下输入"C2:F2"（或者单击可变单元格右侧的红色按钮后，用鼠标选中单元格区域 C2:F2），单击"确定"按钮。在弹出的"方案变量值"对话框中，按照题目要求的规则，在 C2、D2、E2、F2 中分别输入 0.0225、0.0275、0.0325、0.0375。完成后，单击"确定"按钮。操作如图 4.125 所示。

图 4.125　"高利率"方案的设置

（3）按照第 2 步中的方法，得到正常利率的方案，完成后，单击"摘要"按钮。在弹出的"方案摘要"对话框中，在"结果单元格"中输入 \$C\$3:\$F\$3（或者用鼠标选择 C3:F3 单元格区域）。如图 4.126 所示。单击"确定"按钮后，在 Excel 自动创建的新工作表"方案摘要"

中获得本金 10000 元在不同利率下的存款利息。

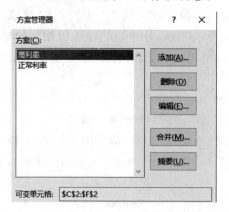

图 4.126　方案管理器中受到影响的结果单元格

注意问题

1. 模拟运算表中的公式变量的书写位置

在书写模拟运算的公式时，不能使用填充区域的值(B2:F8)作为公式中的变量单元格，除此以外，任意单元格都可以作为公式中的变量。如图 4.127 所示。

图 4.127　模拟运算表中引用错误单元格的出错警告

2. 方案管理器

方案管理器中，结果单元格选 C3:F3，因为 C3:F3 是数值 10000 对应的不同的年利息。

3. 模拟分析中的引用方式

模拟运算和方案管理器中涉及的单元格(公式中的单元格、方案管理器中的单元格)都不区分绝对引用和相对应用。

练　习

一、在"4-1.xlsx"工作簿中进行以下操作。完成后，保存文件。

1. 新建工作簿"习题 4-1.xlsx"，在工作表"Sheet1"中导入文本文件"习题 4-1.txt"。★

2. 利用"定位条件"，清除数据区域中多余的空行。利用"分类汇总"和"定位条件"在"动物名称"列的前面添加 1 列，列名称为"序号"。在序号列中，将同一种动物类型的序号单元格合并在一起，完成后如图 4.128 所示。★

3. 利用"分列"功能，清除"速度(km/h)"列中的不可见字符。清除字符后用 len 函数检测该列中的数据单元格长度。★

	A	B	C	D	E	F
1	序号	动物名称	动物类型	运动方式	速度(km/h)	记录日期
2		猎豹liebao"	哺乳	0	110	2016年4月1日
3		马ma"	哺乳	0	60	2008年5月16日
4		猫mao"	哺乳	0	55	2007年2月14日
5		野牛yeniu"	哺乳	0	48	2003年12月24日
6		蜂鸟fengniao"	鸟	1	76	2020年12月3日
7		鸽子gezi"	鸟	1	46	2001年3月17日
8		军舰鸟junjianniao"	鸟	1	416	2003年2月14日
9		尖尾雨燕jianweiyuyan"	鸟	1	353	2005年6月12日
10		金枪鱼jinqiangyu"	鱼	10	70	2018年1月4日
11		旗鱼qiyu"	鱼	10	120	2011年12月1日
12		鲨鱼shayu"	鱼	10	43	2009年9月23日
13		乌贼wuzei"	鱼	10	150	2017年2月9日

图 4.128 定位条件完成效果

4. 利用替换功能,清除"动物名称"列中多余的双引号。在"运动方式"列中,利用替换功能,将 0 替换为"奔跑",将 1 替换为"飞行",将 10 替换为"游泳"。★

5. 利用快速填充,将"动物名称"列中的拼音删除。★

6. 利用自定义单元格,在序号列填充自定义类型(非文本类型)的序号,例如:001。在"速度(km/h)"列中,根据表 4.11 设定自定义单元格显示的数据。在"记录日期"列,设置单元格显示效果为:X 年 X 月 X 日星期 X。效果如图 4.129 所示。★

表 4.11 数值区间和评级的对应关系

速度区间	评级
[0,100)	一般
[100,200)	快
[200,+∞)	极快

	A	B	C	D	E	F
1	序号	动物名称	动物类型	运动方式	速度(km/小时)	记录日期
2		猎豹	哺乳	奔跑	快	2016年4月1日星期五
3		马	哺乳	奔跑	一般	2008年5月16日星期五
4		猫	哺乳	奔跑	一般	2007年2月14日星期三
5	001	野牛	哺乳	奔跑	一般	2003年12月24日星期三
6		蜂鸟	鸟	飞行	一般	2020年12月3日星期四
7		鸽子	鸟	飞行	一般	2001年3月17日星期六
8		军舰鸟	鸟	飞行	极快	2003年2月14日星期五
9	002	尖尾雨燕	鸟	飞行	极快	2005年6月12日星期日
10		金枪鱼	鱼	游泳	一般	2018年1月4日星期四
11		旗鱼	鱼	游泳	快	2011年12月1日星期四
12		鲨鱼	鱼	游泳	一般	2009年9月23日星期三
13	003	乌贼	鱼	游泳	快	2017年2月9日星期四

图 4.129 自定义单元格完成效果

7. 利用"数据验证",在"动物类型"列中设置序列验证,该列单元格的数据区域只能为"哺乳"或"鸟"或"鱼"。在"动物名称"列设置序列验证,要求:当"动物类型"列中单元格为某值时,"动物名称"列中单元格只能为相应的值。比如:当"动物类型"列中的单元格值为"哺乳"时,"动物名称"列中单元格的值只能为:猎豹、马、猫、野牛中的一种。效果如图 4.130 所示。★★★

二、在"习题 4-2.xlsx"工作簿中进行以下操作。完成后,保存文件。

1. 利用合并计算,根据工作表"A 省 2020 年气温"和"A 省 2021 年气温",在"A 省近 2 年平均气温"工作表中计算得到 A 省各地区 2020 年和 2021 年的平均气温。调整合适的单元格列宽,完成后如图 4.131 所示。★

	A	B	C	D	E	F
1	序号	动物名称	动物类型	运动方式	速度(km/小时)	记录日期
2		猎豹	乳	奔跑	快	2016年4月1日星期五
3		猎豹	乳	奔跑	一般	2008年5月16日星期五
4		马	乳	奔跑	一般	2007年2月14日星期三
5	001	猫	乳	奔跑	一般	2003年12月24日星期三
6		野牛		飞行	一般	2020年12月3日星期四

图 4.130 数据验证完成效果

	A	B	C	D	E	F	G	H	I	J	K	L	M
1	地区	1月(摄氏度)	2月(摄氏度)	3月(摄氏度)	4月(摄氏度)	5月(摄氏度)	6月(摄氏度)	7月(摄氏度)	8月(摄氏度)	9月(摄氏度)	10月(摄氏度)	11月(摄氏度)	12月(摄氏度)
2	A1	-0.5	2.5	13.5	10	22.5	25.5	34	32	28	17	16	12.5
3	A2	6.5	5	17	17.5	25	25.5	33	32	25.5	16	11	10
4	A3	2.5	5.5	14.5	13.5	23	23.5	32.5	33	24	18.5	10.5	8
5	A4	0.5	7	18.5	12.5	17.5	26	34	32.5	23	19.5	12.5	9.5
6	A5	6.5	7.5	13.5	20.5	14	22	28	30.5	24.5	13	15.5	4
7	A6	9	3.5	10.5	25.5	23	23	32	28	26	19.5	12.5	6.5
8	A7	7.5	8.5	15	18	22.5	18	30.5	32	24	20.5	16	5
9	A8	-2.5	5	13	13	22	22	30.5	25	23.5	20.5	10	5
10	A9	1	6	16	12.5	18	22	29.5	28.5	24.5	17.5	13	2.5
11	A10	3.5	4	9.5	18	20.5	25.5	25	33	22.5	13.5	15	8
12	A11	7.5	0	14	18.5	19.5	23	30	32	24.5	17.5	11.5	4
13	A12	5.5	4	11	14.5	21	26	28.5	29	24.5	16	10	8
14	A13	8.5	2	7.5	21.5	20	28.5	29.5	29.5	26.5	13	10	7
15	A14	1.5	3.5	6.5	11	24	23.5	33	37.5	24.5	21.5	12	8
16	A15	6	8	8.5	17	16	25	26.5	36.5	26	20	14.5	6.5

图 4.131 合并计算完成效果

2. 在工作表“A 省近 2 年平均气温”的第 1 行上方插入新的 1 行，合并 A1:M1 单元格区域。合并工作簿“样式. xlsx”中的单元格样式，并将获得的新样式“标题 1 2”应用到第 1 问中新得到的合并单元格 A1 中。完成后效果如图 4.132 所示。★

	A	B	C	D	E	F	G	H	I	J	K	L	M
1	A省近2年平均气温												
2	地区	1月(摄氏度)	2月(摄氏度)	3月(摄氏度)	4月(摄氏度)	5月(摄氏度)	6月(摄氏度)	7月(摄氏度)	8月(摄氏度)	9月(摄氏度)	10月(摄氏度)	11月(摄氏度)	12月(摄氏度)
3	A1	-0.5	2.5	13.5	10	22.5	25.5	34	32	28	17	16	12.5
4	A2	6.5	5	17	17.5	25	25.5	33	32	25.5	16	11	10
5	A3	2.5	5.5	14.5	13.5	23	23.5	32.5	33	24	18.5	10.5	8
6	A4	0.5	7	18.5	12.5	17.5	26	34	32.5	23	19.5	12.5	9.5
7	A5	6.5	7.5	13.5	20.5	14	22	28	30.5	24.5	13	15.5	4
8	A6	9	3.5	10.5	25.5	23	23	32	28	26	19.5	12.5	6.5
9	A7	7.5	8.5	15	18	22.5	18	30.5	32	24	20.5	16	5
10	A8	-2.5	5	13	13	22	22	30.5	25	23.5	20.5	10	5
11	A9	1	6	16	12.5	18	22	29.5	28.5	24.5	17.5	13	2.5
12	A10	3.5	4	9.5	18	20.5	25.5	25	33	22.5	13.5	15	8
13	A11	7.5	0	14	18.5	19.5	23	30	32	24.5	17.5	11.5	4
14	A12	5.5	4	11	14.5	21	26	28.5	29	24.5	16	10	8
15	A13	8.5	2	7.5	21.5	20	28.5	29.5	29.5	26.5	13	10	7
16	A14	1.5	3.5	6.5	11	24	23.5	33	37.5	24.5	21.5	12	8
17	A15	6	8	8.5	17	16	25	26.5	36.5	26	20	14.5	6.5

图 4.132 单元格样式效果

3. 在工作表“A 省近 2 年平均气温”中，为 A2:M17 单元格区域套用表格格式：表样式浅色 7。在名称管理器中，将 A3:N17 单元格区域的名称修改为：各地区各月平均气温。在 N3 单元格输入公式，生成 A1 地区 12 个月的气温平均值，修改 N2 单元格中的列名称为：年平均气温。勾选“表格样式选项”中的“汇总行”功能，在 B18:N18 单元格区域，勾选“平均值”选项，获取各列气温值的平均值。完成后效果如图 4.133 所示。★

B18 =SUBTOTAL(101,[1月(摄氏度)])

	A	B	C	D	E	F	G	H	I	J	K	L	M	N
1	A省近2年平均气温													
2	地区	1月(摄氏度)	2月(摄氏度)	3月(摄氏度)	4月(摄氏度)	5月(摄氏度)	6月(摄氏度)	7月(摄氏度)	8月(摄氏度)	9月(摄氏度)	10月(摄氏度)	11月(摄氏度)	12月(摄氏度)	年平均气温
3	A1	-0.5	2.5	13.5	10	22.5	25.5	34	32	28	17	16	12.5	17.75
4	A2	6.5	5	17	17.5	25	25.5	33	32	25.5	16	11	10	18.66666667
5	A3	2.5	5.5	14.5	13.5	23	23.5	32.5	33	24	18.5	10.5	8	17.41666667
6	A4	0.5	7	18.5	12.5	17.5	26	34	32.5	23	19.5	12.5	9.5	17.75
7	A5	6.5	7.5	13.5	20.5	14	22	28	30.5	24.5	13	15.5	4	16.625
8	A6	9	3.5	10.5	25.5	23	23	32	28	26	19.5	12.5	6.5	18.25
9	A7	7.5	8.5	15	18	22.5	18	30.5	32	24	20.5	16	5	18.125
10	A8	-2.5	5	13	13	22	22	30.5	25	23.5	20.5	10	5	15.58333333
11	A9	1	6	16	12.5	18	22	29.5	28.5	24.5	17.5	13	2.5	15.91666667
12	A10	3.5	4	9.5	18	20.5	25.5	25	33	22.5	13.5	15	8	16.5
13	A11	7.5	0	14	18.5	19.5	23	30	32	24.5	17.5	11.5	4	16.83333333
14	A12	5.5	4	11	14.5	21	26	28.5	29	24.5	16	10	8	16.5
15	A13	8.5	2	7.5	21.5	20	28.5	29.5	29.5	26.5	13	10	7	16.95833333
16	A14	1.5	3.5	6.5	11	24	23.5	33	37.5	24.5	21.5	12	8	17.20833333
17	A15	6	8	8.5	17	16	25	26.5	36.5	26	20	14.5	6.5	17.54166667
18	汇总	4.2	4.8	12.56666667	16.23333333	20.56666667	23.93333333	30.43333333	31.4	24.76666667	17.56666667	12.66666667	6.966666667	17.175
19														

图 4.133 表格格式完成效果

4. 在工作表"A 省近 2 年平均气温"中，为 N3:N17 单元格区域设置数据条条件格式：纯色填充的数据条，数据条颜色为"标准色-橙色"，仅显示数据条。为 B18:M18 单元格区域设置图标集条件格式，仅显示图标。规则如表 4.12。完成后效果如图 4.134 所示。★

表 4.12　区域值和图标集中图标的对应关系

区　　域	图　　标
[30,+∞)	红色圆
[10,30)	绿色圆
(−∞,10)	灰色圆

图 4.134　数据条条件格式完成效果

5. 在工作表"A 省近 2 年平均气温"中，为 A3:A17 单元格区域设置条件格式：1 月气温最低的 2 个地区所在的单元格设置"标准色-红色"填充的底纹。完成后效果如图 4.135 所示。★★

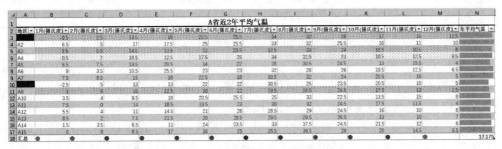

图 4.135　跨列应用的带公式的条件格式完成效果

6. 在工作表"A 省近 2 年平均气温"中，为 B3:M17 单元格区域设置条件格式：该区域中所有 4 月气温小于 3 月气温的所在行，设置"6.25% 灰色"的图案样式。完成后效果如图 4.136 所示。★★★

图 4.136　混合应用公式的条件格式完成效果

7. 在工作表"A省近2年平均气温"中,设置条件格式,要求:所有没有数据的单元格背景色都是白色。完成后如图4.137所示。★★

提示:isblank函数判断单元格是否为空。

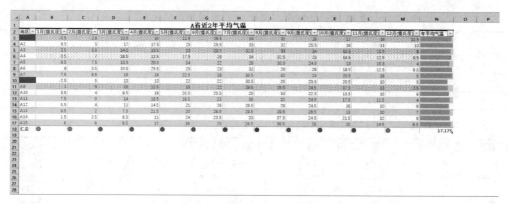

图4.137　条件格式清除无数据单元格边框线的完成效果

8. 在工作表"超链接"中,为A1单元格设置超链接:单击A1单元格后,跳转到工作表"A省近2年平均气温"中的A1单元格。★

9. 在工作表"A省近2年平均气温"中,为A2单元格新建批注:A省各地区。★

10. 将工作表"A省近2年平均气温"的标签颜色设置为:"标准色-红色"。在工作表"A省近2年平均气温"中,设置窗口拆分和窗口冻结效果。要求:拖动工作表右侧的垂直滚动条时,字段行名称始终显示;拖动工作表下方的水平滚动条时,第1列地区数据始终显示。★

11. 在工作表"A省近2年平均气温"中,保护"年平均气温"列的数据单元格区域(N3:N18)和"汇总行"的数据单元格区域(B18:M18)。要求:被保护区域无法编辑,无法查看单元格中的公式。工作表其他数据区域和列字段名称可以编辑。所有保护区域和可编辑区域不设置密码。★★

三、在"习题4-3.xlsx"工作簿中进行以下操作。完成后,保存文件。

1. 在工作表"各国高铁每年通车里程"中,按照表4.13中的排序规则对数据区域(A2:P11)进行排序。★

表4.13　排序规则

第1序	"国家"字段中红色底纹单元格在顶端
第2序	"地区"字段自定义排序:亚洲,欧洲,北美洲
第3序	"2020年(千米)"字段降序

2. 在工作表"筛选结果"中,筛选出地区为欧洲,且有5年以上高铁通车里程超过100千米的数据。★★

四、在"习题4-4.xlsx"工作簿中进行以下操作。完成后,保存文件。

以下操作在"模拟运算表.xlsx"工作簿中完成:

1. 根据"销售提成"工作表中的数据,使用单变量模拟运算表计算"销售提成"工作表中的提成比例、提成差值和提成金额(提成金额=销售金额*提成比例-提成差值)。完成效果如图4.138所示。★★

销售金额	提成比例	提成差值	提成金额
13857	0.07	200	769.99
18724	0.07	200	1110.68
65741	0.14	2000	7203.74
26852	0.1	800	1885.2
56879	0.14	2000	5963.06
37548	0.14	2000	3256.72

图 4.138 单变量模拟运算完成效果

2. 汽车刹车距离主要取决于轮胎与地面之间的摩擦力,摩擦力的大小取决于摩擦系数,假设摩擦系数为 μ,则刹车距离 $S=V*V/2g\mu(g=9.8\text{m/s}^2)$。摩擦系数 μ 与多种因素有关,一般值为 0.8 左右,雨天可降至 0.2 以下,冰雪路面更低。在"刹车距离"工作表中使用双变量模拟运算表计算不同车速、不同摩擦系数时,汽车的刹车距离。完成效果如图 4.139 所示。★★

		车速								
	1.96838	20	30	40	50	60	70	80	90	100
摩擦系数	0.8	1.96838	4.428855	7.87352	12.30237	17.71542	24.11265	31.49408	39.85969	49.2095
	0.7	2.249577	5.061548	8.998308	14.05986	20.24619	27.55732	35.99323	45.55394	56.23943
	0.6	2.624507	5.90514	10.49803	16.40317	23.62056	32.15021	41.99211	53.14626	65.61266
	0.5	3.149408	7.086168	12.59763	19.68381	28.34467	38.58025	50.39053	63.77551	78.7352
	0.4	3.93676	8.85771	15.74704	24.60475	35.43084	48.22531	62.98816	79.71939	98.419
	0.3	5.249013	11.81028	20.99605	32.80633	47.24112	64.30041	83.98421	106.2925	131.2253
	0.2	7.87352	17.71542	31.49408	49.2095	70.86168	96.45062	125.9763	159.4388	196.838
	0.1	15.74704	35.43084	62.98816	98.419	141.7234	192.9012	251.9526	318.8776	393.676

图 4.139 双变量模拟运算完成效果

3. 使用双变量模拟运算表制作乘法表。完成效果如图 4.140 所示。★★

1*1=1	1	2	3	4	5	6	7	8	9
1	1*1=1								
2	2*1=2	2*2=4							
3	3*1=3	3*2=6	3*3=9						
4	4*1=4	4*2=8	4*3=12	4*4=16					
5	5*1=5	5*2=10	5*3=15	5*4=20	5*5=25				
6	6*1=6	6*2=12	6*3=18	6*4=24	6*5=30	6*6=36			
7	7*1=7	7*2=14	7*3=21	7*4=28	7*5=35	7*6=42	7*7=49		
8	8*1=8	8*2=16	8*3=24	8*4=32	8*5=40	8*6=48	8*7=56	8*8=64	
9	9*1=9	9*2=18	9*3=27	9*4=36	9*5=45	9*6=54	9*7=63	9*8=72	9*9=81

图 4.140 双变量模拟运算完成效果

4. 使用方案管理器在"销售提成"工作表中为 C2:C5 单元格区域设置三组销售提成方案,方案名称与具体比例如表 4.14 所示。选择不同方案,观察销售提成表中提成金额的变化。★★

表 4.14 销售提成方案

销售额起点	高提成方案	中提成方案	低提成方案
0	8%	5%	3%
10000	10%	7%	5%
20000	15%	10%	8%
30000	20%	14%	12%

第 5 章　Excel 函数

5.1　文本函数

范例要求

打开工作簿"文本函数.xlsx",完成以下操作。

1. Left 函数和 Find 函数

在工作表"Sheet1"中,计算"行政区"列中的数据,效果如图 5.1 所示。★

	A	B	C
1	姓名	住址	行政区
2	陈秋吉	江岸区塔子湖街	江岸区
3	江琛	江岸区后湖街	江岸区
4	李飓絮	江汉区汉兴街	江汉区
5	陈欣	江汉区唐家墩街	江汉区
6	雷雅菲	汉阳区琴断口街	汉阳区
7	陈心蕊	武汉经济技术开发区沌阳街	武汉经济技术开发区
8	王心柯	硚口区宝丰街	硚口区
9	吴敏	硚口区汉水桥街	硚口区
10	孙可欣	汉阳区江汉二桥街	汉阳区
11	周雨菲	武昌区徐家棚街	武昌区
12	任洪玉	武汉东湖高新区花山街	武汉东湖高新区
13	李奕瑾	武汉东湖高新区佛祖岭街	武汉东湖高新区

图 5.1　Left、Find 函数应用效果图

2. Right 函数和 Len 函数

在工作表"Sheet1"中,计算"街道"列中的数据,效果如图 5.2 所示。★

	A	B	C	D
1	姓名	住址	行政区	街道
2	陈秋吉	江岸区塔子湖街	江岸区	塔子湖街
3	江琛	江岸区后湖街	江岸区	后湖街
4	李飓絮	江汉区汉兴街	江汉区	汉兴街
5	陈欣	江汉区唐家墩街	江汉区	唐家墩街
6	雷雅菲	汉阳区琴断口街	汉阳区	琴断口街
7	陈心蕊	武汉经济技术开发区沌阳街	武汉经济技术开发区	沌阳街
8	王心柯	硚口区宝丰街	硚口区	宝丰街
9	吴敏	硚口区汉水桥街	硚口区	汉水桥街
10	孙可欣	汉阳区江汉二桥街	汉阳区	江汉二桥街
11	周雨菲	武昌区徐家棚街	武昌区	徐家棚街
12	任洪玉	武汉东湖高新区花山街	武汉东湖高新区	花山街
13	李奕瑾	武汉东湖高新区佛祖岭街	武汉东湖高新区	佛祖岭街

图 5.2　Right、Len 函数应用效果图

3. Mid 函数和连字符"&"

使用 Mid 函数和连字符 & 计算"出生年月(连字符 &)"列,效果如图 5.3 所示。★

4. Value 函数和 Text 函数

使用 Mid 函数、Value 函数和 Text 函数计算"出生年月(text)"列,完成后效果如图 5.4 所示。★

	A	B	C	D	E	F
1	姓名	住址	行政区	街道	身份证号	出生日期（连字符&）
2	陈秋吉	江岸区塔子湖街	江岸区	塔子湖街	420102200312225853	2003年12月22日

图 5.3　Mid 函数和连字符应用效果图

	A	B	C	D	E	F	G
1	姓名	住址	行政区	街道	身份证号	出生日期（连字符&）	出生日期（text）
2	陈秋吉	江岸区塔子湖街	江岸区	塔子湖街	420102200312225853	2003年12月22日	2003年12月22日

图 5.4　Text 函数应用效果图

使用 Mid 函数、Value 函数和 Text 函数计算"出生季节"列，出生月份对应的季节如表 5.1 所示，完成后效果如图 5.5 所示。★★★

表 5.1　月份和季度对应关系

月　　份	季　　节
1月，2月，12月	冬季
9-11月	秋季
6-8月	夏季
3-5月	春季

	A	B	C	D	E	F	G	H
1	姓名	住址	行政区	街道	身份证号	出生日期（连字符&）	出生日期（text）	出生季节
2	陈秋吉	江岸区塔子湖街	江岸区	塔子湖街	420102200312225853	2003年12月22日	2003年12月22日	冬季
3	江琛	江岸区后湖街	江岸区	后湖街	420102200306303316	2003年06月30日	2003年06月30日	夏季
4	李熙絮	江汉区汉兴街	江汉区	汉兴街	420102200310016341	2003年10月01日	2003年10月01日	秋季
5	陈欣	江汉区唐家墩街	江汉区	唐家墩街	420102200305166535	2003年05月16日	2003年05月16日	春季
6	雷雅非	汉阳区琴断口街	汉阳区	琴断口街	420102200306252715	2003年06月25日	2003年06月25日	夏季
7	陈心蕊	武汉经济技术开发区沌阳街	武汉经济技术开发区	沌阳街	420102200302117436	2003年02月11日	2003年02月11日	冬季
8	王心柯	硚口区宝丰街	硚口区	宝丰街	420102200301187165	2003年01月18日	2003年01月18日	冬季
9	吴敏	硚口区汉水桥街	硚口区	汉水桥街	420102200307189071	2003年07月18日	2003年07月18日	夏季
10	孙可欣	汉阳区江汉二桥街	汉阳区	江汉二桥街	420102200306186740	2003年06月18日	2003年06月18日	夏季
11	周雨菲	武昌区徐家棚街	武昌区	徐家棚街	420102200312266397	2003年12月26日	2003年12月26日	冬季
12	任洪玉	武汉东湖高新区花山街	武汉东湖高新区	花山街	420102200307151067	2003年07月15日	2003年07月15日	夏季
13	李奕瑾	武汉东湖高新区佛祖岭街	武汉东湖高新区	佛祖岭街	420102200303143835	2003年03月14日	2003年03月14日	春季

图 5.5　text 函数应用效果图

相关知识

1. Left 函数和 Find 函数

1) Left 函数

Left 函数以字符串的左侧为起始位置，返回指定数量的字符，函数语法如下：

Left(text,[num_chars])

第一参数 text 为要提取的字符串或单元格引用。第二参数[num_chars]为可选参数，表示从第一参数的第 1 个字符开始，提取的字符数量，省略时默认提取一个字符，即提取字符串最左端的一个字符。第一参数为文本字符串时，需要用一对半角双引号将其包含。

2) Find 函数

从单元格中提取字符串时，提取的起始位置或结束位置往往是不固定的，需要根据条件定位某个或某些关键字符，以此作为提取的条件。使用 Find 函数可以解决定位字符的问题。

Find 函数用于在单元格或字符串中定位指定的字符或字符串，并返回其起始位置的

值,该值从单元格的第一个字符算起。函数语法如下:

Find(find_text,within_text,[start_num])

第一参数 find_text 为必需参数,为要查找的文本。

第二参数 within_text 为必需参数,包含要查找文本的单元格引用或字符串。

第三参数 start_num 为可选参数,指定开始查找的位置。省略此参数时,默认其值为 1。

无论第三参数是否为 1,函数返回位置的值都以第二参数的第一个字符开始计算,所以一般省略第三参数。

3) 范例详解

"Left 函数和 Find 函数"范例中 C2 单元格的公式为"=LEFT(B2,FIND("区",B2))"。先用 Find 函数求字符"区"在 B2 单元格中字符串的位置为 3,然后用 Left 函数读取 B2 单元格中字符串前 3 个字符的值。

2. Right 函数和 Len 函数

1) Right 函数

Right 函数以字符串的右侧为起始位置,返回指定数量的字符,函数语法如下:

Right(text,[num_chars])

第一参数 text 为要提取的字符串或单元格引用。第二参数[num_chars]为可选参数,表示从第一参数的最后 1 个字符开始,提取的字符数量,省略时默认提取一个字符,即提取字符串最右端的一个字符。第一参数为文本字符串时,需要用一对半角双引号将其包含。

2) Len 函数

Len 函数用于读取字符串的字符长度,函数语法如下:

Len(text)

参数 text 表示需要计算长度的字符串或单元格引用。

3) 范例详解

"Right 函数和 Len 函数"范例中 D2 单元格中的公式为"=RIGHT(B2,LEN(B2)-FIND("区",B2))"。先用 Len 函数读取 B2 单元格中字符串的长度(值为 7),减去字符"区"在字符串 B2 中的位置(值为 3),得到 B2 单元格中字符"区"之后的所有字符的长度(值为 4)。再用 Right 函数读取 B2 单元格中字符串的最后 4 个字符。

3. Mid 函数和连字符

1) Mid 函数

相较于 Left 函数和 Right 函数只能从最左端和最右端提取字符串中的字符,Mid 函数在提取字符串的应用中更为灵活,可以从字符串或单元格引用中的某个字符开始提取多长的字符串。函数语法如下:

Mid(text,start_num,num_chars)

第一参数 text 为要提取的字符串或单元格引用;第二参数 start_num 用于指定文本中要提取的第一个字符的位置;第三参数 num_chars 指定从文本中返回字符的个数。

2) 连字符 &

在 Excel 中,连字符"&"可以连接文本类型或数值类型的数据,运算结果为文本类型。

3）范例详解

"Mid函数和连字符"范例中F2单元格中的公式为"=MID(E2,7,4)&"年"&MID(E2,11,2)&"月"&MID(E2,13,2)&"日""。首先来看"MID(E2,7,4)&"年"",Mid(E2,7,4)表示从E2单元格的第7个字符开始,取4个字符长度,得到E2单元格中第7～10位的字符串(值为2003),也就是身份证号中年份的数据信息；通过连字符"&",和字符"年"进行连接,得到"2003年"。之后的12月和22日也是一样的函数处理方法。

4．Value函数和Text函数

1) Value函数

Value函数可以将文本类型的数据转换为数值类型,方便计算。函数用法如下：

`Value(text)`

参数text为需要转换为数值类型的文本。

2) Text函数

Excel的自定义数字格式功能可以将单元格中的数值显示为自定义的格式,而Text函数也有相似的功能,可以将数值转换为按指定数字格式所表示的文本。

(1) Text函数的基本用法如下：

`Text(value,format_text)`

第一参数value,要转换为指定格式文本的数值,也可以是文本型数字。

第二参数format_text,用于指定格式代码,与单元格数字格式中的大部分代码基本相同。比如无法显示自定义格式中表示颜色的代码,如[红色]等。

除此之外,设置单元格格式与Text函数还有以下区别：设置单元格的格式仅仅是数字显示外观的改变,其实质仍然是数值本身,不影响进一步的汇总计算,即得到的是显示的效果。使用Text函数可以将数值转换为带格式的文本,其实质已经是文本,不再具有数值的特性,即得到的是实际的效果。

(2) Text函数的格式代码。

Text函数的格式代码分为4个条件区段,各区段之间用半角分号间隔,默认情况的用法如下：

正数对应的文本；负数对应的文本；单元格的值为零时对应的文本；值为文本时对应的文本

用法如图5.6所示。

和自定义格式一样,除了默认的区间以外,用户还可以自定义条件区间,用法如下：

[条件1]"条件1对应的文本";[条件2]"不满足条件1且满足条件2对应的文本";不满足条件1和条件2对应的文本;单元格中的值为文本时对应的值。

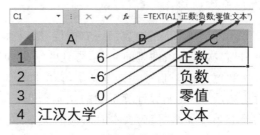

图5.6 Text函数的默认区间用法

用法如图5.7所示。

(3) Text函数的常用格式符号。

常用的符号有"0"和"#",用法和自定义格式基本一样。

0：占位符。当数据源为数值类型时，数量不足的需要补齐，如"000"返回的整数不能小于3位数字。当数据源为文本时，直接返回该文本。

＃：占位符。当数据源为数值类型时，数量不足的无须补齐。

用法如图5.8所示。

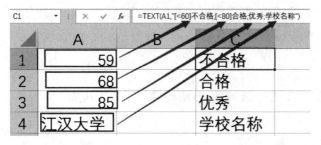

图5.7 Text函数的自定义条件区间用法　　　　图5.8 Text函数的常用格式符号用法

3）范例详解

"Value函数和Text函数"范例中，G2单元格中的公式为"＝TEXT(VALUE(MID(E2,7,8)),"0000年00月00日")"。首先用Mid函数从E2单元格中的第7位开始，读取8位长度的字符串，然后用Value函数进行转换，最后用格式符号"0000年00月00日"将8位数中的1～4位对应"0000年"中的4个0，5～6位对应"00月"中的2个0，7～8位对应"00天"中的2个0。

"Value函数和Text函数"范例中，H2单元格中的公式为"＝TEXT(TEXT(VALUE(MID(E2,11,2)),"[＞＝12]冬季;[＞＝9]秋季;0"),"[＞＝6]夏季;[＞＝3]春季;冬季")"。这个函数有2层嵌套，先看内层的Text函数"TEXT(VALUE(MID(E2,11,2)),"[＞＝12]冬季;[＞＝9]秋季;0")"，用Mid函数读取E2单元格中的11—12位（月份值的文本数据形式），用Value函数转为数值型数据，根据条件区间进行判断：月份＞＝12为冬季，12＞月份＞＝9为秋季。由于在内层Text函数中没有第4参数"值为文本时对应的文本"，且第3参数为0，所以余下的月份值直接返回原值。1～12月经过内层Text函数计算后得到的结果如图5.9所示。

	A	B	C	D	E	F	G	H	I	J	K	L	M
1	月份值	1	2	3	4	5	6	7	8	9	10	11	12
2	内层Text函数计算结果	1	2	3	4	5	6	7	8	秋季	秋季	秋季	冬季

图5.9 内层Text函数计算结果

用外层的Text函数"Text(内层Text函数计算结果,"[＞＝6]夏季;[＞＝3]春季;冬季")"再次进行条件区间判断，得到的结果如图5.10所示。对于内层Text函数计算得到的月份数值1-8，月份＞＝6为夏季，＞6月份＞＝3为春季，余下的月份数值1—2对应冬季。对于内层Text函数计算得到的文本数据"秋季,秋季,秋季,冬季"，由于在外层Text函数中没有第4参数"值为文本时对应的文本"，所以文本字符直接返回原值。

	A	B	C	D	E	F	G	H	I	J	K	L	M
1	月份值	1	2	3	4	5	6	7	8	9	10	11	12
2	内层Text函数计算结果	1	2	3	4	5	6	7	8	秋季	秋季	秋季	冬季
3	外层Text函数计算结果	冬季	冬季	春季	春季	春季	夏季	夏季	夏季	秋季	秋季	秋季	冬季

图5.10 外层Text函数计算结果

操作步骤

1. Left 函数和 Find 函数

(1) 打开工作簿"文本函数.xlsx"。

(2) 在工作表"Sheet1"的 C2 单元格中,输入公式"＝LEFT(B2,FIND("区",B2))"。完成输入后,按下回车键。鼠标放在 C2 单元格右下角,双击鼠标左键,在 C2:C13 单元格区域中完成公式填充。如图 5.11 所示。

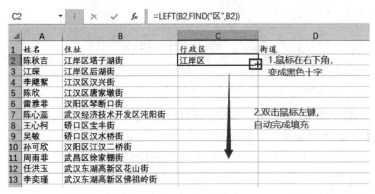

图 5.11 自动填充公式

2. Right 函数和 Len 函数

在工作表"Sheet1"的 D2 单元格中,输入公式"＝RIGHT(B3,LEN(B3)－FIND("区",B3))"。完成输入后,按下回车键。光标指向 D2 单元格右下角,双击鼠标左键,在 D2:D13 单元格区域中完成公式填充。

3. Mid 函数和连字符"&"

在工作表"Sheet1"的 F2 单元格中,输入公式"＝MID(E2,7,4)&"年"&MID(E2,11,2)&"月"&MID(E2,13,2)&"日""。完成输入后,按下回车键。光标指向 F2 单元格右下角,双击鼠标左键,在 F2:F13 单元格区域中完成公式填充。

4. Value 函数和 Text 函数

(1) 在工作表"Sheet1"的 G2 单元格中,输入公式"＝TEXT(VALUE(MID(E2,7,8)),"0000 年 00 月 00 日")"。完成输入后,按下回车键。光标指向 G2 单元格右下角,双击鼠标左键,在 G2:G13 单元格区域中完成公式填充。

(2) 在工作表"Sheet1"的 H2 单元格中,输入公式"＝TEXT(TEXT(VALUE(MID(E2,11,2)),"[>＝12]冬季;[>＝9]秋季;0"),"[>＝6]夏季;[>＝3]春季;冬季")"。完成输入后,按下回车键。光标指向 G2 单元格右下角,双击鼠标左键,在 G2:G13 单元格区域中完成公式填充。

注意问题

1. 公式中符号的注意事项

Excel 中,所有的非中文字符都是半角字符,括号成对出现。

2. 字节类文本函数

上面介绍的各类文本处理函数都是以字符为单位,在 Excel 中还可以字节为单元处理文本数据。在上面的函数后加字母 B 即可。例如：LeftB，FindB，LenB 等。效果如图 5.12 所示。

	A	B	C
1	字符串	公式	提取结果
2	江汉大学	=Left(A2,1)	江
3	江汉大学	=LeftB(A3,1)	
4	江汉大学	=Len(A4)	4
5	江汉大学	=LenB(A5)	8

图 5.12　字节类文本函数应用效果

5.2　数学函数

范例要求

打开工作簿"数学函数.xlsx"，完成以下操作。

1. 随机函数 Rand 和 Randbetween★

在工作表"Sheet1"的单元格区域(A1:A10)，利用随机函数 rand 或 randbetween 生成[10,100)的随机整数。

2. Mod 函数、Sqrt 函数和 Round 函数★

在工作表"Sheet1"的单元格区域(F1:F10)，利用除法运算符、Int 函数、平方根函数和 Round 函数计算各算式的商的平方根，保留 2 位小数。在工作表"Sheet1"的单元格区域(I1:I10)，利用 mod 函数计算余数。

相关知识

1. 随机函数 Rand 和 Randbetween

随机数是一个事先不确定的数，使用 Rand 和 Randbetween 函数均能生成随机数。

Rand 函数不需要参数，可以随机生成一个大于等于 0 且小于 1 的小数，且产生的随机小数不重复。

Randbetween 函数的语法为：Randbetween(bottom,top)

两个参数分别为下限和上限，用于指定产生随机数的范围。生成一个大于等于下限值且小于等于上限值的整数。

当用户在工作表中按"F9"（笔记本计算机是"Fn＋F9"）键或编辑单元格等操作时，都会引发随机函数重新计算，函数会返回新的随机数。

2. Mod 函数、Sqrt 函数和 Round 函数

Mod 函数用来返回两数相除后的余数，用法如下：

Mod(number,divisor)

其中，number 是被除数，divisor 是除数。

Sqrt 函数用于计算某个数的平方根，用法如下：

Sqrt(number)

其中，number 是需要计算平方根的数。

Round 函数用于数字的四舍五入。用法如下：

Round(number,digits)

其中，number 表示进行四舍五入的数。digits 用于指定保留的位数，值为 0 表示精确到整数的个位，值为 1 表示精确到 1 位小数，值为 −1 表示精确到整数的十位数。

操作步骤

1. 随机函数 Rand 和 Randbetween

（1）打开工作簿"数学函数.xlsx"。

（2）在工作表"Sheet1"的单元格 A1 中输入公式"＝Int(Rand()＊90＋10)"或公式"Randbetween(10,99)"，完成后按下 Enter 键。鼠标放在 A1 单元格的右下角，双击鼠标左键，在 A2:A10 单元格区域中完成公式填充。

2. Mod 函数、Sqrt 函数和 Round 函数

（1）在工作表"Sheet1"的单元格 F1 中输入公式"＝ROUND(SQRT(INT(A1/C1)),2)"，完成后按下 Enter 键，并在 F2:F10 单元格区域进行公式填充。

（2）在工作表"Sheet1"的 I1 单元格中输入公式"＝MOD(A1,C1)"，完成后按下 Enter 键，并在 I2:I10 单元格区域进行公式填充。

5.3　日期时间函数

范例要求

打开工作簿"日期时间.xlsx"，完成以下操作。

1. date 函数、Weekday 函数、datedif 函数★

在"学生信息"工作表的"出生日期（日期格式）"列，使用 date 函数计算出生日期。在"星期"列，使用 weekday 函数计算学生出生日期对应的是星期几。假定这一批学生的正常毕业日期是"2025-7-1"，在"毕业年龄"列计算学生在毕业时的年龄，要求：不满 1 年按 0 年计算。完成后效果如图 5.13 所示。

	A	B	C	D	E
1	姓名	身份证号	出生日期(日期格式)	星期	毕业年龄
2	郑越	420102200308065960	2003/8/6	3	21
3	薛长荣	420102200302231796	2003/2/23	7	22
4	刘周洲	420102200304086703	2003/4/8	2	22
5	杜蒙莎	420102200304180592	2003/4/18	5	22

图 5.13　Date、Weekday 和 Datedif 函数应用效果图

2. Year 函数、时间计算和时间函数★

在"晚间锻炼打卡"工作表的"年度"列计算本次打卡时间对应的年份。在"晚间锻炼开始时间"列进行计算。在"结束时间"列抽取"晚间锻炼结束时间"列中的时间。假定晚间熄灯时间是 23 点整，按照时间格式，在"距离熄灯时间"列中进行计算。在"格式转换"列中得到"X 小时 X 分钟 X 秒"的距离熄灯时间。完成后效果如图 5.14 所示。在"锻炼时长"列的 F25 单元格中，使用分类汇总函数 subtotal 计算平均锻炼时长。要求：自动筛选时，锻炼时长能随着筛选班级的改变，自动计算相应班级的锻炼时长。

姓名	班级	年度	晚间锻炼开始时间	晚间锻炼结束时间	锻炼时长(小时)	结束时间	距离熄灯时间	格式转换
郑越	二班	2022	2022/4/1 20:05:05	2022/4/1 20:32:05	0.45	20:32:05	2:27:55	2小时27分钟55秒
薛长荣	二班	2022	2022/4/1 19:07:56	2022/4/1 21:06:08	1.97	21:06:08	1:53:52	1小时53分钟52秒
刘周洲	一班	2022	2022/4/1 17:22:25	2022/4/1 19:01:25	1.65	19:01:25	3:58:35	3小时58分钟35秒
杜蒙莎	二班	2022	2022/4/1 17:44:53	2022/4/1 19:03:29	1.31	19:03:29	3:56:31	3小时56分钟31秒

图 5.14　Year 函数、时间计算和时间函数应用效果图

相关知识

1. Date 函数、Weekday 函数、Datedif 函数

(1) Date 函数可以根据指定的年份、月份和日期返回日期序列值。用法如下：

Date(num1,num2,num3)

参数 num1 对应年份，参数 num2 对应月份，参数 num3 对应日期。

例如：Date(2022,4,25)，表示日期：2022-4-25。在范例中用 Mid 函数分别获取年份、月份和日期值，然后作为 Date 函数的 3 个参数进行计算。当然，范例中的这一问也可以直接用快速填充完成。

类似用法的函数还有 Time，用法为：Date(num1,num2,num3)

参数 num1 对应小时，参数 num2 对应分钟，参数 num3 对应秒。

例如：Time(14,0,0)，表示时间：14:00:00

(2) Weekday 函数可以获取指定日期对应的数字形式的星期编号。用法如下：

Weekday(date,type)

参数 date 表示指定的日期。该日期可以是带引号的日期文本串（"20220425"）、日期序列值、其他公式或函数通过运算得到的日期格式的值或单元格引用。参数 type 有 3 种取值：1、2、3，分别用不同的 7 个数表示周一到周天。

例如：Weekday("20220425",2) 或 Weekday(2022-4-25,2) 都可以表示获取 2022-4-25 是星期几。

(3) Datedif 函数是一个隐藏的日期函数，用于计算两个日期之间的天数、月数或年数。基本语法如下：

Datedif(start_date,end_date,type)

参数 start_date 代表时间段内的起始日期。该日期可以是带引号的日期文本串（"20220425"）、日期序列值、其他公式或函数通过运算得到的日期格式的值或单元格引用。

参数 end_date 代表时间段内的结束日期。结束日期要大于起始日期，否则将返回错误值"♯NUM"。

参数 type 为所需信息的返回类型，不区分大小写。取值和对应的功能如表 5.2 所示。

表 5.2　Datedif 函数各参数及其功能

type 参数	功　　能
Y	日期段中的整年数
M	日期段中的整月数
D	日期段中的天数
YD	日期段中的天数差,忽略日期中的年

type 参数	功能
MD	日期段中的天数差,忽略日期中的年和月
YM	日期段中的月数的差,忽略日期中的年和日

2. Year 函数、时间函数、时间计算

(1) Year 函数返回指定日期的年份值,用法如下:

Year(date)

同类型的函数还有 Month 和 Day,函数用法分别为:Month(date),Day(date)。

参数 date 表示日期。该日期可以是带半角双引号的包含日期的文本串("20220425","2022/4/1 19:08:01")、日期序列值、其他公式或函数通过运算得到的日期格式的值或单元格引用。

(2) 时间函数 Hour、Minute 和 Second。用法如下:

Hour(time),Minute(time),Second(time)

参数 time 表示时间。该时间可以是带半角双引号的时间文本串("14:45:00"),其他公式或函数通过运算得到的时间格式的值或单元格引用。

(3) 时间计算。

在 Excel 中,两个日期时间数据相减得到的数据以天数为单位,如果需要转换为小时,需要乘以 24。从日期时间数据中提取时间时,可以先用 Int 函数获取该日期 0 点的值,再用减法处理。用法如图 5.15 所示。

	A	B	C	D	E	F
1	起始时间	2022/4/1 19:08:01	19:08:01		日期时间	2022/4/1 19:08:01
2	结束时间	2022/4/1 21:08:01	21:08:01		获取日期零点的公式	=INT(F1)
3	时间差值公式(天为单位)	=B2-B1	=B2-B1		获取日期零点的结果	2022/4/1 00:00:00
4	时间差值结果(天为单位)	0.083333333	0.083333333		获取日期时间中时间的公式	=F1-INT(F1)
5	时间差值公式(小时为单位)	=(B2-B1)*24	=(B2-B1)*24		获取日期时间中时间的结果(单元格为常规格式)	0.797233796
6	时间差值结果(小时为单位)	2	2		获取日期时间中时间的结果(单元格为时间格式)	19:08:01

图 5.15 Excel 中的日期时间计算

操作步骤

1. date 函数、Weekday 函数、datedif 函数

(1) 打开工作簿"日期时间.xlsx"。

(2) 在"学生信息"工作表的 C2 单元格中输入公式"=DATE(MID(B2,7,4),MID(B2,11,2),MID(B2,13,2))",完成后将公式填充到 C2:C34 单元格区域。

(3) 在"学生信息"工作表的 D2 单元格中输入公式"=WEEKDAY(C2,2)",完成后将公式填充到 D2:D34 单元格区域。

(4) 在"学生信息"工作表的 E2 单元格中输入公式"=DATEDIF(C2,"2025/7/1","y")",完成后将公式填充到 E2:E34 单元格区域。

2. Year 函数、时间计算、时间函数和分类汇总函数

(1) 在"晚间锻炼打卡"工作表的 C2 单元格中输入公式"=YEAR(E2)",完成后将公式填充到 C2:C24 单元格区域("年度"列)。

(2) 在"晚间锻炼打卡"工作表的 D2 单元格中输入公式"=E2-F2/24",完成后将公式填充到 D2:D24 单元格区域（“晚间锻炼开始时间”列）。

（3）在“晚间锻炼打卡”工作表的 G2 单元格中输入公式“=E2－INT(E2)”，完成后将公式填充到 G2:G24 单元格区域（“结束时间”列）。

（4）在“晚间锻炼打卡”工作表的 H2 单元格中输入公式“="23:00:00"－G2”，完成后将公式填充到 H2:H24 单元格区域（“距熄灯时间”列）。

（5）在“晚间锻炼打卡”工作表的 I2 单元格中输入公式“=HOUR(H2)&"小时"&MINUTE(H2)&"分钟"&SECOND(H2)&"秒"”，完成后将公式填充到 I2:I24 单元格区域（“格式转换”列）。

注意问题

1. 日期表示

一般情况下，日期常量可以用以下 2 种方式表示：

（1）带双引号的日期或日期时间文本串（“20220425”，“2022/4/1 19:08:01”）。

（2）日期格式。

需要注意几个问题：

1900 年之前的日期，Excel 无法直接进行数据处理。

进行日期计算后，单元格中的值不是日期，而是一个 5 位正整数。其实这个 5 位正整数是日期对应的序列值，一般称之为日期序列值。重新设置单元格格式为日期类型就能看到日期格式的数据。

日期或时间作为函数参数时，一定要加半角双引号，否则无法进行计算。

2. Datedif 函数

Datedif 函数可以计算 2 个日期之间完整的年份差值和月份差值。使用 Year 和 Month 函数进行计算，会出现不满 1 年的计算结果为 1 年等情况。如图 5.16 所示。

	A	B
1	起始日期	2021/12/30
2	终止日期	2022/4/25
3	年份差(Datedif函数)公式	=datedif(B1,B2,"y")
4	年份差(Datedif函数)结果	0
5	年份差(Year函数)公式	=year(B2)-year(B1)
6	年份差(Year函数)结果	1

图 5.16　Datedif 函数应用

5.4　统计函数

范例要求

打开工作簿“统计函数.xlsx”，完成以下操作。

1. iserror 函数★

在“公司信息”工作表的“属地”列中，利用函数计算。要求：如果公司名称中有“武汉”，定义为本地公司；如果没有“武汉”，定义为外地公司。完成后效果如图 5.17 所示。

	A	B	C	D
1	公司名称	员工人数	属地	2021年利润(万元)
2	贵州五粮液集团	2094	外地公司	8836
3	三峡集团武汉总部	1636	本地公司	5841
4	杭州阿里巴巴集团	1247	外地公司	4080
5	南方航空武汉分公司	1643	本地公司	5074
6	小米集团武汉研究中心	1056	本地公司	5889

图 5.17　第 1 问完成效果图

2. 条件统计类函数、Large 函数和 Subtotal 函数★★

在"统计"工作表中,利用统计函数和条件统计类函数进行计算,完成后效果如图 5.18 所示。

	A	B
1	本地公司2021年利润大于外地公司2021年利润平均值的数量	6
2	员工人数在1000以上（含1000）的本地公司2021年利润的平均值	4967.625
3	员工人数在1000以上（含1000）的外地公司2021年利润的总和	55025
4	2021年利润第1名的值	8836
5	2021年利润第2名的值	8519
6	2021年利润第3名的值	7954

图 5.18　条件统计类函数和 Large 函数应用效果图

在"公司信息"工作表的 F1 单元格中进行统计,当筛选公司的不同属地后,可以分别求出不同属地公司的利润和。如图 5.19 所示。

图 5.19　Subtotal 函数应用效果图

相关知识

1. iserror 函数

1) 函数用法

iserror 函数用于判断单元格中的值是否为错误值。如果是错误值,则函数返回 True。常见的错误值有：♯NULL,♯DIV/0,♯VALUE,♯REF,♯NAME?,♯NUM,♯N/A。用法为：

iserror(range)

参数 range 为需要判断的值或单元格引用。

2) 范例详解

在"iserror 函数"范例中,C2 单元格中的公式为"=IF(ISERROR(FIND("武汉",A2)),"外地公司","本地公司")"。先用 find 函数判断字符串"武汉"在 A2 单元格中的位置,如果 find 函数返回了数值,说明 A2 单元格中有字符串"武汉"。此时 iserror 函数的参数是数值,iserror 函数的计算结果为 false。此时 if 函数的判断条件就为 false,对应字符串"本地公司"。当 A2 单元格中没有字符串"武汉"时,则 find 函数返回错误值,iserror 函数计算的结果为 true,也就是 if 函数的判断条件为 true,对应字符串"外地公司"。

2. 条件统计类函数、Large 函数和 Subtotal 函数

1) 条件统计类函数

(1) 常见的条件统计类函数有条件求和、条件求平均值和条件计数。分为单条件统计函数和多条件统计函数。函数功能如表 5.3 所示：

表 5.3 条件统计类函数功能和用法

函　　数	功　　能	用　　法
Sumif	单条件求和	sumif(条件区,满足的条件,[求和区])
Sumifs	多条件求和	sumifs(求和区,条件区 1,条件 1,……,条件区 n,条件 n)
Averageif	单条件求平均值	averageif(条件区,满足的条件,[求平均值区])
Averageifs	多条件求平均值	averageifs(求平均值区,条件区 1,条件 1,……,条件区 n,条件 n)
Countif	单条件计数	countif(条件区,条件)
Countifs	多条件计数	countifs(条件区 1,条件 1,……,条件区 n,条件 n)

sumif 和 averageif 的第 3 参数可以省略,省略时,条件区就是求和区或求平均值区。

在上述 6 个函数的条件书写时,需要注意：如果条件中涉及关系运算(>,<,= 等)表达式,关系运算符需要书写在半角双引号中,表达式中的比较对象可以是具体的数值,也可以是单元格或公式。如果比较对象是具体的值,需要和关系运算符一起写在半角双引号中,例如：countif(c2:c23,">60")。如果比较对象是单元格或公式,单元格或公式要通过连字符"&"进行连接,例如：countif(c2:c23, ">"&F1)和 countif(c2:c23,">"& 公式)。

(2) 范例详解。

① 统计"本地公司 2021 年利润大于外地公司 2021 年利润平均值的数量"时,多条件计数函数 countifs 中包含了 2 个条件：1 个条件是"外地公司"。另 1 个条件通过连字符"&",将关系运算符">"和嵌入的单条件求平均值 averageif 公式"AVERAGEIF(公司信息!C2:C23,"外地公司",公司信息!D2:D23)"进行连接得到。

需要注意的是：关系运算符">"需要加半角双引号,公式不需要加双引号。

② 统计"员工人数在 1000 以上(含 1000)的本地公司 2021 年利润的平均值"时,多条件求平均值函数 averageifs 包含了两个条件。

③ 统计"员工人数在 1000 以上(含 1000)的外地公司 2021 年利润的总和"时,多条件求和函数 sumifs 包含了两个条件。

2) Large 函数

Large 函数返回数据集中第 k 个最大值,语法：Large(array,k)

参数 array 为需要找到第 k 个最大值的数组或数字型数据区域。可以是数组,也可以是单元格区间。

参数 k 为返回的数据在数组或数据区域中的位置。

在范例中,通过 Large 函数,在"公司信息"工作表的 D2:D23 单元格区域,找到利润前 3 的数据。

相同用法的函数有 Small,用于求数据集中第 k 个最小值。

3) Subtotal 函数

Subtotal 函数返回列表中的分类汇总,语法：Subtotal(function_num,ref1,[ref2])

function_num：用于指定要为分类汇总使用的函数。取值为 1-11 或 101-111。如果取值为 1-11,计算时包括隐藏和筛选的行；如果取值为 101-111,计算时不包括隐藏和筛选的行。参数取值说明如表 5.4 所示。

表 5.4 Subtotal 函数的第 1 个参数的取值

function_num 取值（包含隐藏和筛选后的不可见单元格）	function_num 取值（不包含隐藏和筛选后的不可见单元格）	对应的函数	功　　能
1	101	Average	平均值
2	102	Count	数值个数
3	103	Counta	非空单元格个数
4	104	Max	最大值
5	105	Min	最小值
6	106	Product	数值连乘的乘积
7	107	Stdev	样本标准偏差
8	108	Stdevp	总体标准偏差
9	109	Sum	求和
10	110	Var	样本方差
11	111	Varp	总体方差

ref1：需要进行分类汇总计算的第一个命名区域或引用。

ref2：可选参数。进行分类汇总计算的第 2 个命名区域或应用。

在范例中，公式"=SUBTOTAL(109,D2:D23)"对单元格区域 D2:D23 进行求和，求和项不包括隐藏单元格和筛选后的不可见单元格。

需要注意的是，Subtotal 函数只适用于数据列或垂直区域，不适用于数据行或水平区域。

操作步骤

1. iserror 函数

（1）打开工作簿"统计函数.xlsx"。

（2）在工作表"公司信息"的 C2 单元格中输入公式"=IF(ISERROR(FIND("武汉",A2)),"外地公司","本地公司")"，完成后将公式填充到 C2:C23 单元格区域。

2. 条件统计类函数、Large 函数和 Subtotal 函数

（1）在工作表"统计"的 B1 单元格中输入公式"=COUNTIFS(公司信息!C2:C23,"本地公司",公司信息!D2:D23,">"&AVERAGEIF(公司信息!C2:C23,"外地公司",公司信息!D2:D23))"，完成统计"本地公司 2021 年利润大于外地公司 2021 年利润平均值的数量"。

（2）在工作表"统计"的 B2 单元格中输入公式"=AVERAGEIFS(公司信息!D2:D23,公司信息!C2:C23,"本地公司",公司信息!B2:B23,">=1000")"，完成统计"员工人数在 1000 以上（含 1000）的本地公司 2021 年利润的平均值"。

（3）在工作表"统计"的 B2 单元格中输入公式"=SUMIFS(公司信息!D2:D23,公司信息!B2:B23,">=1000",公司信息!C2:C23,"外地公司")"，完成统计"员工人数在 1000 以上（含 1000）的外地公司 2021 年利润的总和"。

（4）在工作表"统计"的 B4 单元格中输入公式"=LARGE(公司信息!$D$2:$D$23,1)"，完成统计"2021 年利润第 1 名的值"。在 B5 单元格中输入公式"=LARGE(公司信息!$D

$2:\$D\$23,2)$",完成统计"2021 年利润第 2 名的值"。在 B6 单元格中输入公式"＝LARGE(公司信息!$D$2:$D$23,3)",完成统计"2021 年利润第 3 名的值"。

(5) 在工作表"公司信息"的 F1 单元格中输入公式"＝SUBTOTAL(109,D2:D23)",完成统计"筛选公司属地后的利润和"。

注意问题

由于在本范例的统计计算中,没有进行公式填充,所以单元格引用采用相对引用、混合引用或绝对引用都可以。绝对引用的单元格区域一般是通过鼠标选取单元格区域后,Excel 软件自动生成的一种引用方式。

5.5 查找定位函数(非数组用法)

范例要求

打开工作簿"查找定位函数(非数组用法).xlsx",完成以下操作。

1. Vlookup 函数★★

在"篮球比赛记录"工作表中,根据工作表"球队区域关联",利用 Vlookup 函数的精确匹配用法计算"所属区域"列中的数据。根据"日期"列的数据,利用 Vlookup 函数的模糊匹配用法计算"季度"列中的数据,完成后效果如图 5.20 所示。

	A	B	C	D
1	球队(客队)	所属区域	日期	季度
2	华中科技大学	中部	2021年5月16日	2季度
3	浙江大学	东方	2021年4月16日	2季度
4	中国人民大学	北方	2021年2月15日	1季度
5	武汉大学	中部	2021年5月31日	2季度
6	清华大学	北方	2021年1月1日	1季度

图 5.20 Vlookup 函数应用效果图

2. Lookup 函数、Index 函数、Match 函数和 Offset 函数★★

在"统计"工作表中,利用 lookup、index、match、offset 和 large 等函数完成 6 项统计,在 A7 单元格中选择"2021 年 2 月 15 日"。完成后效果如图 5.21 所示。

	A	B	C	D	E
1	第一场失败对阵的球队	北京理工大学		失分第1多时的对阵球队	武汉大学
2				失分第2多时的对阵球队	北京理工大学
3	比赛日期	球队名		失分第3多的对阵球队	北京大学
4	2021年3月17日	西安交通大学			
5					
6	日期	截止到左侧日期的积分和			
7	2021年2月15日	9			

图 5.21 Lookup、Index、Match 和 Offset 函数应用效果图

相关知识

1. Vlookup 函数

Vlookup 函数的基本用法如下:

Vlookup(lookup_value,table_array,col_index_num,[range_lookup])

第一参数是在单元格区域的第一列中要查询的值。

第二参数是需要查询的单元格区域。这个区域中的首列必须要包含查询值,否则函数将返回错误值。如果查询区域中包含多个符合条件的查询值,Vlookup 函数只能返回首个匹配的结果。

第三参数用于指定返回查询区域中的第几列的值。如果此参数超出待查询区域的总列数,Vlookup 函数将返回错误值♯N/A。

第四参数决定函数的查找方式,如果为 0 或 false,用精确匹配方式,并且支持无序查找;如果为非 0 的数、true 或被省略,则使用模糊匹配方式,同时要求查询区域的首列按升序排序。

精确匹配用法如图 5.22 所示。

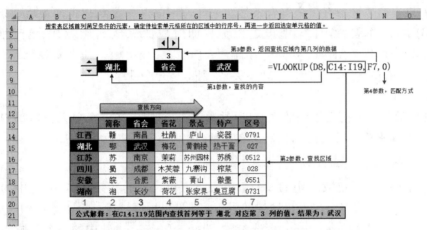

图 5.22　Vlookup 函数精确匹配用法

模糊匹配用法如图 5.23 所示。

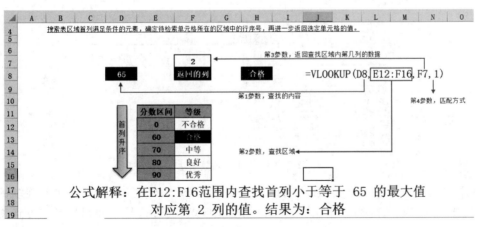

图 5.23　Vlookup 函数模糊匹配用法

2. Lookup 函数、Index 函数、Match 函数和 Offset 函数

1) Lookup 函数

Lookup 函数是常用的查询函数之一,和 Vlookup 函数的用法比较类似,这里只介绍向量用法。

Lookup(lookup_value,lookup_vector,[result_vector])

向量语法是在由单行或单列构成的第 2 个参数中,查找第 1 个参数,并返回第 3 个参数中对应位置的值。第 1 参数为查找值。第 2 参数为查询范围。第 3 参数可选,为结果范围,必须与第 2 参数大小相同。如果第 3 参数缺省,则结果范围为第 2 参数。

需要注意的是:

(1) 如果需要在查找范围中查找一个明确的值,查找范围必须升序排列;如果查找一列或一行数据的最后一个值,查找范围并不需要严格地升序排列。

(2) 如果 Lookup 函数找不到查询值,则该函数会与查询区域中小于或等于查询值的最大值进行匹配。

(3) 如果查询值小于查询范围中的最小值,则 Lookup 函数会返回♯N/A 错误值。

(4) 如果查询区域中有多个符合条件的记录,则 Lookup 函数仅返回最后一条记录。

在范例中,工作表"统计"中"指定比赛日期对应的球队名称"(B4 单元格)可以用 Lookup 函数处理,因为"日期"列是升序排序;但"第一场失败对应的球队名称"(B1 单元格)不能用 Lookup 函数处理,因为"胜负关系"列不是升序排序。

2) Index 函数

Index 函数是重要的引用函数之一,通过指定的行列号,在一个单元格区域或数组中返回对应位置的元素值。常用的函数语法有 2 种,这里只介绍非数组用法。

Index(reference,row_num,[column_num],[area_num])

参数 row_num,指定数组中的某行。参数 column,可选参数,指定数组中的某列。参数 reference,对一个或多个单元格区域的引用;如果引用区域为一个不连续的区域,必须将其用括号括起来。参数 area_num,可选参数,选择 reference 参数中的一个区域。

一般情况下,在单列连续区域中进行查找,只需要使用第 1 参数 reference 和第 2 参数 row_num。用法如图 5.24 所示。

	A	B	C	D	E
1	豌豆		类型	公式	公式计算结果
2	包菜		单列区域定位	=index(A1:A5,4)	土豆
3	毛豆			=index((A1:A5,	
4	土豆		多个不连续区域定位	A7:B9,A11:A12)	鲈鱼
5	山药			,3,2,2)	
6					
7	猪肉	鸭肉			
8	鸡肉	牛肉			
9	鳊鱼	鲈鱼			
10					
11	西红柿鸡蛋				
12	菠菜				

图 5.24 Index 函数用法

在上述的单列区域定位中,查找 A1:A5 单元格区域中的第 4 行。在多个不连续区域定位中,选择(A1:A5,A7:B9,A11:A12)中的第 2 个区域,通过行号 3 和列号 2 定位到单元格区域 A7:B9 的第 3 行第 2 列。

3) Match 函数

Match 函数同样是 Excel 中重要的查找函数,通过在单元格区域中搜索指定项,返回该项在单元格区域中的相对位置。用法如下:

Match(lookup_value,lookup_array,[match_type])

第一参数 lookup_value,表示需要查找的值。第二参数 lookup_array,表示查询区域,一般指单元格区域或数组，且此参数必须是一行或一列的数据范围。

第三参数 match_type 用来指定 Match 函数的查找方式，取值为：0、1、−1。值为 0 时，表示精确匹配，此时的第二参数 lookup_array 中的值可以按任何顺序排列；如果在查找区间有多个相同的匹配值，和第一个相同的值匹配。值为 1 时，表示模糊匹配，要求第二参数 lookup_array 中的值按升序排列，以查询区域（第二参数 lookup_array）中小于查询值的最大值进行匹配。值为 −1 时，同样表示模糊匹配，要求第二参数 lookup_array 中的值按降序排列，以查询区域（第二参数 lookup_array）中大于查询值的最小值进行匹配。用法如图 5.25 所示。

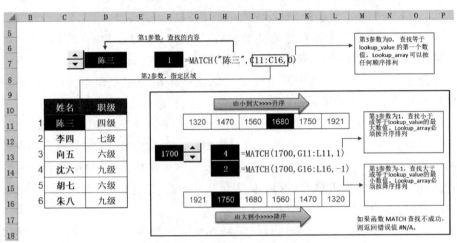

图 5.25　Match 函数用法

在 Excel 中，match 函数经常和 index 函数搭配使用，结合 match 函数定位行号或列号，在 index 函数的查找区间定位具体的单元格。用法如图 5.26 所示。

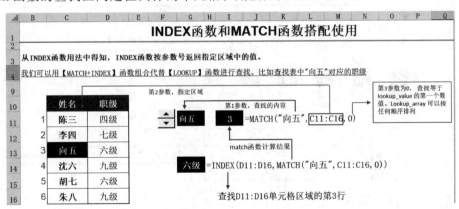

图 5.26　Index 和 Match 函数搭配用法

该函数组合的用法除了在查找相同的最后一个值以外，可以替换 Lookup 函数。

在范例中，工作表"统计"中"指定比赛日期对应的球队名称"（B4 单元格）和"第一场失败对应的球队名称"（B1 单元格）都可以用 index 函数和 match 函数的组合处理。

"失分第 1 多时对阵的球队"、"失分第 2 多时对阵的球队"和"失分第 3 多时对阵的球队"，除了 index 和 match 函数，还需要项目 5.4 中讲到的 Large 函数。

以"失分第 3 多时对阵的球队"为例,对应的公式为"=INDEX(篮球比赛记录!A2:A15,MATCH(LARGE(篮球比赛记录!G2:G15,3),篮球比赛记录!G2:G15,0))"。先用 Large 函数找到 G 列(失分列)中第 3 大的数,然后用 match 函数求出该数在所有失分列区域(G2:G15)中的相对行号,最后用 index 函数在同样大小的球队名称单元格区域(A2:A15)中找到该行号对应的单元格中的值,即失分第 3 多时对阵的球队名称。

4) Offset 函数

Offset 函数以指定的引用为参照系,通过给定的偏移量返回新的引用,返回的引用可以是一个单元格或单元格区域。能够为动态数据透视表、动态图表等提供动态数据源。函数基本语法为:Offset(reference,rows,cols,[height],[width])。

第一参数 reference,作为偏移量参照的起始引用区域。该参数必须是对单元格或连续单元格区域的引用,否则 Offset 函数返回错误值♯VALUE。

第二参数 rows,以第一参数中的单元格或单元格区域的左上角单元格为参照点,向上或向下偏移的行数。行数为正数时,向参照点的下方偏移。

第三参数 cols,以第一参数中的单元格或单元格区域的左上角单元格为参照点,向左或向右偏移的列数。列数为正时,向参照点的右边偏移。列数为负时,向参照点的左边偏移。

第四参数 height,可选参数。以经过第二参数和第三参数的行、列偏移后得到的偏移点为基准,返回的高度。值为正数时,返回偏移点下方的高度;值为负数时,返回偏移点上方的高度。缺省时,值为 1。

第五参数 width,可选参数。以经过第二参数和第三参数的行、列偏移后得到的偏移点为基准,返回的宽度。值为正数时,返回偏移点右侧的宽度;值为负数时,返回偏移点左侧的宽度。缺省时,值为 1。函数用法如图 5.27 所示。

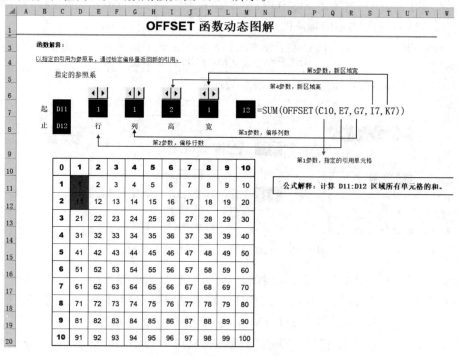

图 5.27 Offset 函数用法

5) 范例详解

在范例"Lookup 函数、Index 函数、Match 函数和 Offset 函数"中计算"截至左侧日期的积分和"时的公式为"=SUM(OFFSET(篮球比赛记录!I2,0,0,MATCH(A7,篮球比赛记录!C2:C15,0),1))"。先用 match 函数找到指定日期在所有日期(工作表"篮球比赛记录"的单元格区域 C2:C15)中的相对行号;再以第 1 场比赛获得的积分所对应的 I2 单元格为参照点,不做偏移(offset 函数的第二参数和第三参数都是 0),将 match 函数计算得到的行号作为 offset 函数返回的单元格区域的高度(第四参数),宽度为 1 列。最后计算 offset 函数返回的单元格区域(I1:I5)的数值和。

操作步骤

1. Vlookup 函数

(1) 打开工作簿"查找定位函数(非数组用法).xlsx"。

(2) 在工作表"篮球比赛记录"的 B2 单元格中输入公式"=VLOOKUP(A2,球队区域关联!$A$2:$B$15,2,0)",完成后将公式填充到 B2:B15 单元格区域。

(3) 在工作表"篮球比赛记录"的 D2 单元格中输入公式"=VLOOKUP(C2,季度和日期关联!$A$1:$B$4,2,1)",完成后将公式填充到 D2:D15 单元格区域。

2. Lookup 函数、Index 函数、Match 函数和 Offset 函数

(1) 在工作表"统计"的 B1 单元格中输入公式"=INDEX(篮球比赛记录!A2:A15,MATCH("负",篮球比赛记录!H2:H15,0))",完成统计"第一场失败对阵的球队"。

(2) 在工作表"统计"的 B4 单元格中输入公式"=LOOKUP(A4,篮球比赛记录!C2:C15,篮球比赛记录!A2:A15)",完成统计"2021 年 3 月 17 日对阵的球队名"。

(3) 在工作表"统计"的 A7 单元格右侧的下拉列表中选择"2021 年 2 月 15 日",在 B7 单元格中输入公式"=SUM(OFFSET(篮球比赛记录!I2,0,0,MATCH(A7,篮球比赛记录!C2:C15,0)))",完成统计"截至左侧日期的积分和"。

注意问题

Vlookup 函数的语法为:Vlookup(lookup_value,table_array,col_index_num,[range_lookup]),其中的第 3 参数 col_index_num 不能理解为工作表中实际的列号,而是指要返回查询区域中第几列的值,属于相对列号。

例如:如果在 B2:F6 区域中需要返回 D 列中某行的数据。此时 table_array 参数值为 B2:F6,col_index_num 参数值就应该为 3,含义为从单元格区域 B2:F6 的首列(B 列)开始的第 3 列(D 列);不能从 A 列开始计算偏移列号,即 col_index_num 参数值不能写 4。

同样的,match 函数返回的也是相对行号或列号,指查找区域的第几行或第几列。

5.6 查找定位函数的数组用法

范例要求

打开工作簿"查找定位函数数组用法.xlsx",完成以下操作。

match 函数数组用法★★★

在"分班记录"工作表中,使用 index 函数和 match 函数的数组用法,结合"分班标准"工作表,计算"班级类型"列的类型。完成后效果如图 5.28 所示。

	A	B	C	D
1	姓名	第1周	第2周	班级类型
2	唐转文	不合格	不合格	C
3	邹邑灿	基本合格	基本合格	C
4	张子昊	不合格	基本合格	C

图 5.28　Match 函数数组用法的完成效果

相关知识

1. Excel 中的数组概念

在 Excel 函数与公式中,数组是指按一行一列或多行多列排列的一组数据元素的集合。数据元素可以是数值、文本、日期、逻辑值和错误值等。

2. Excel 中的数组分类

1) 常量数组

常量数组是指直接在公式中写入数组元素,并用大括号在首尾进行标识的字符串表达式。常量数组不依赖单元格区域,可以直接参与公式的计算。数值型常量数组元素中不能包含美元符号、逗号和百分号。日常应用中,以单列单行的一维数组为主。

纵向数组(单列数组)对应多维数组,数组中各元素用半角分号间隔,输入时需要先选定所有的单元格。例如:数组公式"={1;2;3}"有 3 个数组元素,要得到纵向的单列数组,就需要选中纵向的 3 个单元格,然后在编辑栏中输入公式,按下 Ctrl+Shift+Enter 键,得到纵向数组常量,如图 5.29 所示。

横向数组对应一维数组,数组中的各元素用半角逗号间隔,输入时同样要先选定所有的单元格。例如:数组公式"={1,2,3}"有 3 个数组元素,要得到横向的单行数组,就需要选中横向的 3 个单元格,然后在编辑栏中输入公式,按下 Ctrl+Shift+Enter 键,得到横向数组常量,如图 5.30 所示。

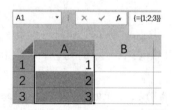

图 5.29　纵向数组常量(多维数组)

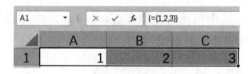

图 5.30　横向数组常量(一维数组)

注意,常量数组公式不能在一个单元格中先输入公式,然后填充,否则会在填充单元格中得到同样的数值。如图 5.31 所示。

2) 区域数组

区域数组实际上就是公式中对单元格区域的直接引用,维度和尺寸与常量数组完全一致。例如公式"=MATCH(A1,B1:B3,0)"中的 B1:B3 是区域数组。如图 5.32 所示。

3) 范例详解

范例中用到了 match 函数的多条件匹配,涉及区域数组。我们将工作表"分班记录"和工作表“分班标准”中的相关数据单元格放到一个工作表中，如图 5.33 所示。

C1 =MATCH(A1,B1:B3,0)

	A	B	C
1	1	1	1
2		2	
3		3	

C1 {={1,2,3}}

	A	B	C
1	1	1	1

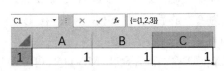

图 5.31　常量数组公式的错误填充效果

图 5.32　区域数组

	A	B	C	D	E	F	G	H	I	J	K	L
1	姓名	第1周	第2周	班级类型		第1周	条件1: $F$1:$F$11=$B$2	常量1	第2周	条件2: $I$1:$I$11=$C$2	常量2	班级类型
2	唐转文	不合格	不合格			优秀			优秀			A
3	邹邑灿	基本合格	基本合格			优秀			合格			A
4	张子奥	不合格	基本合格			合格			优秀			A
5	王思昊	基本合格	基本合格			合格			合格			B
6	张涵	合格	合格			合格			基本合格			B
7	邓禹	优秀	优秀			基本合格			合格			B
8	吴津津	基本合格	基本合格			基本合格			基本合格			C
9	汪巨鸿	合格	优秀			基本合格			不合格			C
10	郑梢梢	优秀	优秀			不合格			基本合格			C
11	徐浩然	基本合格	合格			不合格			不合格			C

图 5.33　match 函数多条件匹配

要计算班级类型，就要同时满足两个条件：某同学第 1 周的评定等级和 F2:F11 单元格区域匹配，第 2 周的评定等级和 I2:I11 单元格区域匹配。以 A2 单元格中姓名对应的班级类型为例，两个条件用公式描述分别是：“$F$2:$F$11=$B$2”和“$I$2:$I$11=$C$2”。公式“$F$2:$F$11=$B$2”表示单元格 B2 和单元格区域 F2:F11 中的每一个单元格匹配后的结果，在单元格区域 G2:G11 中呈现匹配的结果值；公式“$I$2:$I$11=$C$2”表示单元格 C2 和单元格区域 I2:I11 中的每一个单元格匹配后的结果，在单元格区域 J2:J11 中呈现匹配后的结果值。这两个公式的运行结果实质就是两个区域数组。

在计算机中，用 0 描述逻辑假(FALSE)，用 1 描述逻辑真(TRUE)。所以这 2 个区域数组可以转换为以下 2 个数组常量：{0,0,0,0,0,0,0,0,1,1}和{0,0,0,0,0,0,0,1,0,1}。B2 和 C2 单元格中的数据分别在单元格区域 F2:F11 和 I2:I11 中匹配后，只有 1 行数据的运行结果同时为 TRUE(常量 1 和常量 2 的值都为 1)，如图 5.34 所示。该行对应的班级类型就是 A2 单元格中姓名对应的班级类型。

	A	B	C	D	E	F	G	H	I	J	K	L
1	姓名	第1周	第2周	班级类型		第1周	条件1: $F$1:$F$11=$B$2	常量1	第2周	条件2: $I$1:$I$11=$C$2	常量2	班级类型
2	唐转文	不合格	不合格			优秀	FALSE	0	优秀	FALSE	0	A
3	邹邑灿	基本合格	基本合格			优秀	FALSE	0	合格	FALSE	0	A
4	张子奥	不合格	基本合格			合格	FALSE	0	优秀	FALSE	0	A
5	王思昊	基本合格	基本合格			合格	FALSE	0	合格	FALSE	0	B
6	张涵	合格	合格			合格	FALSE	0	基本合格	FALSE	0	B
7	邓禹	优秀	优秀			基本合格	FALSE	0	合格	FALSE	0	B
8	吴津津	基本合格	基本合格			基本合格	FALSE	0	基本合格	FALSE	0	C
9	汪巨鸿	合格	优秀			基本合格	FALSE	0	不合格	TRUE	1	C
10	郑梢梢	优秀	优秀			不合格	TRUE	1	基本合格	FALSE	0	C
11	徐浩然	基本合格	合格			不合格	TRUE	1	不合格	TRUE	1	C

图 5.34　match 函数多条件匹配-范例详解

在图 5.34 的 D2 单元格中书写公式“=INDEX($L$2:$L$11,MATCH(1,($F$2:$F$11=B2)*($I$2:$I$11=C2),0))”，其中 match 公式中的($F$2:$F$11=B2)和($I$2:$I$11=C2)的结果就是上面分析中的两个数组常量：{0,0,0,0,0,0,0,0,1,1}和{0,0,0,0,0,0,0,1,0,1}。在 Excel 中进行数组常量乘法，其实就是两个数组常量中的每

一个数组元素相乘,得到一个新的一维数组常量{0,0,0,0,0,0,0,0,0,1},其中只有最后一个数组元素的值同时为1,表示同时匹配成功的是两个单元格区域(F2:F11,I2:I11)的最后一行。在match函数中,为了找到这个匹配成功的数值1,所以第一参数需要写成数值1。匹配模式为精确匹配,所以match函数的第三参数为0。最后通过index函数,在L2:L11单元格区域中,结合match函数计算得到的行号,即可确定班级类型值。

D2单元格中的数组公式还可以写成"=INDEX($L$2:$L$11,MATCH(B2&C2,$F$2:$F$11&$I$2:$I$11,0))"。

注意,由于范例讲解中的数据和范例素材中的数据位置不一致,所以不能将知识点中的范例讲解的公式直接抄写至范例素材中。

操作步骤

(1) 打开工作簿"查找定位函数数组用法.xlsx"。

(2) 在工作表"分班记录"中的D2单元格中输入公式"=INDEX(分班标准!$C$2:$C$11,MATCH(1,(分班标准!$A$2:$A$11=B2)*(分班标准!$B$2:$B$11=C2),0))",输入后按下组合键Ctrl+Shift+Enter,完成后将公式填充到D2:D101单元格区域。

注意问题

数组公式的书写和普通公式有区别,数组公式需要在公式书写完成后,同时按下Ctrl+Shift+Enter组合键。

常量数组需要选中所有的常量数组应用范围,再按下组合键得到结果。区域数组可以按下组合键得到一个单元格中的数组公式后,再进行公式填充。

练　　习

一、在"5-1.xlsx"工作簿中进行以下操作。完成后,保存文件。

1. 在工作表"商品明细"中,根据"产品编号"列,计算"品质"列数据。规则如表5.5所示。★

2. 在工作表"商品明细"中,根据"产品编号"列,计算"生产日期"列的数据,要求获得的数据为日期格式。规则如表5.6所示。★

表5.5　编号和品质的对应关系

产品编号中jhun前1位数字	品质
奇数	一般
偶数	高品质

表5.6　编号和生产日期的对应关系

产品编号jhun后1-4位	年份
产品编号jhun后5-6位	月份
产品编号jhun后7-8位	日

3. 在工作表"商品明细"中,根据"生产日期"列,计算产品是否在周末生产,如果在周末生产,在"是否周末生产"列的数据单元格中显示"是",否则显示"否"。★

4. 在工作表"商品明细"中,根据"产品编号"列,计算"具体时间"列的数据,要求获得的数据为时间格式。规则如表5.7所示。★

5. 在工作表"商品明细"中,根据"具体时间"列,计算"生产时段"列的数据,规则如表5.8所示。★★★

表 5.7 编号和时间的对应关系

产品编号 jhun 后 9-10 位	小时
产品编号 jhun 后 11-12 位	分钟
产品编号 jhun 后 13-14 位	秒

表 5.8 具体时间和时间区段名称的对应关系

小 时 区 间	对 应 名 称
[6,12)	上午
[12,14)	中午
[14,18)	下午
[18,24)&&[0,6)	晚上

6. 在工作表"商品明细"中,计算"失效日期"列的数据,要求获得的数据格式为"XXXX/XX/XX XX:XX"效果如图 5.35 所示。★

	A	B	C	D	E	F	G	H
1	产品编号	品质	生产日期	是否周末生产	具体时间	生产时段	保质期(小时)	失效日期
2	4660jhun20220312163546	高品质	2022/3/12	是	16:35:46	下午	168	2022/3/19 16:35
3	12179jhun20220309112128	一般	2022/3/9	否	11:21:28	上午	168	2022/3/16 11:21

图 5.35 "失效日期"列的完成效果图

7. 假定现在的日期时间为:2022-3-13 12:00:00。在工作表"商品明细"的"剩余时间"列中计算距离失效日期的天数和小时数。完成后的效果如图 5.36 所示。★

	A	B	C	D	E	F	G	H	I
1	产品编号	品质	生产日期	是否周末生	具体时间	生产时段	保质期(小时)	失效日期	剩余时间
2	4660jhun20220312163546	高品质	2022/3/12	是	16:35:46	下午	168	2022/3/19 16:35	6天04小时
3	12179jhun20220309112128	一般	2022/3/9	否	11:21:28	上午	168	2022/3/16 11:21	3天23小时
4	7615jhun20220309081532	一般	2022/3/9	否	8:15:32	上午	168	2022/3/16 8:15	3天20小时
5	9192jhun20220312085050	高品质	2022/3/12	是	8:50:50	上午	168	2022/3/19 8:50	6天20小时
6	3848jhun20220310140135	高品质	2022/3/10	否	14:01:35	下午	168	2022/3/17 14:01	4天02小时
7	19794jhun20220312194309	高品质	2022/3/12	是	19:43:09	晚上	168	2022/3/19 19:43	6天07小时
8	5517jhun20220308134709	一般	2022/3/8	否	13:47:09	中午	168	2022/3/15 13:47	2天01小时
9	3727jhun20220310195606	一般	2022/3/10	否	19:56:06	晚上	168	2022/3/17 19:56	4天07小时
10	11272jhun20220311120211	高品质	2022/3/11	否	12:02:11	中午	168	2022/3/18 12:02	5天00小时
11	18344jhun20220308205932	高品质	2022/3/8	否	20:59:32	晚上	168	2022/3/15 20:59	2天08小时
12	9935jhun20220312172546	一般	2022/3/12	是	17:25:46	下午	168	2022/3/19 17:25	6天05小时
13	7241jhun20220310145701	一般	2022/3/10	否	14:57:01	下午	168	2022/3/17 14:57	4天02小时
14	18904jhun20220308165959	高品质	2022/3/8	否	16:59:59	下午	168	2022/3/15 16:59	2天04小时
15	15230jhun20220309125806	一般	2022/3/9	否	12:58:06	中午	168	2022/3/16 12:58	3天00小时
16	6442jhun20220310105310	高品质	2022/3/10	否	10:53:10	上午	168	2022/3/17 10:53	4天22小时
17	5112jhun20220310124653	高品质	2022/3/10	否	12:46:53	中午	168	2022/3/17 12:46	4天00小时
18	18358jhun20220312100242	高品质	2022/3/12	是	10:02:42	上午	168	2022/3/19 10:02	6天22小时
19	6580jhun20220308093209	高品质	2022/3/8	否	9:32:09	上午	168	2022/3/15 9:32	2天21小时
20	12943jhun20220310125546	一般	2022/3/10	否	12:55:46	中午	168	2022/3/17 12:55	4天00小时

图 5.36 "剩余时间"列的完成效果图

8. 在工作表"商品明细"中,计算"剩余时间(天)"列,该列数据(J2:J20)以天为单位,保留 2 位小数。完成后,添加自动筛选。当筛选不同品质的商品时,在 J21 单元格中计算该品质商品剩余的有效时间平均值。完成后的效果如图 5.37 所示。★

	A	B	C	D	E	F	G	H	I	J
1	产品编号	品质	生产日期	是否周末生	具体时间	生产时段	保质期(小时)	失效日期	剩余时间	剩余时间(天)
2	4660jhun20220312163546	高品质	2022/3/12	是	16:35:46	下午	168	2022/3/19 16:35	6天04小时	6.19
5	9192jhun20220312085050	高品质	2022/3/12	是	8:50:50	上午	168	2022/3/19 8:50	6天20小时	5.87
6	3848jhun20220310140135	高品质	2022/3/10	否	14:01:35	下午	168	2022/3/17 14:01	4天02小时	4.08
7	19794jhun20220312194309	高品质	2022/3/12	是	19:43:09	晚上	168	2022/3/19 19:43	6天07小时	6.32
10	11272jhun20220311120211	高品质	2022/3/11	否	12:02:11	中午	168	2022/3/18 12:02	5天00小时	5
11	18344jhun20220308205932	高品质	2022/3/8	否	20:59:32	晚上	168	2022/3/15 20:59	2天08小时	2.37
14	18904jhun20220308165959	高品质	2022/3/8	否	16:59:59	下午	168	2022/3/15 16:59	2天04小时	2.21
15	15230jhun20220309125806	高品质	2022/3/9	否	12:58:06	中午	168	2022/3/16 12:58	3天00小时	3.04
16	6442jhun20220310105310	高品质	2022/3/10	否	10:53:10	上午	168	2022/3/17 10:53	4天22小时	3.95
17	5112jhun20220310124653	高品质	2022/3/10	否	12:46:53	中午	168	2022/3/17 12:46	4天00小时	4.03
18	18358jhun20220312100242	高品质	2022/3/12	是	10:02:42	上午	168	2022/3/19 10:02	6天22小时	5.92
19	6580jhun20220308093209	高品质	2022/3/8	否	9:32:09	上午	168	2022/3/15 9:32	2天21小时	1.9
21										4.24

图 5.37 自动筛选后的各品质"剩余时间(天)"的完成效果图

二、在"5-2.xlsx"工作簿中进行以下操作。完成后,保存文件。

1. 根据"部门人员关联"工作表,在"销售记录"工作表中计算"部门"列的数据。★

2. 在"销售记录"工作表中,根据"记录"列计算"状态"列的数据。规则如表5.9。★

3. 在"统计"工作表的I2单元格中,利用countifs函数计算:销售一部在2季度正常工作的天数。在"统计"工作表的I6单元格中,利用countifs和averageif函数计算销售二部在3季度的单天销售额大于所有部门人员在3季度的非零销售额(销售额不为0)平均值的次数。★★★

4. 在"统计"工作表的B5:B16单元格区域,利用sumif或sumifs函数计算各月的销售额总量。在"统计"工作表的C5:C16单元格区域,利用vlookup函数计算销售额对应的评级,评级规则如表5.10。★

表5.9 记录和状态的对应关系

记 录	状 态
病假或事假	请假
轮休	休息
白班或晚班	工作

表5.10 数值区间和评级的对应关系

数值区间	评 级
[0,600)	不合格
[600,700)	基本合格
[700,800)	合格
[800,900)	良好
[900,+∞)	优秀

5. 在"统计"工作表的A2单元格中,利用index和match函数计算公司中第1次员工请假的日期。★

6. 在"统计"工作表的F2单元格中,利用lookup函数计算2021-4-8的销售员姓名。★

7. 在"统计"工作表的G4单元格右侧的下拉框中选中"6月",在G6单元格中利用sum、offset和match函数计算1到6月的所有销售额。★★

三、在"5-3.xlsx"工作簿中进行以下操作。完成后,保存文件。

1. 在工作表"获奖情况"的E1单元格中计算同时在两项比赛中获奖的人数。★★★

2. 在工作表"人员情况"的D2:D14单元格区域中计算每位同学的奖学金评级。评级标准在"关联"工作表中查看。★★★

第6章　图　　表

6.1　柱形图和条形图

范例要求

打开工作簿文件"毕业设计进度及成绩.xlsx",制作以下柱形图和条形图。

1. 制作柱形图★

根据"毕业设计成绩"工作表中的数据制作,每位同学开题报告成绩二维簇状柱形图。要求图表作为独立图表放置在新工作表"开题报告成绩"内,图表中每个柱体上方显示学生的名字和对应成绩,名字和成绩使用分行符分两行显示,横轴不显示学生姓名,不显示图例,如图6.1所示。

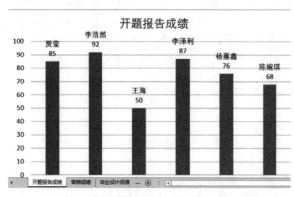

图6.1　开题报告成绩柱形图

2. 使用图表模板★

将如上的开题报告成绩柱形图保存为图表模板"带数据标签的柱形图.xltx"。利用该模板快速制作每位学生答辩成绩的带数据标签的柱形图,图表作为独立图表放置在新工作表"答辩成绩"内,如图6.2所示。

3. 拆分数据系列★★

将"毕业设计成绩"工作表中的学生姓名和论文成绩数据复制到新工作表"论文成绩"的A1至B7单元格区域中。在该工作表中制作论文成绩二维簇状柱形图。要求图表中80分以上(含80)的成绩和80分以下的成绩采用两种不同颜色柱体显示,如图6.3所示。

4. 改变数据系列形状★

根据"毕业设计成绩"工作表中的数据,制作所有学生毕业设计各项目成绩的二维簇状柱形图。其中开题报告成绩采用标准蓝色填充等腰三角形显示,论文成绩采用标准橙色填

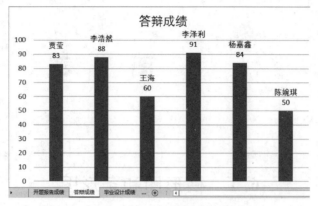

图 6.2 答辩成绩柱形图

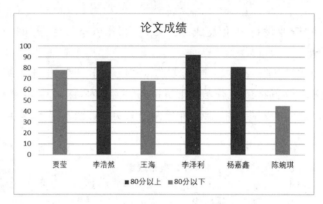

图 6.3 论文成绩柱形图

充等腰梯形显示,答辩成绩采用标准绿色填充箭头显示,如图 6.4 所示,图表放置在"毕业设计成绩"工作表内。

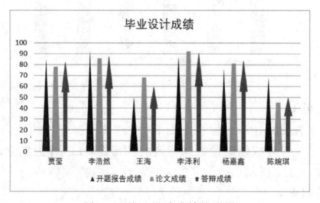

图 6.4 毕业设计成绩柱形图

5. 制作条形图★★

将"毕业设计成绩"工作表中的学生姓名和答辩成绩数据复制到新工作表"答辩等级"的 A1 至 B7 单元格区域中。在该工作表中制作所有学生答辩成绩五星评级展示图。要求使用五颗标准蓝色轮廓的空心五角星表示满分,使用标准浅蓝色填充的五角星表示实际得分,每 10 分对应半颗星,每 20 分对应一颗星,如图 6.5 所示。

6. 制作甘特图★★★

根据"毕业设计进度计划"工作表中的数据制作如图 6.6 中所示甘特图,图表放置在"毕业设计进度计划"工作表中。

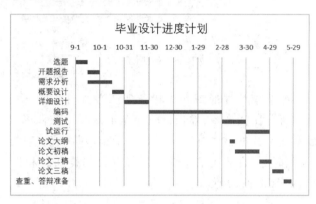

图 6.5 答辩成绩五星等级图　　　　图 6.6 毕业设计进度计划甘特图

相关知识

1. 柱形图与条形图

柱形图利用柱体的高度表示数据的差异,适合表达不同类别或一段时间内的数据值的差异。在柱形图中,通常横轴表示类别或时间趋势,纵轴表示数据值。如果柱形图中要展示多个类别数据,即多个数据系列,每个数据系列将采用不同的颜色展示。例如图 6.7 所示职工工资图表中,采用两组不同颜色的柱形表示基本工资和绩效工资。

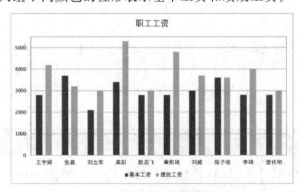

图 6.7 职工工资柱形图

柱形图对数据差异的辨识度较好,但不适合大规模数据的对比,如果要展示的类别较多或对比的数据值多,会使图中的柱体拥挤,大大降低辨识度。

条形图可以看作是旋转 90 度的柱形图,也用于显示各个项目的比较情况。在条形图中通常沿垂直坐标轴组织类别或时间,沿水平坐标轴组织数据值,如图6.8所示。如果坐标轴上要展示的类别标签较多,或类别轴是持续时间,通常采用条形图表达数据。

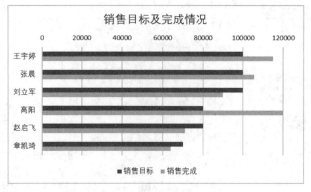

图6.8 绩效工资条形图

除了簇状柱形图和簇状条形图以外,Excel还可以绘制堆积柱形图、堆积条形图,以及堆积百分比柱形图、堆积百分比条形图。堆积柱形图和堆积条形图将数据系列叠加显示,可以在展示数据整体对比的同时展示组内数据的组成细节,如图6.9(a)所示。堆积百分比柱形图和堆积百分比条形图则将所有数据叠加总和作为100%,展现各组数据内部的组成分布,如图6.9(b)所示。

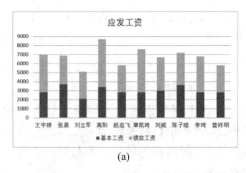
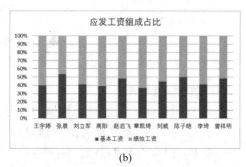

图6.9 应发工资堆积柱形图和百分比堆积柱形图

2. 图表工具

单击选定已经插入的表格,Excel工具栏上方将出现图表工具,其中包括"设计"和"格式"选项卡。"设计"选项卡如图6.10所示,其中的工具组可以修改图表的布局、样式、数据源、图表类型和位置。"格式"选项卡如图6.11所示,其中的工具组用于修改图表中对象的格式,包括形状、文本、排列、大小等。

图6.10 图表工具"设计"选项卡

3. 图表元素

一个图表由图表标题、坐标轴、数据系列、数据标签、网格线、图例等多种图表元素组成。

图 6.11　图表工具"格式"选项卡

其中坐标轴、数据系列、数据标签、网格线等元素放置在绘图区中,图表标题、图例放置在图表区中,如图 6.12 所示。在创建图表时,主要纵横坐标轴、图表标题和网格线默认显示,其他图表元素不显示。选定图表,单击图表右上角的"图表元素"按钮,展开"图表元素"列表,如图 6.13 所示,选择图表元素前的复选框,可以在图表中显示对应图表元素。

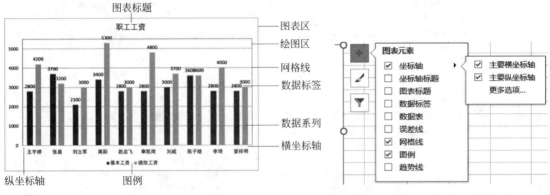

图 6.12　图表中的元素　　　　　图 6.13　"图表元素"列表

选择图表中的某个元素,单击图表工具的"格式"选项卡下"当前所选内容"组中的"设置所选内容格式"按钮,或右键单击元素,在快捷菜单中选择"设置格式",可以在表格区域右侧打开对应的"设置格式"任务窗格,在窗格中可以对选定元素的填充与线条、效果、大小与属性、选项等细节进行设置,如图 6.14 所示。

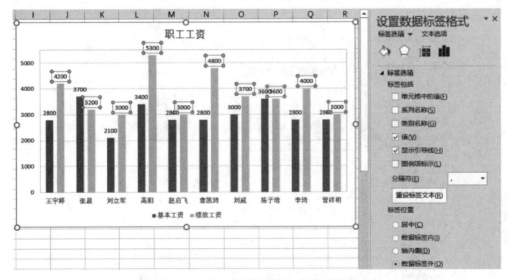

图 6.14　"设置数据标签格式"任务窗格

4. 图表模板

在制作图表时，经常需要对不同数据制作相同类型、相同设置的图表。为了减少大量重复的图表设置操作，可以制作好一个图表后，将图表保存为图表模板，再应用到其他图表。

右键单击图表，在快捷菜单中选择"另存为模板"命令，在"保存图表模板"对话框中设置保存位置、文件名，可以将图表保存为模板。图表模板文件的扩展名为".crtx"，默认保存在"用户目录\AppData\Roaming\Microsoft\Templates\Charts"文件夹中，如图 6.15 所示，也可以根据需要保存到指定位置。

图 6.15 "保存图表模板"窗口

图表模板默认文件夹中保存的图表模板将在"插入图表"对话框或"更改图表类型"对话框的"所有图表"选项卡"模板"分组中显示，如图 6.16 所示。选择模板后，图表将应用模板中各种对象的设置。单击"更改图表类型"对话框左下角的"管理模板"按钮，将在文件资源管理器中打开图表模板默认文件夹，对其中的图表模板文件进行管理。

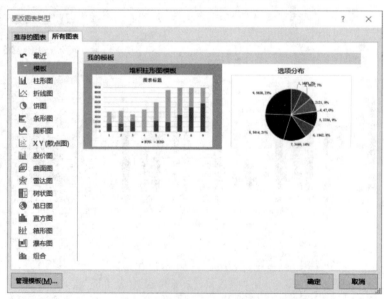

图 6.16 "更改图表类型"对话框中的图表模板

5．甘特图

甘特图是项目管理中常用的一类图表，用来展示项目计划和进度完成情况。在甘特图中，横轴表示时间，纵轴表示项目，线条表示计划和实际完成情况，体现项目进展的内置关系随时间变化的情况，如图 6.17 所示。

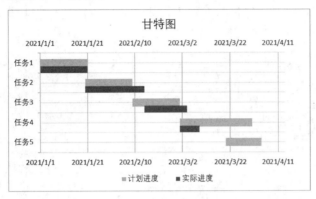

图 6.17　甘特图

在 Excel 图表中没有专门的甘特图类型，但是可以利用堆积条形图制作甘特图。

操作步骤

1．显示图表元素并设置格式

（1）打开"毕业设计进度及成绩.xlsx"工作簿。

（2）选择"毕业设计成绩"工作表中的姓名和开题报告成绩数据对应的 B1:C7 数据区域，单击"插入"选项卡"图表"组中的"插入柱形图或条形图"按钮，选择"二维柱形图"中的"簇状柱形图"，插入开题报告成绩二维簇状柱形图，如图 6.18 所示。

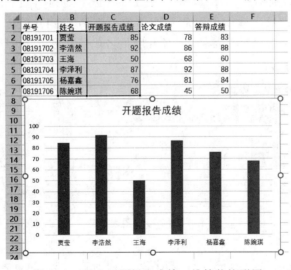

图 6.18　插入开题报告成绩二维簇状柱形图

（3）单击柱形图右上角的"图表元素"按钮，在"图表元素"列表中勾选"数据标签"复选框，单击"数据标签"右侧的三角形，选择"数据标签外"命令，在每个柱体上方显示开题报告成绩。

(4)单击柱形图右上角的"图表元素"按钮,单击"图表元素"列表"坐标轴"右侧的三角形,取消"主要横坐标轴"复选框,在横轴上不显示学生姓名。

(5)右键单击任意一个数据标签,在快捷菜单中选择"设置数据标签格式"命令,在"设置数据标签格式"窗格"标签选项"选项卡中勾选"类别名称"、"值"复选框,取消"显示引导线"复选框,设置分隔符为"分行符",在每个柱体上方分两行显示学生姓名和开题报告成绩,如图6.19所示。

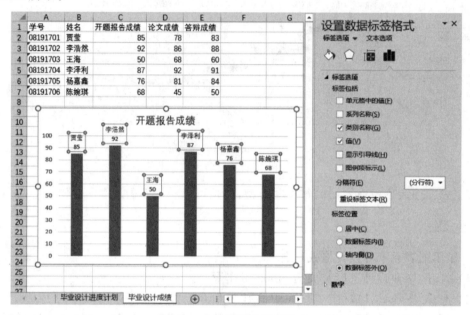

图6.19 设置数据标签格式

(6)选择开题报告成绩柱形图,单击图表工具"设计"选项卡下"位置"组中的"移动图表"按钮,在"移动图表"对话框中设置放置图表的位置为"新工作表",表名为"开题报告成绩",如图6.20所示,单击"确定"按钮,完成开题报告成绩柱形图。

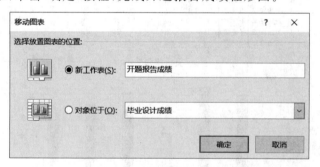

图6.20 移动图表位置

2.使用图表模板

(1)右键单击开题报告成绩簇状柱形图,在快捷菜单中单击"另存为模板"命令,在"保存图表模板"对话框中设置图表模板的文件名为"带数据标签的簇状柱形图",如图6.21所示。单击"保存"按钮保存图表模板。

(2)选择"毕业设计成绩"工作表中的姓名数据区域B1:B7,按住Ctrl键,继续选择答辩

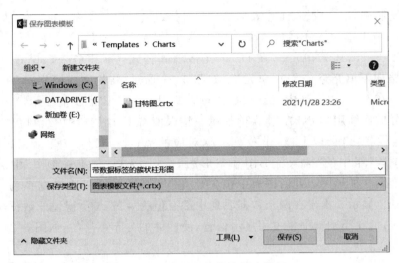

图 6.21　将图表保存为图表模板

成绩数据区域 E1:E7。单击"插入"选项卡下"图表"组右下角的对话框启动器,在"插入图表"对话框的"所有图表"选项卡中选择"模板"组中的保存的"带数据标签的簇状柱形图",如图 6.22 所示。单击"确定"按钮,由模板快速建立带数据标签的答辩成绩二维簇状柱形图。

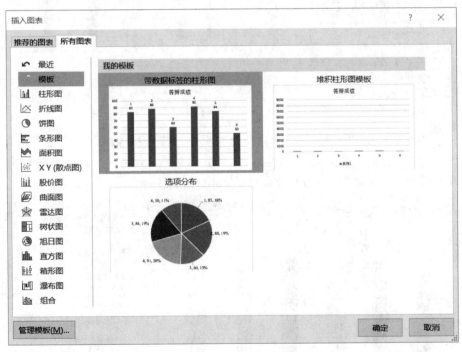

图 6.22　由保存的图表模板创建图表

（3）选择答辩成绩柱形图,单击"图表工具"中"设计"选项卡"位置"组中的"移动图表"按钮,在"移动图表"对话框中设置放置图表的位置为"新工作表",表名为"答辩成绩",将图表移动到新独立图表工作表"答辩成绩"中,完成答辩成绩柱形图。

3. 拆分数据系列

（1）新建一个工作表,命名为"论文成绩"。将"毕业设计成绩"工作表中的学生姓名和论文成绩列复制到"论文成绩"工作表的 A1:B7 区域中。

（2）在 C1、D1 单元格分别输入文本"80 分以上"、"80 分以下"。在 C2 单元格填入公式：=IF(B2>=80,B2,NA())，在 D2 单元格填入公式：=IF(B2<80,B2,NA())。将 C2、D2 单元格向下填充至 C7、D7 单元格，如图 6.23 所示，将论文成绩分成 80 分以上和 80 分以下两列。在 80 分以上列中，低于 80 分的成绩用"♯N/A"错误值显示，在 80 分以下列中，高于 80 分的成绩用"♯N/A"错误值显示。错误值将不在柱形图中绘制。

（3）选定姓名、80 分以上、80 分三列数据对应的 A1:A7、C1:D7 单元格区域，单击"插入"选项卡"图表"组中的"插入柱形图和条形图"按钮，选择"二维柱形图"中的"簇状柱形图"，插入二维簇状柱形图。此时图表中包含 80 以上和 80 以下两个数据系列，每个数据系列采用一种颜色显示。由于在两个数据系列中都有值为♯N/A 错误值的数据项，这些数据项不显示柱体，但在类别轴中仍占用显示位置，使柱体的分布不均匀，如图 6.24 所示。

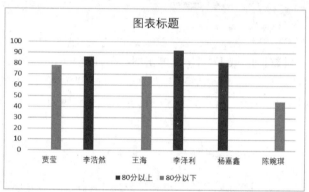

图 6.23　将 80 分以上、80 以下
　　　　　成绩分成两列

图 6.24　插入论文成绩图表

（4）右键单击 80 分以上数据系列，在快捷菜单中选择"设置数据系列格式"命令，在"设置数据系列格式"窗格的"系列选项"中，将"系列重叠"值设置为 100%，分类间距为 200%，使两个数据系列完全重叠，柱体均匀分布显示，如图 6.25 所示。

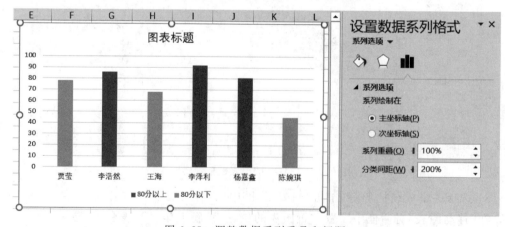

图 6.25　调整数据系列重叠和间距

（5）单击选择图表标题，在编辑栏中输入"="，再单击 B1 单元格，系统自动填写公式：=论文成绩!$B$1。单击编辑栏左侧的"输入"按钮，将 B1 单元格的文本显示在图表标题

中,如图 6.26 所示,完成论文成绩柱形图。

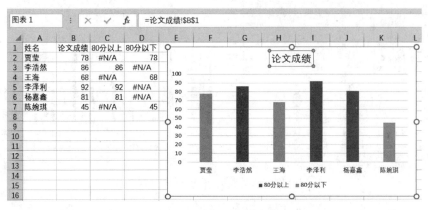

图 6.26　设置图表标题

4. 改变数据系列形状

(1) 选择"毕业设计成绩"工作表中姓名及三项成绩数据对应的 B1:E7 单元格区域,单击"插入"选项卡"图表"组中的"插入柱形图和条形图"按钮,选择"二维柱形图"中的"簇状柱形图",插入二维簇状柱形图。将图表标题修改为"毕业设计成绩"。

(2) 单击"插入"选项卡"插图"组中的"形状"按钮,选择等腰三角形,在工作表中拖动鼠标绘制一个等腰三角形,设置等腰三角形填充为标准蓝色,无轮廓。

(3) 选择等腰三角形,按 Ctrl+C 键将其复制到剪贴板中。选择毕业设计成绩柱形图中的"开题报告成绩"数据系列,按 Ctrl+V 键,将等腰三角形粘贴到数据系列中,替换数据系列的矩形,如图 6.27 所示。

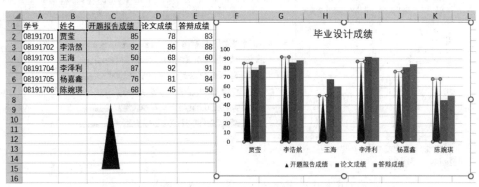

图 6.27　替换"开题报告成绩"数据系列形状

(4) 在工作表中分别插入一个等腰梯形和一个向上的箭头,设置梯形为标准橙色填充、箭头为标准绿色填充,两个形状均为无轮廓。分别选择两个形状,将其复制到论文成绩和答辩成绩数据系列中,替换数据系列的形状,如图 6.28 所示,完成毕业设计成绩柱形图。

5. 制作条形图

(1) 新建一个工作表,命名为"答辩等级",将"毕业设计成绩"工作表中的学生姓名和答辩成绩数据复制到"答辩等级"工作表 A1:B7 单元格区域中。

(2) 在 C1、D1 单元格分别输入标题"满分""答辩成绩取整"。在 C2 单元格输入总分 100,在 D2 单元格输入公式:=INT(B2/10)*10,将答辩成绩向下取整到十位数。将 C2、

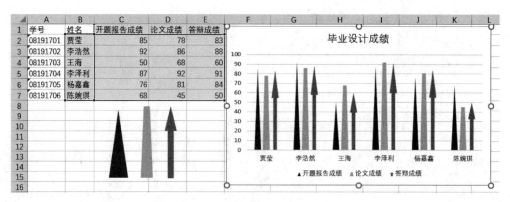

图 6.28　替换论文成绩、答辩成绩数据系列形状

D2 单元格向下填充至 C7、D7 单元格，如图 6.29 所示。

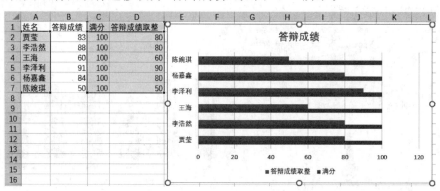

图 6.29　处理答辩成绩数据

（3）选择姓名、满分和答辩成绩取整三列数据对应的单元格区域 A1:A7,C1:D7，插入二维簇状条形图，将图表标题修改为"答辩成绩"，如图 6.30 所示。

图 6.30　插入答辩成绩二维簇状条形图

（4）在工作表中插入一个无轮廓、标准浅蓝色填充的五角星，使用 Ctrl＋C 和 Ctrl＋V 将五角星复制到"答辩成绩取整"数据系列中，替换数据系列的矩形。右键单击"答辩成绩取整"数据系列，在快捷菜单中选择"设置数据系列格式"，在右侧"设置数据系列格式"窗格"填充与线条"设置中设置填充方式为"层叠并缩放"，并设置"Unit/Picture"值为 20，使每个五角星对应数值 20，调整图表区宽和高，使五角星按正常比例显示，如图 6.31 所示。

（5）将绘制的五角星复制一份，设置复制的五角星形状轮廓为 1.5 磅标准蓝色线条，颜色为无填充颜色。使用 Ctrl＋C 和 Ctrl＋V 将五角星轮廓复制到"满分"数据系列中，替换数据系列的矩形。选择"满分"数据系列，在"设置数据系列格式"窗格"填充与线条"设置中

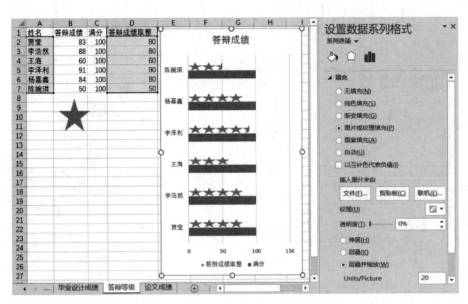

图 6.31 使用五星显示取整的答辩成绩

设置"满分"数据系列的填充方式为"层叠并缩放","Unit/Picture"值为 20,在每个学生答辩成绩下方显示五个空心五角星,如图 6.32 所示。

图 6.32 使用空心五星显示满分数据系列

(6) 选择"满分"数据系列,在"设置数据系列格式"窗格"系列选项"中设置"系列重叠"值为 100%,将两组五角星重叠到一起。设置"分类间距"为 100%,调整数据系列之间的距离,如图 6.33 所示。

(7) 选择水平轴,在"设置坐标轴格式"窗格"坐标轴"选项中设置最大值为 100。选择垂直轴,在"设置坐标轴格式"窗格"坐标轴"选项中勾选"逆序类别"复选框,将学生的姓名次序调整为与表中一致,如图 6.34 所示。

(8) 单击图表左上角"图表元素"按钮,取消选择"坐标轴"中的"主要横坐标轴"复选框

图 6.33 设置数据系列重叠显示

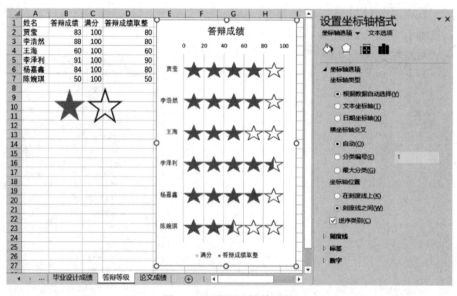

图 6.34 设置坐标轴属性

以及"图例""网格线"复选框,删除横坐标轴、图例和网格线,完成答辩成绩的五星评价图,如图 6.35 所示。

6. 制作甘特图

(1)选择"毕业设计进度计划"工作表中计划开始日期对应的 B2:B14 单元格区域,设置数据类型为数值,将日期显示为数值序列,如图 6.36 所示。

(2)选择进度计划对应的 A1:C14 数据区域,单击"插入"选项卡"图表"组中的"插入柱形图和条形图"按钮,选择"二维条形图"中的"堆积条形图",插入二维堆积条形图,如图 6.37 所示。将图表标题修改为"毕业设计进度计划"。

(3)选择垂直轴,在"设置坐标轴格式"窗格的"坐标轴选项"中选择"逆序类别"复选框,

图 6.35 删除横坐标轴、图例和网格线　　　图 6.36 将计划开始日期字段设置为数值型

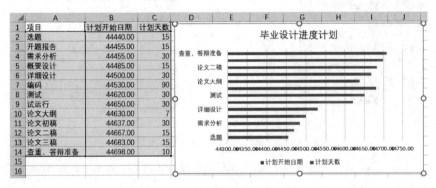

图 6.37 进度计划堆积条形图

使甘特图的项目次序与表中项目次序一致。

（4）右键单击水平轴，在快捷菜单中选择"设置坐标轴格式"。在"设置坐标轴格式"窗格的"坐标轴选项"中设置边界最小值和最大值分别为 44440、44710，主要单位为 30，如图 6.38 所示，将计划开始日期设置为水平轴的起点，将计划结束日期的近似值作为水平轴

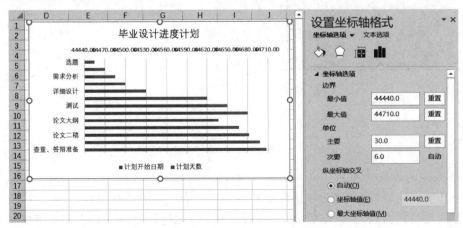

图 6.38 设置毕业设计进度计划条形图坐标轴

的终点,每隔 30 天显示一条刻度线。

(5) 选择 B2:B14 数据区域,单击"开始"选项卡"数字"组右下角的对话框启动器,在"设置单元格格式"对话框中设置数字类型设置为日期型,"3/14"格式。条形图中水平轴上方的刻度标签自动更新为"月/日"日期格式显示。

(6) 选择计划开始日期数据系列,在"图表工具"的"格式"选项卡"形状样式"组中设置填充颜色为无填充颜色,形状轮廓为无轮廓,如图 6.39 所示,将计划开始日期数据系列隐藏。

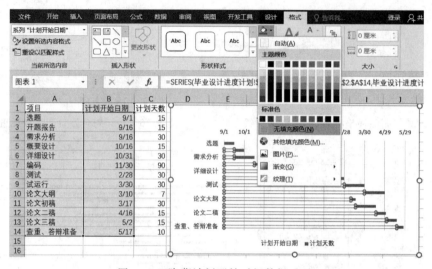

图 6.39 隐藏计划开始时间数据系列

(7) 单击图表左上角"图表元素"按钮,取消选择"图例"复选框,删除图例,完成毕业设计进度计划甘特图,如图 6.40 所示。

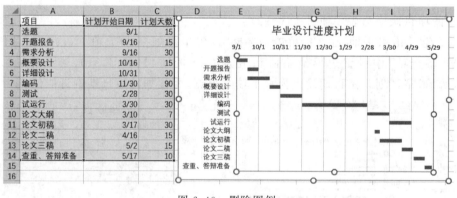

图 6.40 删除图例

注意问题

1. 图表中的数据处理

在制作图表的过程中,原始数据可能和要在图表中展示的信息存在一些差异,需要先分析图表要展现的数据内容、数据的表现形式,对原始数据进行处理。处理过程可能是对数据类型、精度进行设置,也可能需要利用公式对数据进行计算,生成新的数据,再制作图表。

例如在论文成绩中使用公式将数据分成 2 列对应图表中的两个数据系列,在答辩五星评价图中需要先将评分成绩向下取整到十位数,在毕业进度计划中需要将计划开始日期在数值类型和日期类型之间转换等。

2. 柱形图和条形图中的数据系列

在制作柱形图和条形图时可以选择多列或多行数据生成多组柱体或数据条。每组柱体或数据条对应一列或一行数据,称为一个数据系列。每个数据系列内的所有柱体或数据条默认采用相同的基本设置,例如颜色、宽度、间距、形状、数据标签设置等。在制作双色论文成绩柱形图时,论文成绩数据对应柱形图中的一个数据系列。如果要自动根据分数采用双色显示,需要将论文成绩数据系列分解成 80 分以上和 80 分以下两个独立的数据系列。

3. 柱形图中的 0 值、空值和♯N/A 错误值

在柱形图的默认设置中,如果某个数据点对应单元格的值为 0,数据点上将绘制高度为 0 的柱体,显示效果为无柱体,0 值将显示在数据标签中。如果某个数据点对应单元格的值为空,表示该数据点无数据,柱形图中将显示该数据点的分类标签,不绘制数据点,也不显示对应数据标签。如果某个数据点对应单元格的值为♯N/A 错误值,柱形图中将显示该数据点的对应的分类标签,不绘制该数据点,但显示"♯N/A"数据标签,如图 6.41 所示。

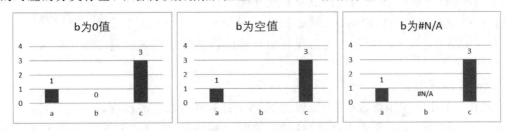

图 6.41　柱形图中的 0、空值和♯N/A 错误值

NA 函数用于返回错误值♯N/A,表示"无可用值"错误。NA 函数没有参数,但使用时括号不能省略。

在双色论文成绩柱形图中拆分论文成绩数据系列时,使用 NA 函数在论文成绩不满足条件时返回♯N/A 错误,使图表中不绘制♯N/A 值对应的柱体。

4. 图表中的日期数据类型

在 Excel 中,日期和时间以序列号的形式存储,序列号中,整数部分表示日期,小数部分表示时间。默认 1900 年 1 月 1 日 0 时 0 分 0 秒的序列号为 1,2021 年 1 月 1 日 12 时 0 分 0 秒的序列号为 44197.5,表示距 1900 年 1 月 1 日有 44197 天,距 0 时 0 分 0 秒有 12 小时。采用这种存储方式可以方便地对日期类型和时间类型数据进行计算。例如 2021 年 1 月 1 日加 7 天,系统将序列号 44197 加 7,得到 44204,也就是日期 2021 年 1 月 8 日。如果将两个日期相减,系统计算时将两个日期对应的序列号相减,得到间隔的天数。

在利用堆积条形图制作甘特图时,计划开始日期和计划天数分别是日期型和常规型数据,不能放在同一坐标轴中,所以需要先将项目开始日期设置为常规型或数值型数据,统一坐标轴数据类型后才能绘制堆积条形图。绘制完成后,再将开始日期还原为日期型,在坐标轴上显示日期。

6.2 饼图和圆环图

范例要求

打开工作簿文件"农产品销售情况.xlsx",制作以下饼图和圆环图。

1. 制作饼图★

在"各类农产品销售目标"工作表 B2 至 B4 单元格中根据"农产品上半年销售数据"工作表的数据计算米、油、特产三类产品的年度总销售目标。在"各类农产品销售目标"工作表中制作三类产品年度总销售目标饼图,显示产品类别、总销售目标及销售目标占比,不显示图例,如图 6.42 所示。

2. 制作复合饼图★

在"农产品上半年销售数据"工作表的 J 列中计算各种农产品未完成的销售目标值。根据优选桥米的销售数据制作复合饼图,显示优选桥米的销售目标完成情况,如图 6.43 所示。主图显示优选桥米的销售目标已完成和未完成比例,子图显示优选桥米每个月的销量在上半年总销量中的占比。组合饼图作为独立图表放置在新工作表"优选桥米销售情况"内。

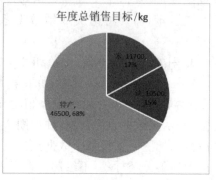

图 6.42 年度总销售目标饼图

3. 制作圆环图★

在"农产品上半年销售数据"工作表的 K 列中计算各种农产品已完成的销量值。在"农产品上半年销售数据"工作表中制作如图 6.44 所示圆环图,使用弧长不同的扇环显示各种米的销售目标完成情况。

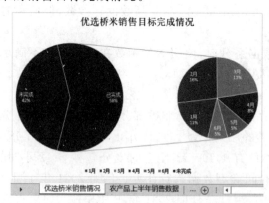

图 6.43 优选桥米销售目标完成情况组合饼图

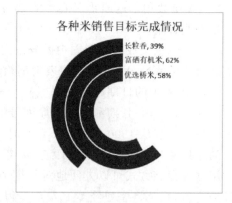

图 6.44 各种米销售目标完成情况圆环图

相关知识

1. 饼图与圆环图

饼图用于显示一个数据系列中各数据项的值在各项总和中的占比,如图 6.45(a)所示。基本饼图只包含一个数据系列,并且数据系列中没有负值,尽量没有零值。

圆环图也用来表达数据中部分与整体的关系。圆环图可以包含多个叠加的圆环，如图 6.45(b)所示，每个圆环分别对应一个数据系列，表现其中的各数据点在数据系列总和中的占比。

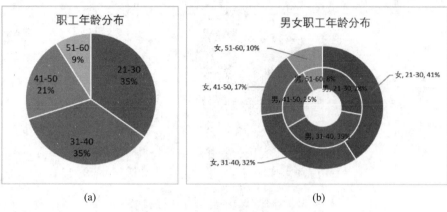

图 6.45　职工年龄分布饼图和圆环图

饼图和圆环图适合表达数据的分布情况。在饼图和圆环图中，如果扇形划分得过多，可能无法清晰体现每个数据点的占比情况。一般情况下，饼图和圆环图中数据系列包含的数据点不超过 7 个。

2. 复合饼图

复合饼图和复合条饼图是一类特殊的饼图，主图为饼图，其中一个扇形的值被分解显示为次饼图或堆积条形图，如图 6.46 所示。复合饼图和复合条饼图能更清晰地展现两级整体与部分关系。

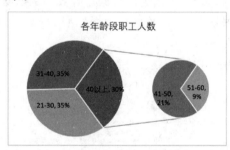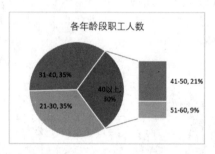

图 6.46　各年龄段职工人数分布复合饼图和复合条饼图

在复合饼图和复合条饼图中，被分解显示的扇形区域的数值由系统自动计算，为次饼图或堆积条形图的所有数据点的值之和。复合饼图中，主图为第一绘图区，子图为第二绘图区。在生成复合饼图时，系统会将数据系列中的前若干个数据点放在主图（第一绘图区）中，将后几个数据点放置在次饼图（第二绘图区）中。选择复合饼图中的数据点，在"设置数据点格式"窗格的"系列选项"中可以设置第二绘图区中值的个数以及选定的数据点属于哪个绘图区，如图 6.47 所示。

3. 数据系列与数据点

图表中的数据系列由若干数据点组成，数据系列对应工作表中的一行或一列数值型数据，每个数据点对应一个单元格数据。数据点对应的单元格中数据更新时，图表中展示的数

图 6.47 "设置数据点格式"窗格

据点形状同步更新。

单击图表中的数据点,将先选定其所在的整个数据系列,此时在"设置数据系列格式"窗格中对填充与线条、效果、系列选项的设置将对整个数据系列都有效。例如图 6.48 所示饼图为选择女职工各年龄段人数数据系列后设置饼图分离程度 20%,所有扇形向外偏离 20%。选定数据系列后,再次单击其中的一个数据点,将选定该数据点,此时在"设置数据点格式"窗格中对填充与线条、效果、系列选项的设置只对选定的数据点有效。例如图 6.49 所示饼图为选择 21~30 岁之间女职工人数数据项后,设置数据点为爆炸型 20%,仅选择的数据点向外偏离 20%。

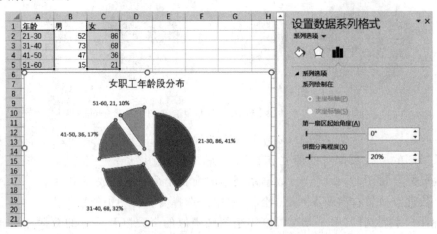

图 6.48 设置饼图中数据系列的分离程度

同样,如果在数据系列上设置显示数据标签,单击数据标签时,将先选定数据系列中的所有数据标签,此时可以在"设置数据标签格式"窗格中设置统一的数据标签格式。选定所有数据标签后,再单击其中某个数据点的标签,将选择该数据点的标签,并单独设置标签格式。

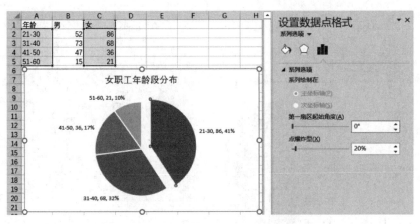

图 6.49　设置饼图中数据点的点爆炸效果

操作步骤

1．制作饼图

（1）打开"农产品销售情况.xlsx"工作簿。

（2）选择"各类农产品销售目标"工作表，在 B2 单元格中输入公式：＝SUMIF(农产品上半年销售数据!\$A\$2:\$A\$10,A2,农产品上半年销售数据!C2:C10)。将 B2 单元格向下填充复制到 B4 单元格，求出每类产品的年度总销售目标，如图 6.50 所示。

图 6.50　计算各类农产品年度总销售目标

（3）选择 A1:B4 单元格区域，单击"插入"选项卡"图表"组中的"插入饼图或圆环图"按钮，选择"二维饼图"中的"饼图"，插入饼图。

（4）单击饼图右上角的"图表元素"按钮，在"图表元素"列表中取消勾选"图例"复选框，勾选"数据标签"复选框。在图表区中不显示图例，在扇形区域中显示数据标签。

（5）右键单击任意一个数据标签，在快捷菜单中选择"设置数据标签格式"命令。在"设置数据标签格式"窗格的"标签选项"中选择"类别名称"、"值"、"百分比"复选框，设置"分隔符"为逗号，设置"标签位置"为最佳匹配，如图 6.51 所示，完成饼图。

2．制作复合饼图

（1）选择"农产品上半年销售数据"工作表。

（2）在 J1 单元格输入文本"未完成"，在 J2 单元格输入公式：＝C2-SUM(D2:I2)。将 J2 单元格向下填充至 J10 单元格，计算每种农产品未完成的销售任务，如图 6.52 所示。

（3）选择优选桥米产品名称、上半年销售数据和未完成任务对应的 B1:B2、D1:J2 单元格区域。单击"插入"选项卡下"图表"组中的"插入饼图或圆环图"按钮，选择二维饼图中的复合饼图，插入一个复合饼图。系统将 5 月、6 月和未完成数据放置在复合饼图的子图中，如图 6.53 所示。

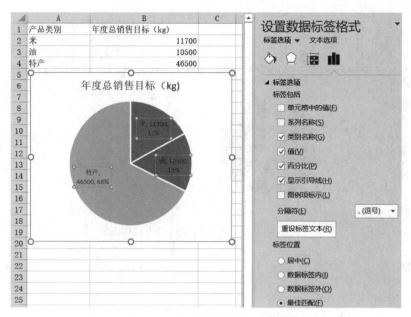

图 6.51 设置饼图数据标签格式

B	C	D	E	F	G	H	I	J
产品名称	年销售目标	1月	2月	3月	4月	5月	6月	未完成
优选桥米	4000	444	617	523	320	216	187	1693
富硒有机米	4200	346	380	418	459	459	527	1611
长粒香	3500	354	283	226	180	198	138	2121
压榨菜籽油	4500	861	761	632	757	757	685	47
玉米胚芽油	6000	1000	700	630	567	510	357	2236
百花蜂蜜	8500	1589	1271	1016	812	974	876	1962
黑木耳	13000	1522	1674	1506	1606	1807	1445	3440
香菇	12000	1593	1274	1146	1260	1008	705	5014
特级绿茶	13000	1734	1387	970	873	1047	1151	5838

图 6.52 计算未完成销售任务

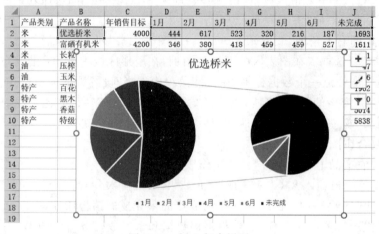

图 6.53 插入复合饼图

(4) 单击复合饼图中的扇形,选择数据系列,再次单击左侧饼图中 1 月销量对应的扇形数据点。右键单击选定的数据点,在快捷菜单中单击"设置数据点格式"命令,在"设置数据点格式"窗格中"系列选项"选项卡中设置点属于"第二绘图区"。依次将左侧饼图中 2-4 月的销量数据点移动到右侧子图中。采用同样方法将右侧子图中的"未完成"扇形数据点移动到"第一绘图区",即主图中,如图 6.54 所示。

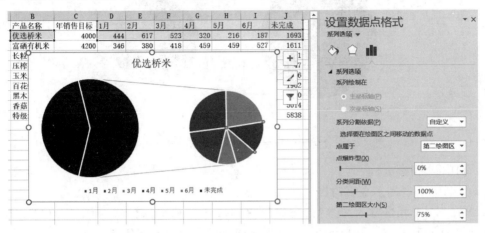

图 6.54　将每个月的销售数据点移动到子图

(5) 单击选择复合饼图,单击图表右上角的"图表元素"按钮,勾选"图表元素"列表中的"数据标签"复选框,在每个扇形区域显示数据标签。右键单击一个数据标签,在快捷菜单中选择"设置数据标签格式",在"设置数据标签格式"窗格"标签选项"选项卡中设置标签包括类别名称、百分比,标签位置为数据标签内,并设置标签文本颜色为白色,如图 6.55 所示。

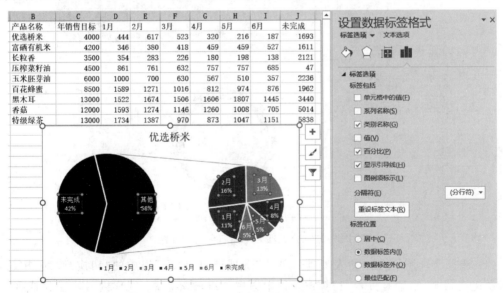

图 6.55　设置数据系列对应的数据标签

(6) 单击"其他"扇形区域中的数据标签,将标签文字修改为"已完成"。将图表标题修改为"优选桥米销售目标完成情况",如图 6.56 所示。

(7) 选择复合饼图,单击"图表工具"中"设计"选项卡"位置"组中的"移动图表"按钮,在"移动图表"对话框中设置放置图表的位置为"新工作表",表名为"优选桥米销售情况",完成复合饼图。

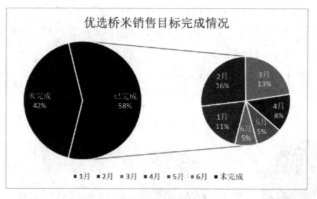

图 6.56　设置主图数据点对应的数据标签和图表标题

3. 制作圆环图

(1) 选择"农产品上半年销售数据"工作表。

(2) 在 K1 单元格输入文本"已完成"。在 K2 单元格输入公式：＝SUM(D2:I2)。将 K2 单元格向下填充至 K10 单元格，计算每件产品已完成的销售任务。

(3) 选择所有米的产品名称、未完成和已完成销量数据对应的 B1:B4、J1:K4 数据区域，单击"插入"选项卡"图表"组中的"插入饼图或圆环图"按钮，选择圆环图，插入一个圆环图。此时系统将已完成、未完成各显示为一个圆环，每个圆环中的扇环表示每种产品的对应数据点，即每层圆环的数据系列对应选区中的一列数据，如图 6.57 所示。

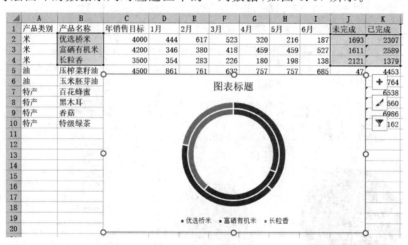

图 6.57　分类轴为产品名称的圆环图

(4) 选择圆环图，单击"图表工具—设计"选项卡下"数据"组中的"切换行/列"按钮，图表显示优选桥米、富硒有机米、长粒香三种米销售情况圆环，每个圆环内显示已完成和未完成销售量的比例，即每层圆环的数据系列对应选区中的一行数据，如图 6.58 所示。

(5) 选择圆环图中的数据系列，在"设置数据系列格式"窗格中设置圆环图内径大小为 40％。单击选择圆环图，单击图表右上角的"图表元素"按钮，在图表元素列表中勾选"数据标签"复选框，在三层圆环上显示数据标签。分别单击选择各层圆环上的数据标签，在"设置数据标签格式"窗格中设置标签选项为显示系列名称、百分比，不显示值和引导线，如图 6.59 所示。

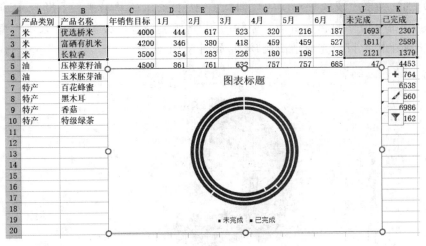

图 6.58 分类轴为销售情况的圆环图

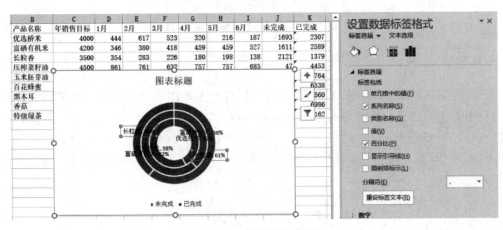

图 6.59 设置数据标签

(6) 依次选择三个圆环中右侧的"未完成"扇环数据点,在"设置数据点格式"窗格"填充与线条"选项中设置填充为"无填充",边框为"无线条",只显示已完成销量的扇环,如图 6.60 所示。

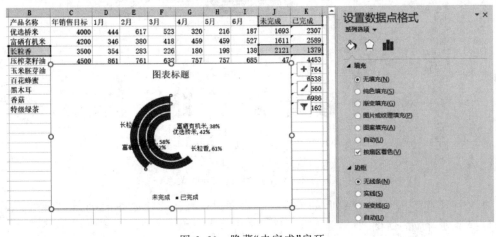

图 6.60 隐藏"未完成"扇环

（7）分别选择未完成销量对应的数据标签，按 Delete 键将其删除。将已完成销量的数据标签移动到每个扇环的起点右侧。删除图例，将图表标题修改为"各种米销售目标完成情况"，完成三种米销售目标完成情况圆环图，如图 6.61 所示。

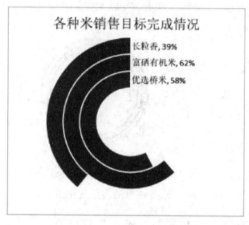

图 6.61　各种米销售目标完成情况圆环图

注意问题

在圆环图、柱形图、条形图、折线图、面积图、散点图等图表中，可以选择多行或多列数据，对应图表中就会包含多个数据系列。这时数据系列是按行选取还是按列选取，将产生不同的图表效果，如图 6.62 所示。在插入图表时，系统默认每列数据对应一个数据系列。选择图表，单击"图表工具"中"设计"选项卡"数据"组中的"切换行/列"按钮，可以切换数据系列的选择方式。

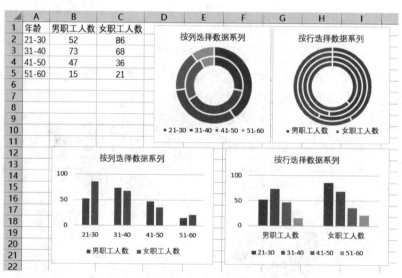

图 6.62　数据系列与行、列的关系

饼图中只能有一个数据系列，如果在插入饼图时选择了多个数据系列，将只绘制其中第一个数据系列对应的饼图。

6.3 折线图、散点图和迷你图

范例要求

打开工作簿文件"天气数据.xlsx",制作以下折线图和散点图。

1. 制作折线图★

在"月平均降雨量"工作表 D 列根据月平均降雨量数据计算全年平均降雨量。根据月平均降雨量、年平均降雨量制作带数据标记的折线图。要求用实线表示每月平均降雨量变化情况,实线上显示数据标记并标注月平均降雨量,用圆点虚线表示年平均降雨量,虚线上不显示数据标记,在虚线最右侧使用数据标记显示年平均降雨量,如图 6.63 所示,图表放置在"月平均降雨量"工作表内。

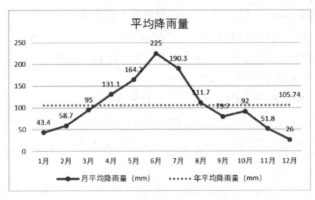

图 6.63　月平均降雨量折线图

2. 绘制趋势线并预测数据值★★

在"月平均气温"工作表中绘制散点图,描述 1 至 10 月平均高温的变化情况。为平均高温数据系列添加多项式拟合趋势线,设置向前预测 2 周期气温,在图中显示拟合公式和 R^2 值,如图 6.64 所示。根据图中的拟合公式,在 E1 至 F13 单元格区域计算 1 月至 10 月平均高温的拟合值和 11 月、12 月平均高温的预测值。

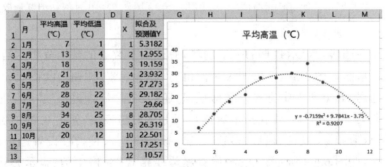

图 6.64　月平均高温散点图

3. 制作迷你图★

在"7月气温"工作表的标题行下方插入一行,在插入行的 B2、B3 单元格中绘制 7 月最高气温和最低气温的迷你折线图,折线中的最高气温用红色点显示,最低气温用蓝色点显示,如图6.65所示。

图6.65 天气数据图表效果

相关知识

1. 折线图与散点图

折线图用线段将数据点连接起来,显示数据的变化趋势。在折线图中类别数据沿水平轴分布,通常是均匀分布的时间,数据值在垂直轴显示,如图6.66所示。折线图能清晰地表现数据随时间变化的趋势,例如增减速率、周期、峰值等特征。在折线图中,可以绘制多个数据系列,体现数据之间的比较情况和相互影响。

散点图以一组点展示数据,包括X和Y两个数值轴,点在X轴和Y轴的取值(X,Y)形成点在图中的位置,如图6.67所示。散点图通常用于显示和比较数值,例如科学数据、统计数据和工程数据。如果数据集中包含的点非常多,也适合采用散点图展示。

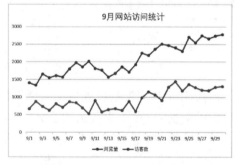

图6.66 9月网站访问统计折线图

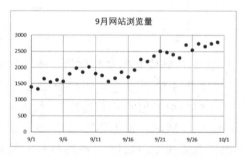

图6.67 9月网站浏览量散点图

2. 趋势线

趋势线用于在图表中显示数据的一般趋势,通常用于数据的预测分析。插入折线图、散点图、柱形图、条形图等图表后,单击图表右上角的"图表元素"按钮,在"图表元素"选项中选择"趋势线"复选框,如果图表中有多个数据系列,还需要在"添加趋势线"对话框中选择趋势线基于的数据系列,Excel图表将在指定数据系列上添加趋势线,如图6.68所示。

Excel趋势线有指数、线性、对数、多项式、幂、移动平均六种,在"设置趋势线格式"窗格中可以进行选择,如图6.69所示。选择"设置趋势线格式"窗格中的"显示公式"和"显示R的平方值"复选框,可以在图表中显示趋势线采用的拟合公式和相关系数R^2,R^2的值越接近1,趋势线的可靠性就越高。在趋势预测中设置向前或向后的周期数,则可以在图表中直观显示预测周期的数据值。如果要得到预测周期的具体数据值,可以将拟合函数公式复制到Excel工作表中计算得出结果。

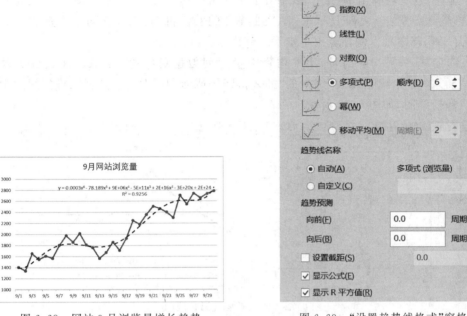

图 6.68　网站 9 月浏览量增长趋势　　　　图 6.69　"设置趋势线格式"窗格

3. 迷你图

迷你图是在单元格内绘制的微型图表,有折线图、柱形图和盈亏图三种类型,能直观体现数据的变化趋势。迷你图只包含一个数据系列,绘制时不需要选择类别数据。对于多组数据,可以在每行或每列数据中绘制迷你图,对数据进行更加直观的对比。迷你图放置在单元格内,不显示坐标轴,图的大小由单元格的宽度和高度控制,如图 6.70 所示。选定迷你图所在的单元格,Excel 工具栏上方将出现"迷你图工具",其中包括"设计"选项卡,如图 6.71 所示。其中的工具组可以设置迷你图的数据源、类型、显示标记、样式、坐标轴参数等。

图 6.70　网站 9 月访问量和浏览量迷你图

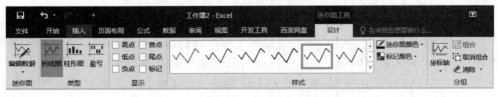

图 6.71　迷你图工具"设计"选项卡

操作步骤

1. 制作折线图

(1) 打开"天气数据.xlsx"工作簿。

(2) 选择"月平均降雨量"工作表,在 D1 单元格中输入文本"年平均降雨量(mm)"。在 D2 单元格输入公式:=AVERAGE($C$2:$C$13)。将 D2 单元格向下填充至 D13 单元格,在每月平均降雨量右侧计算出全年平均降雨量。

(3) 选定月、月平均降雨量、年平均降雨量三列数据对应的 A1:A13、C1:D13 数据区域,单击"插入"选项卡下"图表"组中的"插入折线图或面积图"按钮,选择二维折线图中的带数据标记的折线图,如图 6.72 所示。

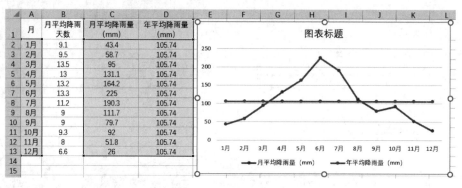

图 6.72 插入平均气温折线图

(4) 选择月平均降雨量折线,单击图表右上角的"图表元素"按钮,在"图表元素"列表中勾选"数据标签"复选框,在每个数据点上方显示该月的平均降雨量。

(5) 两次单击年平均降雨量横线上的最右侧 12 月数据点,将其选定。单击图表右上角的"图表元素"按钮,在"图表元素"列表中勾选"数据标签"复选框,在 12 月数据点上方显示年平均降雨量,如图 6.73 所示。

(6) 单击年平均降雨量横线,在"设置数据系列格式"窗格"填充与线条"选项中单击"线条"选项,设置短画线类型为"圆点",单击"标记"选项,在"数据标记选项"中选择"无",使年平均降水量横线显示为无数据标记的圆点线,如图 6.74 所示。

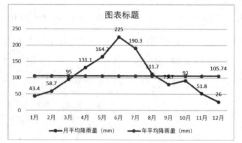

图 6.73 设置两条折线上的数据标签

(7) 将图表标题修改为"平均降雨量",完成平均降雨量折线图。

2. 绘制趋势线并预测数据值

(1) 选择"月平均气温"工作表中的月份和平均高温数据区域 A1:B11,单击"插入"选项卡"图表"组中的"插入散点图(X、Y)或气泡图"按钮,选择散点图,如图 6.75 所示。

(2) 单击选择散点图的横轴,在"设置坐标轴格式"窗格中设置坐标轴边界的最大值为 12。

(3) 单击散点图右上角的"图表元素"按钮,在"图表元素"选项中选择"趋势线"复选框,

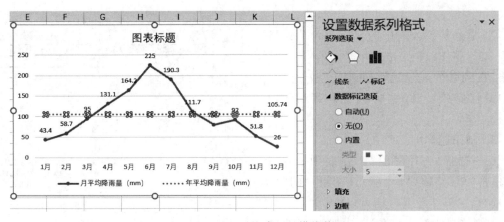

图 6.74 设置平均降雨量横线外观

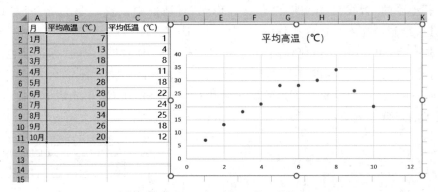

图 6.75 插入每月平均高温散点图

在平均高温数据系列上添加趋势线。

（4）选择趋势线，在"设置趋势线格式"窗格中设置拟合曲线为多项式、顺序为2，设置趋势预测为向前2周期，并勾选"显示公式"和"显示R平方值"复选框，如图6.76所示。

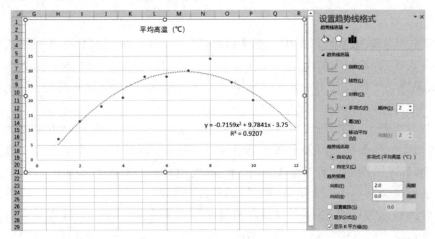

图 6.76 设置趋势线格式

（5）在E1单元格输入文本"X"，在E2单元格至E13单元格输入数值1至12。在F1单元格输入文本"拟合及预测值Y"，在F2单元格对照趋势线上显示的公式输入Y值的计算公式：=−0.7159 * E2^2 + 9.7841 * E2−3.75，注意趋势线公式中的 x 应改为单元格引用 E2。将 F2 单元格向下填充至 F13 单元格，得到计算的 Y 值，如图 6.77 所示。其中最后 2 项为 11 月、12 月平均高温的预测值。

F2　=-0.7159*E2^2 + 9.7841*E2-3.75

	A	B	C	D	E	F
1	月	平均高温（℃）	平均低温（℃）		X	拟合及预测值Y
2	1月	7	1		1	5.3182
3	2月	13	4		2	12.9546
4	3月	18	8		3	19.1592
5	4月	21	11		4	23.932
6	5月	28	18		5	27.273
7	6月	28	22		6	29.1822
8	7月	30	24		7	29.6596
9	8月	34	25		8	28.7052
10	9月	26	18		9	26.319
11	10月	20	12		10	22.501
12					11	17.2512
13					12	10.5696

图 6.77　根据趋势线公式计算拟合及预测值

3. 制作迷你图

（1）选择“7 月气温”工作表中的第 2 行，单击“开始”选项卡“单元格”组中的“插入”按钮，在第 2 行上方插入一行。

（2）选择 B2 单元格，单击“插入”选项卡“迷你图”组中的“折线图”按钮，在“创建迷你图”对话框中设置数据范围为 B3:B33，单击“确定”按钮，绘制最高气温迷你折线图，如图 6.78 所示。

（3）选择 B2 单元格，单击迷你图工具“设计”选项卡“样式”组中的“标记颜色”按钮，在列表中选择“高点”颜色为标准红色，“低点”颜色为标准蓝色。

（4）向右拖动 B2 单元格右下角的填充柄到 C2 单元格，在 C2 单元格中绘制与 B2 单元格相同设置的最低气温折线图，如图 6.79 所示，完成迷你图。

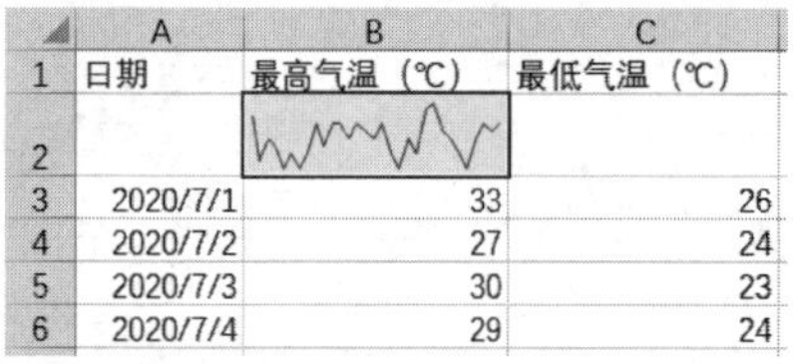

	A	B	C
1	日期	最高气温（℃）	最低气温（℃）
2			
3	2020/7/1	33	26
4	2020/7/2	27	24
5	2020/7/3	30	23
6	2020/7/4	29	24

图 6.78　插入 7 月最高气温迷你折线图

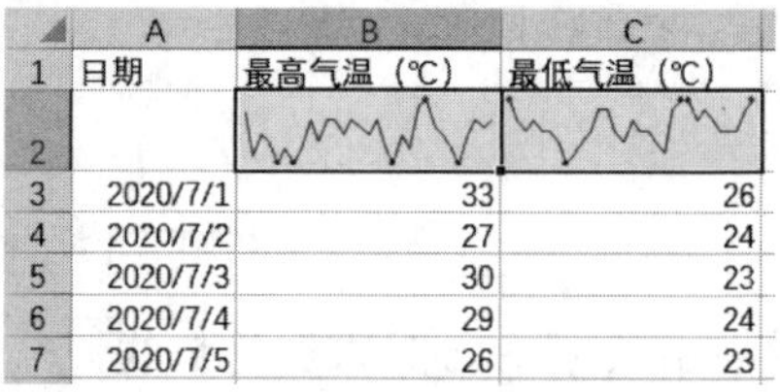

	A	B	C
1	日期	最高气温（℃）	最低气温（℃）
2			
3	2020/7/1	33	26
4	2020/7/2	27	24
5	2020/7/3	30	23
6	2020/7/4	29	24
7	2020/7/5	26	23

图 6.79　7 月气温迷你折线图

注意问题

如果在折线图数据系列格式中设置显示数据标记点，在散点图数据系列格式中设置显示线条连接数据点，绘制出的两类图表看起来会非常相似。如果仔细观察两类图表的坐标轴，可以发现折线图和散点图对分类轴采用了不同的处理方式，绘制的图表表达的信息各不相同。

如果分类数据为文本，折线图直接将文本作为水平（类别）轴的坐标，相邻文本之间距离相等，折线图中的数据标记点表示每个类别对应的数值，如图 6.80 左图所示。散点图不显示文本类别，而是采用顺序值 0 至 10 作为水平（类别）轴坐标，数值列中的数据按照表中的顺序在横坐标 1 至 9 对应位置描点，如图 6.80 右图所示。

如果分类数据为日期，折线图和散点图都以日期作为水平（类别）轴坐标。折线图的坐标起点与垂直轴之间有一段距离，散点图的坐标起点与垂直轴重合，如图 6.81 所示。

如果分类数据为数值，系统在生成折线图时会将数值分类数据和数值都识别为折线的数据系列，绘制两条折线，水平（类别）轴则使用数据的排列序号作为坐标，如图 6.82 左图所示。如果通过“选择数据源”操作将数值分类数据定义为折线图的类别轴，系统会将数值分类

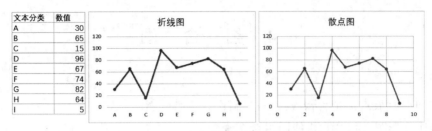

图 6.80　文本分类的折线图和散点图

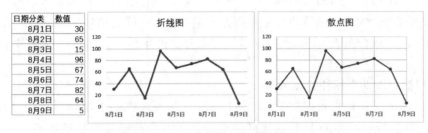

图 6.81　日期分类的折线图和散点图

中的每个数据直接按顺序定位到等距的坐标轴上,不判定分类数据值是否等距,如图 6.82 右图所示。

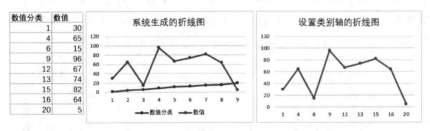

图 6.82　数值分类数据的折线图

散点图在处理数值型分类数据时,根据数值分类列中的数值范围建立水平(类别)轴,将数值分类数据作为点的横坐标,数值数据作为点的纵坐标,在图中描点。如果数值分类的取值为不均匀的数据,散点图中点在横轴上的分布也不均匀,如图 6.83 所示。

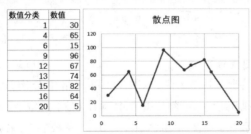

图 6.83　数值分类的散点图

所以,在折线图中,水平(类别)轴中的数据可以是文本、数值、日期等多种类型,但数值数据分布始终是均匀的。在散点图中,水平(类别)轴中的数据应该是数值或日期类型,可以不均匀分布。在实际应用中,如果分类轴数据是文本或日期型,通常采用折线图体现数据的对比或相对趋势。如果分类轴是数值型数据,要反映两个变量之间是否存在关联,通常采用散点图展示数据的分布情况。如果数据集中包含非常多的点,也适合采用散点图展示。

6.4 组 合 图

范例要求

打开工作簿"农产品销售情况.xlsx",制作以下组合图。

1. 制作柱形图、面积图、折线图组合图★

在工作表"压榨菜籽油销售情况"中计算每月压榨菜籽油累计完成销售目标的百分比,计算结果采用百分比类型,保留两位小数显示。在"压榨菜籽油销售完成情况"工作表中制作如图6.84所示组合图表,在图表中显示压榨菜籽油的年销售目标、月销量、累计完成销售目标百分比。

2. 使用散点图动态标注数据★★

在"农产品上半年销售数据"工作表的J列计算每种农产品上半年总销量。在K列、L列分别判断当前行农产品的上半年总销量是否是所有产品销量中的最小值、最大值,如果是,则在该行显示最小值、最大值,否则显示#N/A错误值。

在"农产品上半年销售数据"工作表中根据计算的数据制作如图6.85所示组合图,使用柱形图显示每种农产品上半年的总销量,使用散点图在最高销量和最低销量柱体上方叠加显示不同颜色数据标记,并在数据标记上方自动标注"最高销量""最低销量"以及对应销量值。最高销量和最低销量数据标记和数据标签能随数据动态变化。

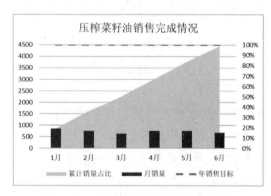

图6.84 压榨菜籽油销售情况组合图

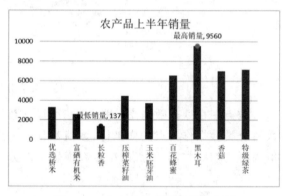

图6.85 农产品上半年销量组合图

3. 制作局部放大饼图★★

在"富硒有机米销售情况"工作表B2、C2、D2单元格中分别计算富硒有机米年销售目标、已完成总销量和未完成销量。在该工作表中制作如图6.86所示组合饼图,扇形区域内显示"已完成""未完成"标签、销售量和占比,其中已完成占比采用较大半径的扇形区域显示。

4. 制作双层组合饼图★★★

在"各类农产品完成销量"工作表的B2至B4单元格区域计算每类农产品上半年完成的总销量。在"各类农产品完成销量"工作表中制作各类农产品上半年销量分布双层饼图。要求饼图内层显示米、油、特产三类产品的销量占所有农产品总销量的比例,外层圆环显示每种农产品销量在总销量中所占比例,在圆环外侧显示产品名称和百分比,如图6.87所示。

每类产品采用同一色系不同深浅的颜色表示。内、外层饼图图例分别为"内层：类别""外层：农产品"。

图 6.86　富硒有机米销售目标完成情况双层组合饼图

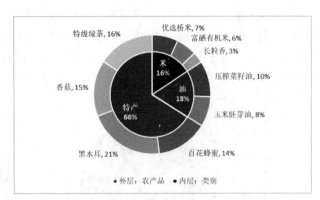

图 6.87　农产品上半年销量双层组合饼图

相关知识

1. 组合图

组合图在同一个图表中包括两种或两种以上不同类型的图表，能更直观地表达数据之间的关系。

在组合图中，每个数据系列可以采用一种图表类型，并设置采用主坐标轴还是次坐标轴。主、次坐标轴的最小值、最大值和间隔单位等设置可以不同，以便描述不同取值范围的数据系列。例如在图 6.88 所示的全年气温和降水量组合图中，平均高温和平均低温采用簇状柱形图，在主坐标轴显示，坐标取值范围为 0～40，平均降雨量采用折线图，在次坐标轴显示，次坐标取值范围为 0～250，两类图组合在一起体现了月份、气温和降水量之间的关系。

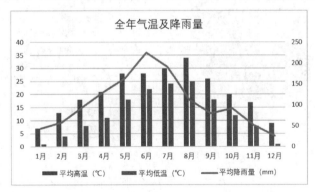

图 6.88　全年气温及降水量组合图

在实际应用中，一般将柱形图、折线图、面积图、散点图等同时显示类别轴和值轴的图表进行组合，而且组合图中的各个图表通常具有相同的类别轴。因为组合图中只有主、次两个纵坐标轴，所以数据系列对应的值轴取值范围不超过 2 组。

饼图和圆环图用于展现一个数据系列中各数据项的值在各项总和中的占比，与其他图表的展示数据方式不同，通常不与其他类型图表组合。条形图的坐标轴方向与其他图表不同,通常也不与其他类型图表组合。

2. 双层组合饼图

饼图只有一个数据系列,只能展示一组数据部分和整体的关系。如果要同时展示多组数据的部分和整体关系,可以使用环形图。将环形图中最内层圆环的内径大小设置为0时,显示效果为多层饼图,如图6.89所示。但是在多层环形图中,不论是按行还是按列取数据系列,每层环形都有相同的分类,即每层圆环对应的类别轴相同。

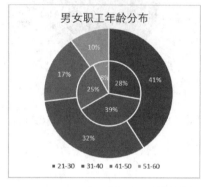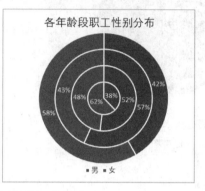

图6.89　使用圆环图制作的多层饼图

如果要绘制内外层数据系列分类不同的双层饼图,需要使用由两个饼图组合而成的组合图表。在双层组合饼图中,内外层饼图可以分别使用主、次坐标轴,两个坐标轴分别对应不同的分类。其中上层显示的是次坐标轴对应的饼图,下层显示的是主坐标轴对应的饼图。将上层饼图的扇形半径缩小,即可产生两层饼图叠加效果,如图6.90所示。

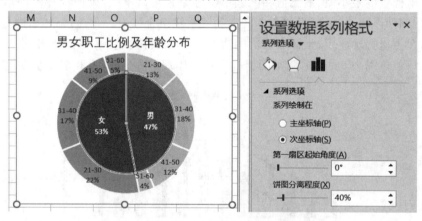

图6.90　男女职工比例及年龄分布双层饼图

由于组合图中坐标轴只有主、次之分,同一个坐标轴对应的饼图只能显示一个数据系列,所以组合饼图最多只能展示两层数据,通常用来表达内外两层数据的包含关系。如果有两组以上数据需要在同一个图表中显示,则应该考虑其他图表组合。

3. 图表数据源

插入图表前需要先选择要在图表中表达的数据。选择的数据至少应该包含2列或2行,其中一列或一行表示分类,通常是文本、日期型数据,另一列或一行则是数据系列,是数值型数据。饼图只包含一个数据系列,圆环图、柱形图、条形图、散点图等类型图表可以包含多个数据系列。

选定图表,单击"图表工具"中"设计"选项卡"数据"组中的"选择数据"按钮,在"选择数据源"对话框中可以查看、添加、编辑、删除图表中各数据系列及其对应的数据源,如图 6.91 所示。其中左侧图例项(系列)列表中显示图表中所有的数据系列。选择其中一个数据系列,右侧水平(分类)轴标签对应分类数据。单击图例项或水平轴标签下方的"编辑"按钮,可以打开"编辑数据系列"或"轴标签"对话框,设置数据系列和分类轴对应的数据范围。在编辑数据系列时应注意,系列名称必须是单个单元格,通常是数值数据系列上方的标题单元格,系列值必须是单行或单列数值数据。

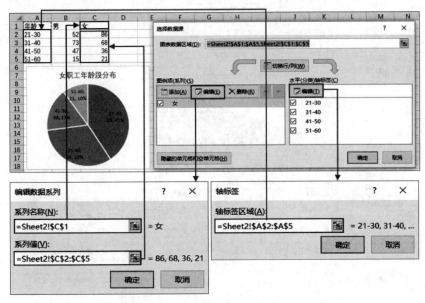

图 6.91 设置图表数据源

生成图表后,选择工作表中的行或列,执行复制操作,再选择图表,执行粘贴操作,也可以在图表中增加一个数据系列。

操作步骤

1. 制作柱形图、面积图、折线图组合图表

(1) 打开"农产品销售情况"工作簿。

(2) 在"压榨菜籽油销售完成情况"工作表的 B4 单元格输入公式:=SUM($B$2:B2)/B3。将 B4 单元格填充至 G4 单元格,得到每个月累计销量占比。设置 B4 至 G4 单元格数字类型为百分比,保留 2 位小数,如图 6.92 所示。

	A	B	C	D	E	F	G
1	产品名称	1月	2月	3月	4月	5月	6月
2	月销量	861	761	632	757	757	685
3	年销售目标	4500	4500	4500	4500	4500	4500
4	累计销量占比	19.13%	36.04%	50.09%	66.91%	83.73%	98.96%

图 6.92 压榨菜籽油销售数据

(3) 选择 A1:G4 单元格区域，单击"插入"选项卡"图表"组"组合图"按钮，选择"创建自定义组合图"命令。在"插入图表"对话框"所有图表"选项卡"组合"类别中设置月销量系列图表类型为簇状柱形图，年销售目标系列为折线图，累计销量占比系列为面积图。勾选累计销量占比系列右侧的"次坐标轴"复选框，设置累计销量占比值使用次坐标轴，如图 6.93 所示。单击"确定"按钮，插入基本组合图。

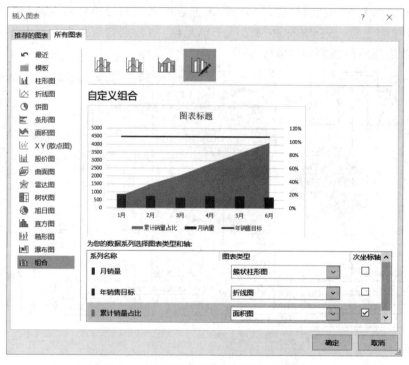

图 6.93 设置组合图图表类型和坐标轴

(4) 右键单击组合图左侧纵坐标轴，在快捷菜单中选择"设置坐标轴格式"。在"设置坐标轴格式"窗格"坐标轴选项"中设置边界最大值为 4500、最小值为 0、主要单位为 500。单击右侧纵坐标轴，在"设置坐标轴格式"窗格"坐标轴选项"中设置边界最大值为 1、最小值为 0、主要单位为 0.1，如图 6.94 所示。

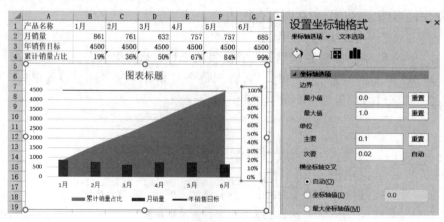

图 6.94 设置主、次坐标轴边界

(5) 选择年销售目标折线,在"数据系列格式"窗格"填充与线条"选项中设置线条的短划线类型为"短画线"。选择累计销售占比面积区域,在"数据系列格式"窗格"填充与线条"选项中设置填充颜色为"蓝色,个性色1,淡色80％"。修改图表标题为"压榨菜籽油销售完成情况",如图6.95所示,完成组合图。

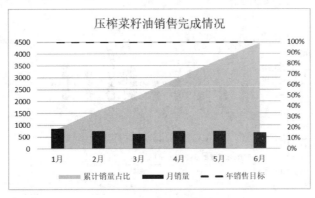

图 6.95 压榨菜籽油销售完成情况组合图

2. 柱形图叠加散点图动态标注最大值最小值

(1) 选择"农产品上半年销售数据"工作表。在 J1 单元格输入文本"已完成"。在 J2 单元格输入公式:＝SUM(D2:I2)。将 J2 单元格向下填充至 J10 单元格,计算各种农产品已完成的销售任务。

(2) 在 K1、L1 单元格输入文本"最低销量"、"最高销量"。在 K2 单元格输入公式:＝IF(J2＝MIN($J$2:$J$10),J2,NA()),在 L2 单元格输入公式:＝IF(J2＝MAX($J$2:$J$10),J2,NA()),判断已完成的销售量是否是当前所有农产品销量中的最小值或最大值,如果是就显示值,否则显示无可用值错误"♯N/A"。将 J2、K2、L2 单元格向下填充至 J10、K10、L10 单元格,得到各种农产品的上半年已完成销量、最低销量和最高销量数据,如图 6.96 所示。

图 6.96 农产品上半年已完成销量、最低销量和最高销量数据

(3) 选择产品名称、已完成、最低销量、最高销量对应的 B1:B10、J1:L10 数据区域,单击"插入"选项卡"图表"组"插入组合图"按钮,选择"创建自定义组合图"命令。在"插入图表"对话框"所有图表"选项卡"组合"类别中设置已完成系列图表类型为簇状柱形图,最低销量系列图表类型为散点图,最高销量系列图表类型为散点图。取消最低销量和最高销量系列右侧的"次坐标轴"复选框,使三组销量数据均使用主坐标轴,如图 6.97 所示。单击"确定"按钮。

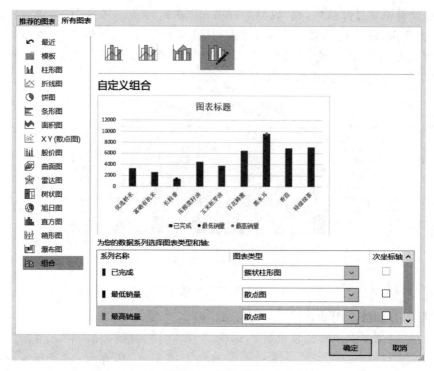

图 6.97　设置组合图图表类型和坐标轴

（4）右键单击组合图左侧纵坐标轴，在快捷菜单中选择"设置坐标轴格式"。在"设置坐标轴格式"窗格"坐标轴选项"中设置边界最小值为 0、最大值为 10000、主要单位为 2000。

（5）单击最低销量散点图的数据系列点，单击图表右上角的"图表元素"按钮，勾选"图表元素"列表中的"数据标签"复选框，显示数据标签。单击显示的数据标签，在"设置数据标签格式"窗格"标签选项"中勾选"系列名称""Y 值"复选框，设置分隔符为"，"，标签位置靠上。采用同样方法设置最高销量散点图上方显示最高销量及数据值标签，如图 6.98 所示。

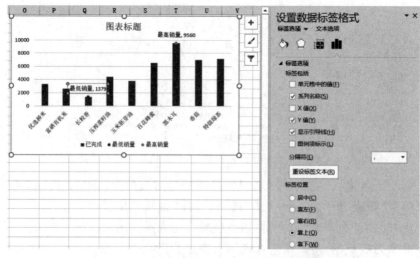

图 6.98　设置显示最低销量、最高销量数据标签

(6)将图表标题改为"农产品上半年销量"。单击横坐标轴,在"设置坐标轴格式"窗格"文本选项"的"文本框"设置中设置文字方向为"竖排",如图 6.99 所示,完成组合图。修改农产品上半年销售数据,可以看到图表中的柱体和最低销量、最高销量数据标签自动随销量变化。

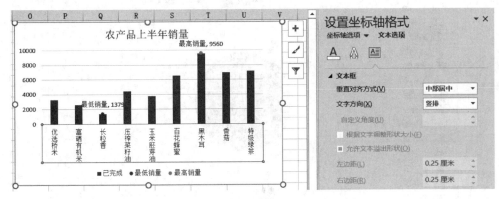

图 6.99　设置横坐标轴文本竖排

3. 制作局部放大饼图

(1)选择"富硒有机米销售完成情况"工作表,在 B2 单元格输入公式:＝农产品上半年销售数据!C3,在 C2 单元格输入公式:＝SUM(农产品上半年销售数据!D3:I3),在 D2 单元格输入公式:＝B2－C2,计算富硒有机米销售完成情况。

(2)选择 A1:A2、C1:D2 单元格区域,单击"插入"选项卡"图表"组中的"插入饼图或圆环图"按钮,选择"二维饼图",制作已完成销量和未完成销量分布饼图,如图 6.100 所示。其中已完成销量和未完成销量分别对应一个扇形区域,C1:D1 单元格区域中的分类轴标签对应图例,A2 单元格对应图表标题。

(3)再次选择 A1:A2、C1:D2 单元格区域,按下 Ctrl＋C 组合键,将数据复制到剪贴板中。选择已创建的单层饼图,按下 Ctrl＋V 组合键,将剪贴板中的数据复制到图表中,作为第二个数据系列。

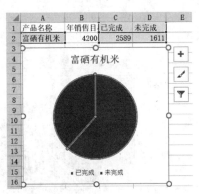

图 6.100　富硒有机米销量完成情况单层饼图

(4)选择饼图,单击"图表工具"的"设计"选项卡"更改图表类型"按钮,在"更改图表类型"对话框"所有图表"选项卡中选择"组合"图表类型。此时可以看到组合图中有两个"富硒有机米"数据系列。分别设置两个数据系列的图表类型为"饼图",选择下方数据系列右侧的"次坐标轴"复选框,使两个饼图采用不同的坐标轴,可以采用不同的数据系列设置。此时从预览效果可以看到两层饼图完全重合,只显示次坐标轴对应的饼图,但图例显示为两个数据系列名称,如图 6.101 所示。单击"确定"按钮,将饼图修改为双层组合饼图。

(5)右键单击双层饼图中上层数据系列对应的扇形,单击快捷菜单中的"设置数据系列格式"命令,在"设置数据系列格式"对话框中设置饼图分离程度为 40%,如图 6.102 所示。

(6)分别选择分离的两个扇形区域,将其移动到饼图圆心,使两层饼图圆心重合,如

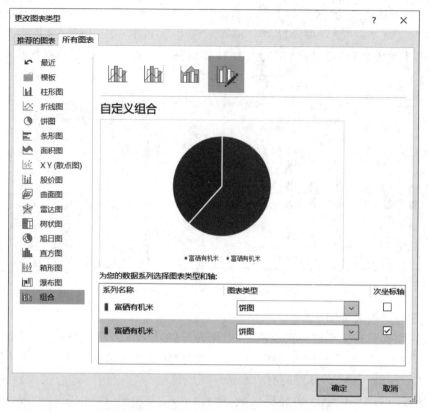

图 6.101　设置双层组合饼图图表类型及坐标轴

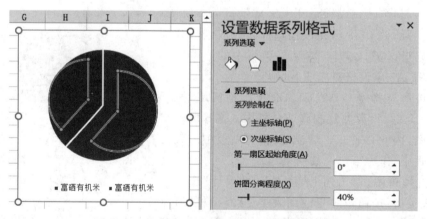

图 6.102　设置次坐标轴饼图的分离程度

图 6.103 所示。

（7）分别选择外层饼图的左侧扇形区域和内层饼图的右侧扇形区域，在"设置数据点格式"窗格"填充与线条"选项中设置填充为"无填充"，边框为"无线条"，如图 6.104 所示。

（8）选择上层饼图中的扇形，单击图表右上角的"图表元素"按钮，勾选"图表元素"列表中的"数据标签"复选框，在每个扇形区域显示数据标签。选择数据标签，在"设置数据标签格式"窗格"标签选项"中选择"类别名称""值""百分比"复选框，设置分隔符为"，"。将数据标签字体颜色设置为白色、加粗。

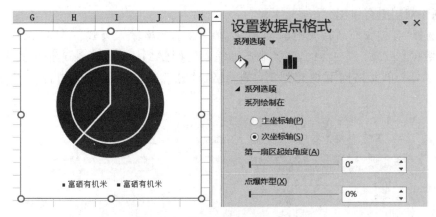

图 6.103 设置双层饼图圆心重合

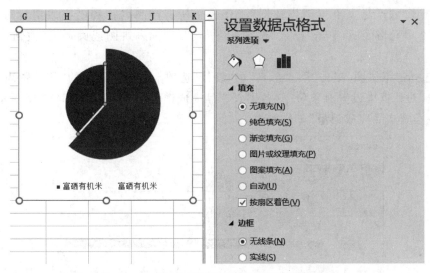

图 6.104 设置两层饼图中要隐藏的扇形区域

(9) 选择双层饼图，单击图表右上角的"图表元素"按钮，勾选"图表元素"列表中的"图表标题"复选框，显示图表标题。将图表标题修改为"富硒有机米销售目标完成情况"，如图 6.105 所示，完成富硒有机米销售目标完成情况局部放大饼图。

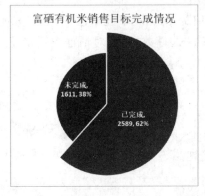

图 6.105 富硒有机米销售目标完成情况局部放大饼图

4. 制作双层组合饼图

(1) 选择"各类农产品完成销量"工作表,在 B2 单元格输入公式:=SUMIF(农产品上半年销售数据!$A$2:$A$10,各类农产品完成销量!A2,农产品上半年销售数据!$J$2:$J$10),将 B2 单元格向下填充到 B4 单元格,计算三类产品已完成销售量,如图 6.106 所示。

图 6.106 计算米、油、特产三类产品已完成销量

(2) 选择"农产品上半年销售数据"工作表中所有产品名称和已完成销量对应的 B1:B10、J1:J10 单元格区域,单击"插入"选项卡"图表"组"插入饼图或圆环图"按钮,插入二维饼图。

(3) 选择二维饼图,单击"图表工具"中"设计"选项卡"位置"组中的"移动图表"按钮,在"移动图表"对话框中设置对象位于"各类农产品完成销量"工作表,如图 6.107 所示,将图表移动到"各类农产品完成销量"工作表中。

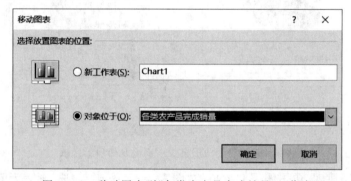

图 6.107 移动图表到"各类农产品完成销量"工作表

(4) 选择二维饼图,单击图表工具"设计"选项卡"数据"组中的"选择数据"按钮,在"选择数据源"对话框中单击图例项(系列)下方的"添加"按钮,在"编辑数据系列"对话框中设置系列名称为 B1 单元格,系列值为 B2:B4 单元格区域,如图 6.108 所示,单击"确定"按钮返回"选择数据源"对话框。此时"选择数据源"对话框中增加了一个"完成销量(kg)"数据系

图 6.108 添加"完成销量"数据系列

列,对应水平(分类)轴标签为 1-9。单击"确定"按钮。

(5)选择饼图,单击"图表工具"的"设计"选项卡"更改图表类型"按钮,在"更改图表类型"对话框"所有图表"选项卡中选择"组合"图表类型。分别设置两个数据系列的图表类型为"饼图","已完成"数据系列使用主坐标轴,"完成销量(kg)"数据系列使用次坐标轴。此时从预览效果显示次坐标轴对应的饼图,图例显示为两个数据系列名称,如图 6.109 所示。单击"确定"按钮,将饼图修改为双层组合饼图。

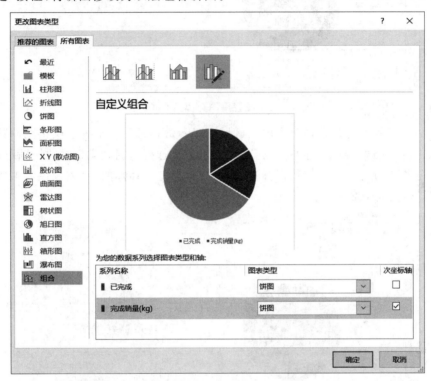

图 6.109　设置组合图中数据系列类型及坐标轴

(6)选择饼图,再次单击"图表工具"中"设计"选项卡"数据"组中的"选择数据"按钮,在"选择数据源"对话框左侧图例项(系列)列表中选择"完成销量(kg)"数据系列,单击右侧水平(分类)轴标签列表上方的"编辑"按钮,在"轴标签"对话框中设置轴标签区域为 A2:A4 单元格区域,如图 6.110 所示。单击"确定"按钮,设置上层饼图的类别轴标签。

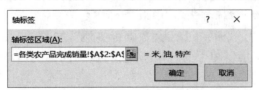

图 6.110　设置"各类别完成销量"数据系列轴标签

(7)右键单击双层饼图中上层数据系列对应的扇形,在快捷菜单中单击"设置数据系列格式",在"设置数据系列格式"任务窗格中设置饼图分离程度为 40%,缩小上层饼图半径并分离。分别选择分离的三块扇形区域,将扇形分别拖动到饼图中心,如图 6.111 所示。

(8)选择上层饼图中的数据系列,单击图表右上角的"图表元素"按钮,勾选"图表元素"

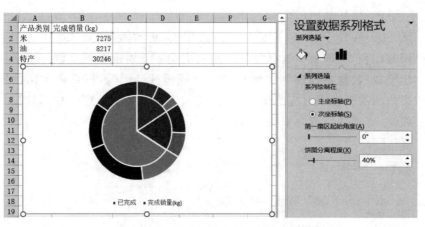

图 6.111 设置饼图分离后叠加效果

列表中的"数据标签"复选框,在每个扇形区域中显示数据标签。选择上层饼图的数据标签,在"设置数据标签格式"窗格"标签选项"中取消"值"复选框,选择"类别名称"、"百分比"复选框,设置分隔符为分行符。选择数据标签,设置数据标签字体加粗,字体颜色为主题颜色"白色,背景1",如图 6.112 所示。

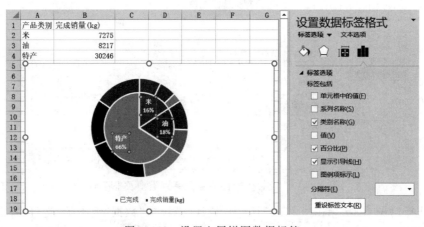

图 6.112 设置上层饼图数据标签

(9) 选择下层饼图中的数据系列,单击图表右上角的"图表元素"按钮,勾选"图表元素"列表中的"数据标签"复选框,在每个扇形区域中显示数据标签。选择下层饼图的数据标签,在"设置数据标签格式"窗格"标签选项"中取消"值"复选框,选择"类别名称""百分比"复选框,并设置标签分隔符为",",标签位置为"数据标签外",如图 6.113 所示。

(10) 分别选定上、下层饼图中的各扇形数据点,为同一类产品对应的扇形设置同一色系深浅不同的颜色。

(11) 选择饼图,单击"图表工具"中"设计"选项卡下"数据"组中的"选择数据"按钮,在"选择数据源"对话框左侧的"图例项(系列)"列表中选择"完成销量(kg)"数据系列,单击上方的"编辑"按钮,在"编辑数据系列"对话框的系列名称中输入:="内层:类别",依次单击"确定"按钮,如图 6.114 所示,修改内层饼图图例。

(12) 选择外层饼图数据系列,此时编辑栏中显示公式:=SERIES(农产品上半年销售数据!$J$1,农产品上半年销售数据!$B$2:$B$10,农产品上半年销售数据!$J$2:$J

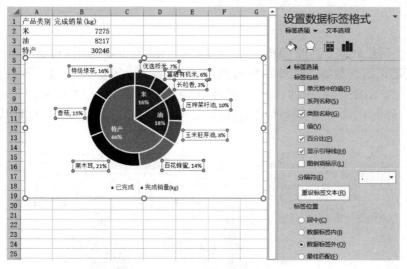

图 6.113　设置下层饼图数据标签

图 6.114　自定义内层饼图图例

$10,1)。在编辑栏中将公式中 SERIES 函数的第一个参数修改为："外层:农产品",单击编辑栏左侧的"输入"按钮确认,外层饼图的图例修改为指定文本,如图 6.115 所示,完成各类农产品上半年销量分布双层饼图。

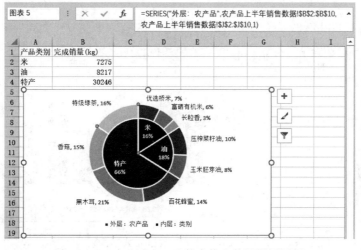

图 6.115　在 SERIES 函数中修改外层饼图图例

注意问题

在图表中选择数据系列时,编辑栏中将显示一个由 SERIES 函数构成的公式。SERIES 函数是用于定义图表数据系列的特殊函数,不能直接创建图表,也不能直接在工作表中使用,但是改变 SERIES 函数中的参数,可以直接修改数据系列的相关设置。SERIES 函数包括 4 个参数,分别对应数据系列的图例名称、分类轴数据、数据点的值、数据系列顺序,如图 6.116 所示。

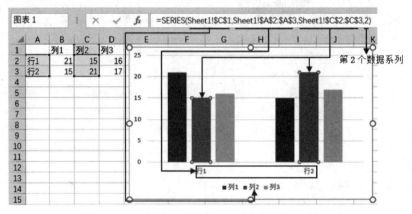

图 6.116　SERIES 函数参数与数据系列的对应

从 SERIES 函数可以看出,数据系列的图例名称、分类轴数据、数据点的取值都和单元格相关,修改对应单元格中的数据将改变图表中数据系列的对应设置。选择图表后执行"选择数据"命令,在"选择数据源"对话框中修改图例项(系列)和水平(分类)轴标签,其实就是修改 SERIES 函数中的对应参数。在编辑栏中直接修改 SERIES 函数的参数也可以修改数据源。这里应注意,SERIES 函数中单元格地址必须采用对工作表的外部引用(带工作表名的绝对引用方式)。

另外,SERIES 函数参数除了可以是单元格地址以外,还可以是用户自定义的数据。其中第一个参数图例名称必须是文本常量,第二、第三个参数分类轴数据和数据点的值都必须是数组,如图 6.117 所示。

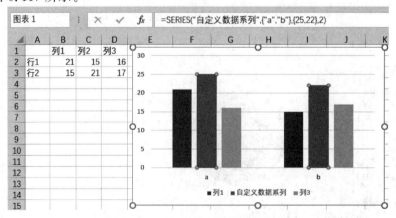

图 6.117　自定义的数据的数据系列

6.5 图表筛选与切片

范例要求

打开工作簿"学习数据.xlsx",制作以下柱形图和条形图,并按要求设置图表显示的内容。

1. 使用图表筛选器筛选图表中的数据★

在"成绩"工作表中插入所有学生学习成绩的二维簇状柱形图,类别轴为姓名,值轴为考试成绩、平时成绩。使用图表筛选器在图表中筛选数据,只显示李浩然、王海、李泽利三位同学的考试成绩,如图 6.118 所示。

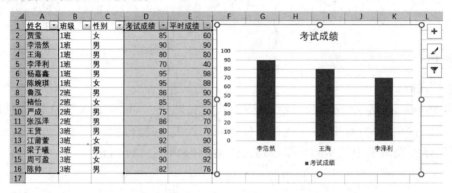

图 6.118　使用图表筛选器筛选图表中的数据

2. 利用自动筛选筛选图表中的数据★

在"讨论"工作表中插入所有学生讨论积分的三维簇状柱形图,类别轴为姓名,值轴为讨论积分。在讨论成绩数据区域建立自动筛选,筛选出 3 班参加讨论次数 10 次以上(含 10 次)的数据,使图表中显示 3 班参加 10 次以上讨论的学生的讨论积分,如图 6.119 所示。

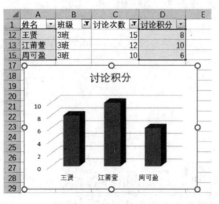

图 6.119　使用自动筛选筛选图表中的数据

3. 使用切片器筛选图表中的数据★

将"任务完成情况"工作表中的 A1:D16 数据区域转换为表格,命名为"任务完成比例"。插入所有学生任务完成比例的二维簇状条形图,类别轴为姓名并设置为逆序显示,值轴为任务完成比例,坐标边界最小值为 0、最大值为 1。在"任务完成比例"表格中插入班级、性别切片器,在切片器中设置筛选条件,使条形图中只显示 2 班和 3 班所有男生的任务完成比例,如图 6.120 所示。

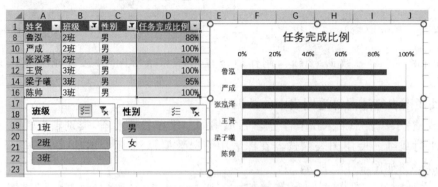

图 6.120　使用切片器筛选图表中的数据

相关知识

1. 图表筛选器

单击图表时,图表右上角将出现"图表筛选器"按钮 ▼。单击"图表筛选器"按钮,在"数值"选项的"系列"和"类别"下方复选框中勾选要在图表中选择的项目,单击左下角的"应用"按钮,可以筛选在图表中显示的数据系列或数据值,如图 6.121 所示。

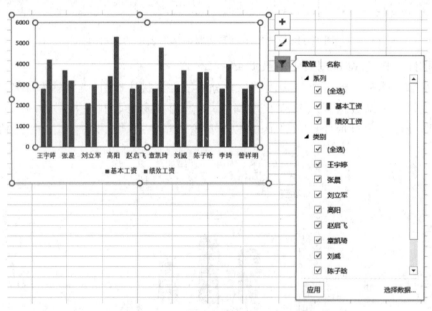

图 6.121　使用图表筛选器筛选数据

2. 自动筛选

如果要设置的筛选条件不在图表的数据源区域内,或者需要设置大于、小于等比较条件或更复杂的复合条件,就无法在图表筛选器中直接筛选。这时可以在图表数据源所在的数据区域中建立自动筛选,设置自动筛选条件后,数据源中只显示满足条件的数据,对应图表中也将只显示满足条件的数据,如图 6.122 所示。

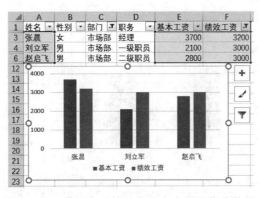

图 6.122　使用自动筛选在图表中显示部分数据

3. 结构化表格切片器

对于结构化表格,可以利用切片器筛选表格中的数据,对应图表中也只显示筛选后的数据,如图 6.123 所示。

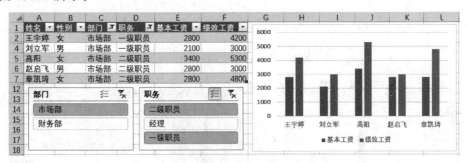

图 6.123　使用切片器在图表中动态显示数据

操作步骤

1. 使用图表筛选器筛选图表中的数据

(1) 打开"学习数据.xlsx"工作簿,选择"成绩"工作表中的姓名、考试成绩、平时成绩数据区域 A1:A16、D1:E16,单击"插入"选项卡"图表"组"插入柱形图或条形图"按钮,插入二维簇状柱形图。

(2) 选择柱形图,单击图表右上角的"图表筛选器"按钮,在"数值"选项的"系列"中取消"平时成绩"复选框,在"类别"中取消"全选"复选框,在下方的学生列表中勾选"李浩然""王海""李泽利"复选框,如图 6.124 所示。单击"应用"按钮,在图表中显示选择的三位学生的考试成绩。

2. 利用自动筛选筛选图表中的数据

(1) 选择"讨论"工作表中学生姓名和讨论积分数据区域 A1:A16、D1:D16 单元格区域,单击"插入"选项卡"图表"组"插入柱形图或条形图"按钮,插入三维簇状柱形图。

(2) 右键单击三维簇状柱形图,在快捷菜单中选择"设置图表区域格式"。在"设置图表区格式"窗格"图表选项"的"大小与属性"选项卡中设置属性为"大小和位置均固定",如图 6.125 所示,使图表数据系列和数据区域变化时图表的大小、位置保持不变。

(3) 选择讨论数据区域中的任意单元格,单击"数据"选项卡"排序和筛选"组中的"筛

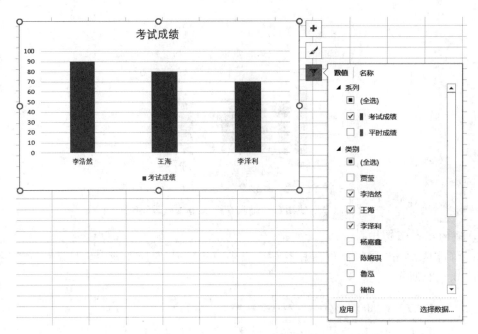

图 6.124　在图表筛选器中选择要显示的系列和类别

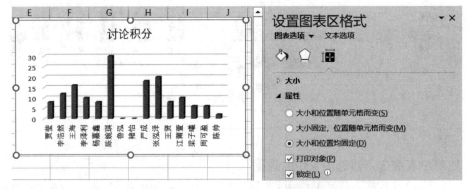

图 6.125　设置图表大小和位置固定

选"按钮,在数据区域中建立筛选。

（4）单击"班级"字段名右侧的三角按钮,在下方的筛选列表中选择"3 班"。单击"讨论次数"右侧的三角按钮,单击"数字筛选"菜单"大于或等于"命令,在"自定义自动筛选方式"对话框中设置讨论次数筛选条件为大于或等于 10。单击"确定"按钮,数据区域中只显示 3 班讨论次数 10 次以上的数据,讨论积分图表中也只显示对应学生的讨论积分,如图 6.126 所示。

3. 使用切片器选择图表中的数据

（1）选择"任务完成情况"工作表数据区域中的任意一个单元格,单击"插入"选项卡"表格"组中的"表格"按钮,在"创建表"对话框中设置表数据的来源为:＝$A$1:$D$16,选择"表包含标题"复选框,如图 6.127 所示。单击"确定"按钮,将数据区域 A1:D16 转换为表格。在"表格工具"的"设计"选项卡的"属性"组中将表名称修改为"任务完成比例"。

（2）选择"任务完成比例"表格中的学生姓名和任务完成比例对应的 A1:A16、D1:D16

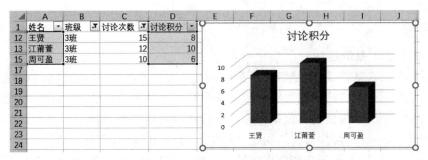

图 6.126　自动筛选在图表中显示的数据

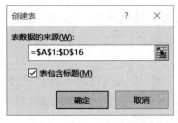

图 6.127　"创建表"对话框

数据区域,单击"插入"选项卡"图表"组"插入柱形图或条形图"按钮,插入二维簇状条形图。

(3)选择条形图,在"设置图表区格式"窗格中设置图表的大小和位置均固定。选择垂直轴,在"设置坐标轴格式"窗格中选择"坐标轴选项"中的"逆序类别"复选框,使图表中的学生姓名顺序与表格中的顺序相同。选择水平轴,在"设置坐标轴格式"窗格"坐标轴选项"中设置边界最小值为 0,最大值为 1,主要单位为 0.2,如图 6.128 所示。

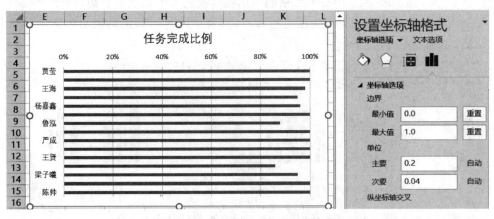

图 6.128　设置条形图坐标轴格式

(4)选择表格区域中的任意单元格,单击"表格工具"的"设计"选项卡中"工具"组中的"插入切片器"按钮,在"插入切片器"对话框中选择"班级"、"性别"复选框,单击"确定"按钮,在工作表中插入两个切片器,如图 6.129 所示。

(5)按下"班级"切片器中的"多选"按钮,单击取消选择"1 班",再单击"性别"切片器中的"男",在表格中显示 2 班和 3 班所有男生数据,任务完成比列条形图中同步显示对应数据。

图 6.129　插入"班级""性别"切片器

注意问题

1. 图表筛选工具的选择

图表筛选器、自动筛选、表格切片器都可以在图表中筛选要展示的数据。图表筛选器直接在图表中选择,但只能筛选图表中的数据系列和类别轴中的数据,筛选时只能选择数据系列和类别是否显示,不能设置其他条件。自动筛选和表格切片器都可以对图表数据源以外的字段设置筛选条件。切片器在结构化表格中使用,操作简便,但只能筛选等于切片器中某个值的数据。自动筛选在表格和数据区域中都可以使用,除了选择固定值以外,还可以设置大于、小于以及复合条件。

图表筛选器只对其所在的图表起作用,不影响同一数据源的其他图表。自动筛选和切片器是对图表数据源进行筛选,将影响同一数据源对应的所有图表。

2. 切断图表与数据源之间的关联

图表由数据源中的数据生成,当数据源中的数据发生变化时,图表会自动更新。选择图表中的数据系列,编辑栏中显示其对应的 SERIES 函数,SERIES 函数中的参数分别对应图表名称、分类轴、数据值和系列绘制顺序,如图 6.130(a)所示。

如果要切断图表和数据源之间的联系,可以选择数据系列后单击编辑栏,进入公式编辑状态。按下 F9 键,SERIES 函数中对单元格的引用将转换成文本常量和数组,如图 6.130(b)所示。转换后如果再对单元格中的数据进行修改,图表中的数据源仍是固定的文本常量和数组中的值,不再发生变化。

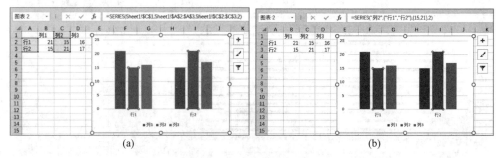

图 6.130　将 SERIES 函数引用的单元格区域转换为数组

6.6　动态图表

范例要求

打开工作簿"学习数据.xlsx",制作以下动态图表。

1. 使用数据验证序列控制动态图表★

在"成绩"工作表中按以下要求制作学生成绩动态柱形图。

(1) 在 A18、B18、C18 单元格分别输入"姓名""考试成绩""平时成绩"。在 A19 单元格设置数据验证条件,使该单元格只能在列表中选择学生姓名序列中的名字。在 B19、B20 单元格通过公式显示 A19 单元格选择的学生的考试成绩和平时成绩。

(2) 根据成绩动态数据区域中的数据制作学生成绩二维簇状柱形图,在 A19 单元格选择学生姓名时,图表中显示对应学生的考试成绩和平时成绩。其中图表标题为学生姓名,类别轴为成绩类别,值轴为考试分数,坐标边界最小值为0、最大值为100,如图6.131所示。

(3)制作完成后,在A19单元格中选择"王贤",在成绩动态柱形图中显示王贤的考试成绩和平时成绩。

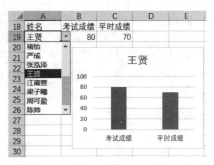

图6.131　学生成绩动态柱形图

2. 使用组合框控制动态图表★★

在"各班访问人数"工作表中按以下要求制作各班9月访问人数的动态折线图。

(1)在C7单元格插入组合框控件,设置在组合框中可以选择"1班""2班""3班"。选择结果链接到A7单元格。

(2)在A5至AE5单元格区域建立动态数据行,当组合框选择班级时,区域中显示所选班级的访问数据。

(3)在当前工作表中制作各班9月访问人数的动态折线图。在折线图中使用标准色中的浅蓝、浅绿和橙色分别显示1班、2班、3班的访问人数折线。在组合框中选择班级时,折线图中使用标准深红色折线突出显示所选班级的访问情况,如图6.132所示。

(4)制作完成后,在组合框中选择"3班",在动态折线图中将3班访问数据突出显示。

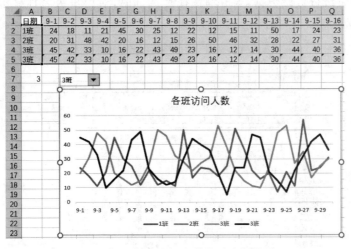

图6.132　各班访问人数的动态折线图

3. 使用数值调节钮控制动态图表★★

在"1班访问人数"工作表中按以下要求制作1班访问人数动态折线图。

(1)在B4至B5单元格区域插入数值调节钮控件,设置控件最小值为1、最大值为30、步长为1,链接到A4单元格。

(2)在A3至AE3单元格区域建立动态数据区域,当单击数值调节钮时,第3行中对应日期天数在A4单元格数值之前的单元格显示访问人数,其他单元格显示"♯N/A"错误值,如图6.133所示。

(3)在当前工作表中制作1班访问人数动态折线图,显示从9月1日至数值调节钮设

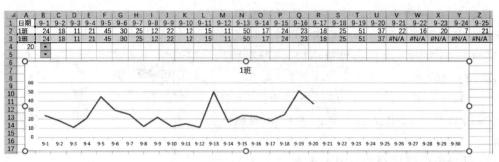

图 6.133　1班访问人数动态折线图

置的日期之间 1 班的访问人数折线，类别轴为日期，值轴为访问量，纵坐标边界最小值为 0、最大值为 60。

（4）制作完成后，单击数值调节钮，使动态折线图中显示 1 班 9 月 1 日至 9 月 20 日的访问数据。

4. 使用复选框控制动态图表★★

在"考试成绩分布"工作表中按以下要求制作分数区间动态柱形图。

（1）在 B6 至 B8 单元格区域插入复选框控件，设置三个复选框显示为"1 班""2 班""3 班"，并分别链接到 A6、A7、A8 单元格。

（2）在 A9 至 G12 单元格区域建立动态数据区域，当选择三个班级对应复选框时，数据区域中显示对应班级分数段数据，当取消选择复选框时，对应班级名称显示为空，各分数段人数显示为♯N/A 错误值，如图 6.134 所示。

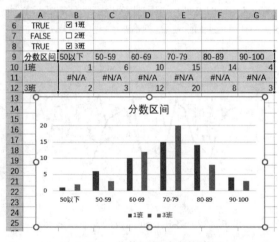

图 6.134　分数区间动态柱形图

（3）在当前工作表中制作分数区间动态柱形图，根据复选框选择情况在柱形图中显示已选班级的各分数段人数分布柱形图，类别轴为分数段，值轴为人数，坐标边界最小值为 0、最大值为 20。

（4）制作完成后，选择"1 班"、"3 班"复选框，在动态柱形图中显示 1 班和 3 班的各分数段人数分布情况。

5. 使用自定义名称制作动态图表★★★

将"考试成绩分布"表中的三个班成绩分布数据复制到新工作表"成绩分布饼图"中，并在"成绩分布饼图"工作表中按以下要求制作成绩分布动态饼图。

（1）在 B6、B7、B8 单元格分别插入选项按钮控件，设置三个选项按钮显示为"1 班""2 班""3 班"，并链接到 A6 单元格。

（2）定义名称"班级"，内容为在选项按钮中选择班级时，从数据区域中选取对应班级名称的公式。

（3）定义名称"分数分布"，内容为在选项按钮中选择班级时，从数据区域中选取对应班级分数分布数据的公式。

（4）利用定义的名称"班级""分数分布"制作成绩分布动态饼图，在选项按钮中选择班级时，饼图中显示对应班级各分数段人数的占比，图表标题显示班级名。

（5）制作完成后，在组合框中选择"2 班"，在饼图中显示 2 班各分数段人数占比，如图 6.135 所示。

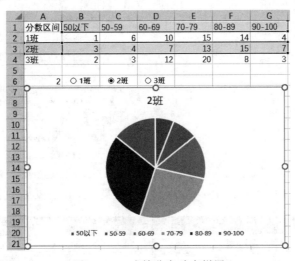

图 6.135　成绩分布动态饼图

相关知识

1. 表单控件

在工作表中可以插入各种表单控件。表单控件设置与单元格链接后，用户在表单控件上做出的选择将在单元格中显示，可以利用公式将链接单元格中表单控件的选择结果与工作表中的数据建立关联，使用户能通过控件对表中的数据方便快捷地进行交互操作。常用的表单控件包括按钮、组合框、复选框、数值调节钮、列表框、选项按钮、分组框、标签、滚动条等。

要在工作表中使用表单控件，需要在工具栏中显示"开发工具"选项卡。单击"文件"选项卡中的"选项"命令，在"Excel 选项"对话框左侧列表中选择"自定义功能区"，在右侧"自定义功能区"的"主选项卡"列表中勾选"开发工具"复选框，如图 6.136 所示。单击"确定"按钮，工具栏中将显示"开发工具"选项卡。单击"开发工具"选项卡"控件"组中的"插入"按钮，展开控件列表，可以选择表单控件或 ActiveX 控件，如图 6.137 所示。选择控件后在工作表中拖动鼠标指针创建控件。

插入控件之后，按住 Ctrl 键同时单击控件，可以选定控件，此时控件四周将出现尺寸控

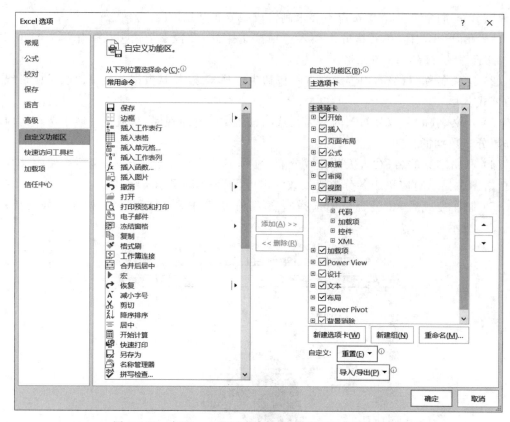

图 6.136 在"Excel 选项"对话框中设置显示"开发工具"

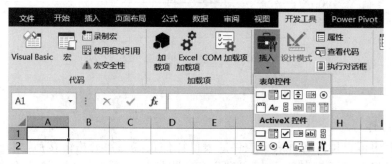

图 6.137 "开发工具"选项卡的"插入表单控件"列表

制柄,拖动控制柄可以调整控件大小,拖动控件可以调整控件位置。右键单击控件,在快捷菜单中选择"设置控件格式"命令,将打开"设置控件格式"对话框,对控件的大小、属性、可选文字、控制等各类属性进行设置,如图 6.138 所示。控件设置完成后,单击任意单元格退出控件设置状态,此时左键单击控件,将对控件做出选择,选择结果显示在链接的单元格中。

2. 定义名称作为图表数据区域

在 Excel 公式中,除了使用单元格名称(列标行号)引用单元格或单元格区域以外,还可以自定义名称。单击"公式"选项卡"定义的名称"组中的"定义名称"按钮,打开"新建名称"对话框,设置名称、使用范围和引用位置,如图 6.139 所示,单击"确定"按钮自定义名称。定义的名称可以在公式、图表中直接使用,使公式和图表更加容易理解和维护,如图 6.140 所示。

图 6.138 "设置控件格式"对话框

图 6.139 定义名称"基本工资"

图 6.140 在公式和图表中使用名称

单击"公式"选项卡"定义的名称"组中的"名称管理器"按钮,在"名称管理器"对话框中将显示当前工作簿中定义的所有名称,如图 6.141 所示。单击"新建""编辑""删除"按钮,可以新建名称,修改已定义的名称和引用位置,删除名称。

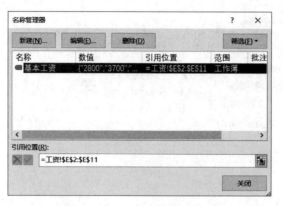

图 6.141 "名称管理器"对话框

除了直接为选定数据区域定义名称,也可以在新建名称或编辑名称时在引用位置文本框中输入公式,为公式定义名称。定义名称后,公式的计算结果可以通过名称直接作为图表的数据源,使图表在引用数据时更加灵活。

操作步骤

1. 使用数据验证序列控制动态图表

(1) 打开"学习数据.xlsx"工作簿。

(2) 选择"成绩"工作表。将标题行中的"姓名""考试成绩""平时成绩"对应的 A1、D1、E1 单元格复制到 A18、B18、C18 单元格中,作为图表数据区域的标题行。

(3) 选择 A19 单元格,单击"数据"选项卡"数据工具"组中的"数据验证"按钮,在"数据验证"对话框的验证条件允许选项中选择"序列",在来源文本框中选择单元格区域:＝＄A＄2：＄A＄16,如图 6.142 所示,单击"确定"按钮。

图 6.142 设置姓名数据验证序列

(4) 在 B19 单元格中输入公式:＝VLOOKUP(＄A＄19,＄A＄2:＄E＄16,4,0),在 C19 单元格中输入公式:＝VLOOKUP(＄A＄19,＄A＄2:＄E＄16,5,0),从成绩表中查找 A19 单元格列表中选择的学生对应的考试成绩和平时成绩。

(5) 选择 A18:C19 数据区域,单击"插入"选项卡"图表"组"插入柱形图或条形图"按钮,选择"二维簇状柱形图",创建学生成绩的二维簇状柱形图。

(6)选择柱形图的纵坐标轴,在"设置坐标轴格式"窗格的"坐标轴选项"标签中设置坐标轴边界的最小值为0、最大值为100、主要单位为20,固定纵坐标轴取值范围和刻度。

(7)选择A19单元格,在姓名序列中选择"王贤",显示王贤的考试成绩和平时成绩,如图6.143所示。

2. 使用组合框控制动态图表

(1)选择"各班访问人数"工作表中的日期和三个班每天访问量数据区域A1:AE4,单击"插入"选项卡"图表"组"插入折线图或面积图"按钮,选择"二维折线图",插入三个班访问人数折线图。

(2)将图表标题修改为"各班访问人数"。依次选择1班、2班、3班对应的折线,在"设置数据系列格式"窗格"填充与线条"选项卡中设置三条折线颜色分别为标准色中的浅蓝色、绿色和橙色,如图6.144所示。

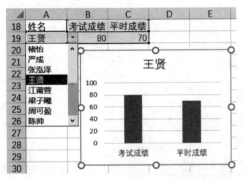

图6.143 学生成绩动态二维簇状柱形图

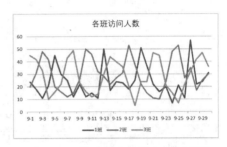

图6.144 插入各班访问人数折线图

(3)单击"文件"选项卡"选项"命令,在"Excel选项"对话框中单击左侧列表中的"自定义功能区",在右侧"自定义功能区"中勾选"主选项卡"列表里"开发工具"复选框,在工具栏中显示"开发工具"选项卡。

(4)单击"开发工具"选项卡"控件"组中的"插入"按钮,选择表单控件中的"组合框"控件,在工作表中拖动鼠标,插入一个组合框。

(5)右键单击组合框,在快捷菜单中选择"设置控件格式",在"设置控件格式"对话框"控制"选项卡中设置组合框的数据源区域为\$A\$2:\$A\$4,单元格链接到\$A\$7单元格,下拉显示项数为3,如图6.145所示。单击"确定"按钮,并在工作表空白处单击,退出控件选定状态。在组合框中选择班级,可以看到A7单元格中显示选择的项目序号。

(6)在A5单元格输入公式:=INDEX(A2:A4,\$A\$7),使A5单元格动态显示组合框选择的班级对应的班级名称。将A5单元格向右填充至AE5单元格,使A5:AE5单元格区域显示选择的班级9月访问人数。

(7)选择A5:AE5单元格区域,按下Ctrl+C键将数据区域复制到剪贴板中。选择各班访问人数图表,按下Ctrl+V键,将剪贴板中的数据区域作为新的数据系列添加到折线图中。选择添加的折线,在"设置数据系列格式"窗格"填充与线条"选项卡中设置折线为标准色深红色,如图6.146所示。

(8)在组合框中选择"3班",A5:AE5单元格中显示3班的访问数据,折线图中3班折

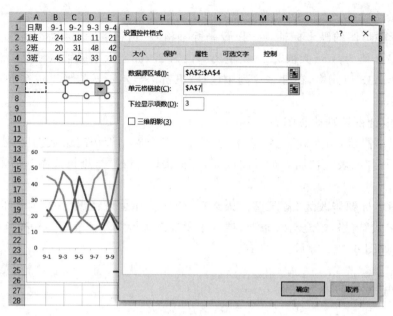

图 6.145 插入组合框并设置组合框属性

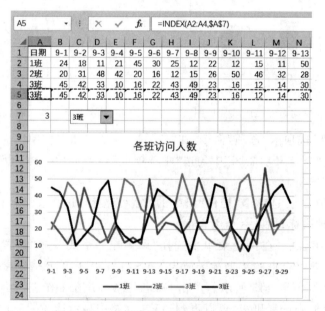

图 6.146 在折线图中添加动态数据折线

线上叠加显示深红色折线。

3. 使用数值调节钮控制动态图表

(1) 选择"1班访问人数"工作表。单击"开发工具"选项卡"控件"组中的"插入"按钮，选择"数值调节钮"控件，在工作表 B4:B5 单元格区域中拖动光标，插入数值调节钮。

(2) 右键单击数值调节钮，在快捷菜单中选择"设置控件格式"命令。在"设置控件格式"对话框中当前值为1，最小值为1，最大值为30，步长为1，单元格链接到 $A$4 单元格，如图 6.147 所示。单击"确定"按钮。

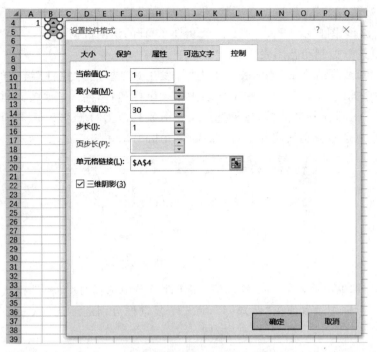

图 6.147 插入数值调节钮并设置属性

(3) 在 A3 单元格输入"1 班"。在 B3 单元格输入公式：＝IF(DAY(B1)＜＝＄A＄4,B2,NA())，将 B3 单元格向右填充至 AE3 单元格，如图 6.148 所示。

	A	B	C	D	E	F	G	H	I	J	K	L	M
		B3		× ✓ fx		=IF(DAY(B1)<=$A$4,B2,NA())							
1	日期	9-1	9-2	9-3	9-4	9-5	9-6	9-7	9-8	9-9	9-10	9-11	9-12
2	1班	24	18	11	21	45	30	25	12	22	12	15	11
3	1班	24	18	11	21	45	30	25	12	#N/A	#N/A	#N/A	#N/A
4		8											
5													

图 6.148 建立随数值调节钮变化的日期类别轴

(4) 选择第一行的日期和第三行的访问数据 A1:AE1、A3:AE3，单击"插入"选项卡"图表"组"插入折线图或面积图"按钮，选择"二维折线图"，插入折线图。

(5) 选择折线图纵坐标，在"设置坐标轴格式"窗格"坐标轴选项"中设置边界最小值为 0、最大值为 60，主要单位为 10，如图 6.149 所示，使纵坐标轴刻度固定。

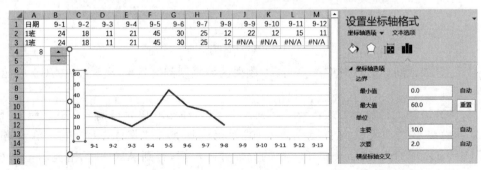

图 6.149 设置折线图纵坐标轴边界最小值和最大值和主要单位

(6) 单击数值调节钮,将链接单元格 A4 中的值设置为 20,A3:AE3 单元格区域中的数据值随之变化,折线图显示 1 班 9 月 1 日至 9 月 20 日的访问数据。

4. 使用复选框控制动态图表

(1) 选择"考试成绩分布"工作表。单击"开发工具"选项卡"控件"组中的"插入"按钮,选择表单控件中的"复选框"控件,在工作表中拖动鼠标指针,插入三个复选框。

(2) 按住 Ctrl 键选择复选框,将复选框文字分别修改为"1 班""2 班""3 班"。移动复选框位置,使三个复选框分别放置在 B6、B7、B8 单元格中,如图 6.150 所示。

图 6.150　插入 3 个班级复选框

(3) 右键分别单击插入的三个复选框,在快捷菜单中选择"设置控件格式"命令。在"设置控件格式"对话框中设置值为"已选择",将三个复选框分别链接到 $A$6、$A$7、$A$8 单元格,如图 6.151 所示。单击"确定"按钮。

图 6.151　设置复选框属性

(4) 将分数区间标题行对应的 A1:G1 数据区域复制到复选框下方的 A9:G9 单元格区域中。

(5) 在 A10 单元格输入公式：=IF($A6,A2,""),在 B10 单元格输入公式：=IF($A6,B2,NA())。将 B10 单元格向右填充至 G10,使得选择"1 班"复选框时,A10 单元格显示"1 班",B10:G10 单元格区域中显示 1 班的分数分布数据,否则 A10 单元格显示空字符串,B10:G10 单元格区域显示♯N/A 错误。

(6) 选择 A10:G10 单元格区域,拖动填充柄填充至 A12:G12 单元格区域,使 A11:G12 单元格区域中的数据随"2 班""3 班"复选框的选择情况动态变化,如图 6.152 所示。

图 6.152 构造随复选框改变的辅助数据区域

(7) 选择辅助数据区域 A9:G12,单击"插入"选项卡"图表"组"插入柱形图或条形图"按钮,选择"二维簇状柱形图",插入二维簇状柱形图。

(8) 将柱形图标题改为"分数区间"。选择纵坐标轴,在"设置坐标轴格式"窗格"坐标轴选项"中设置边界最小值为 0、最大值为 20、主要单位为 2,如图 6.153 所示,使纵坐标轴取值范围和刻度固定。

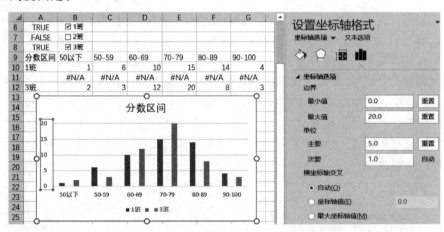

图 6.153 设置柱形图纵坐标轴边界最小值和最大值

(9) 选择"1 班""3 班"复选框,柱形图中只显示 1 班和 3 班的分数区间数据。

5. 使用自定义名称制作动态图表

(1) 新建一个工作表,命名为"成绩分布饼图"。选择"考试成绩分布"工作表 A1 至 G4 单元格区域数据,将其复制到到"成绩分布饼图"工作表从 A1 单元格开始的区域中。

(2) 选择"成绩分布饼图"工作表。单击"开发工具"选项卡"控件"组中的"插入"按钮,选择表单控件中的"选项按钮"控件,在工作表 B6 至 D6 区域中拖动光标,插入三个选项按钮。

(3) 按住 Ctrl 键选择选项按钮,将选项按钮文字分别修改为"1 班""2 班""3 班"。右键单击"1 班"单选按钮,在快捷菜单中选择"设置控件格式",在"设置控件格式"对话框"控制"选项卡中设置单选按钮的值为"已选择",单元格链接到 $A$2,如图 6.154 所示。单击"确定"按钮。

（4）单击"公式"选项卡"定义的名称"组中的"定义名称"按钮，在"新建名称"对话框中设置名称为"分数分布"，在引用位置填入公式：=OFFSET($B$1:$G$1,$A$6,0)，如图 6.155 所示。单击"确定"按钮，将 B1:G1 区域向下第 n 行的数据区域定义为成绩分布数据系列，其中 n 由单选按钮的值确定。

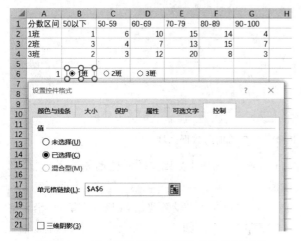

图 6.154　插入单选按钮并设置单选按钮属性　　　图 6.155　定义名称"分数分布"

（5）采用同样方法定义名称"班级"，引用位置为公式：=OFFSET($A$1,$A$6,0)。

（6）选择 A1:G2 数据区域，单击"插入"选项卡"图表"组"插入饼图或圆环图"按钮，选择"二维饼图"，插入 1 班成绩分布二维饼图。设置图例在图表下方显示。

（7）选择饼图，单击"表格工具"的"设计"选项卡"数据"组中的"选择数据"按钮，在"选择数据源"对话框的图例项列表中选择"1 班"，如图 6.156 所示，单击"编辑"按钮。在"编辑数据系列"对话框中设置系列名称为：=成绩分布饼图!班级，系列值为：=成绩分布饼图!分数分布，系列名称和系列值输入框右侧将显示名称对应公式的计算结果，如图 6.157 所示。依次单击"确定"按钮。

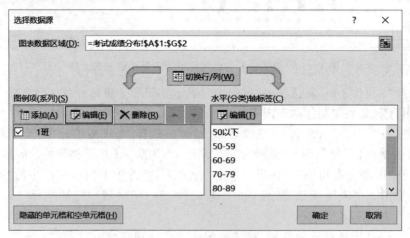

图 6.156　设置饼图数据源

（8）分别选择各个班级的单选按钮，定义的名称"分数分布"和"班级"中的单元格区域随单选按钮的链接单元格 I2 改变，使用名称作为数据系列的饼图也随之改变，如图 6.158 所示。

图 6.157 将饼图数据系列设置为定义的名称

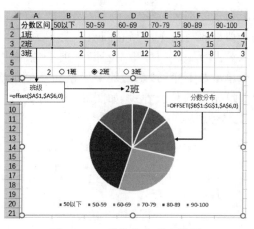

图 6.158 分数分布动态饼图

（9）选择选项按钮"2班"，在动态饼图中显示2班各分数段学生人数分布情况。

注意问题

1. 固定图表大小、位置及坐标轴

创建图表后，默认图表位置随图表上方和左侧单元格区域的宽度和高度改变，图表大小随图表中数据系列的数量和取值范围自动变化，坐标轴边界根据数据系列的取值范围自动设置最大值和最小值。在动态图表中，图表对应的数据源会发生变化，使得图表中的数据系列、数据点、坐标轴的取值、分类轴中的分类都可能发生变化。这些数据变化时，图表的大小、位置、坐标轴的刻度等也会自动变化，无法清晰展示动态图表中数据变化前后的对比情况。所以在制作动态图表时，通常将图表区属性设置为"大小和位置均固定"，在坐标轴格式边界选项的最小值、最大值和单位选项的主要、次要值中输入数值，使坐标轴固定，如图6.159所示。

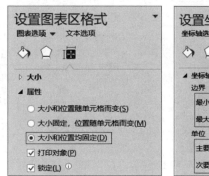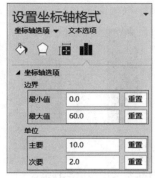

图 6.159 设置图表大小位置及坐标轴固定

2. 折线图、散点图中的空值和♯N/A错误值

在折线图和散点图的默认设置中，如果某个数据点对应单元格的值为空，图表将空单元格显示为间隙。如果某个数据点对应单元格的值为♯N/A错误值，系统将不显示该数据点，并将其两边的数据直接连接，如图6.160所示。利用♯N/A错误值的这一特点，可以在公式中使用NA函数将不绘制的数据点设置为错误值♯N/A，使折线图中只绘制并连接数

据系列中的部分数据。

如果要将空单元格在图表中显示为 0 值或跳过空单元格将其两边的数据直接连接，还可以单击"图表工具"中"设计"选项卡"数据"组中的"选择数据"按钮，在"选择数据源"对话框中单击左下角的"隐藏的单元格和空单元格"按钮，在"隐藏和空单元格设置"对话框中设置空单元格的显示方式，如图 6.161 所示。

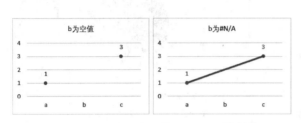

图 6.160 折线图中空值和#N/A错误值

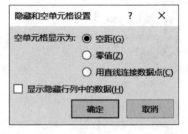

图 6.161 设置空单元格的显示方式

练　　习

一、在"个人账目.xlsx"工作簿中制作以下柱形图和条形图，制作图表过程中请根据需要对数据进行计算和处理。完成后，将文件保存为"E6-1.xlsx"。

1. 在"支出"工作表中制作 7-9 月娱乐支出的堆积柱形图，在数据系列上居中显示系列名称和值，纵坐标刻度范围为 0～1000，如图 6.162 所示。★

2. 在"支出"工作表的 O 列计算各项开支全年支出总额，在"全年各类支出总额"工作表 B2 至 B4 单元格区域计算全年各类开支总额。在"全年各类支出总额"工作表中制作全年各类开支总额的柱形图，各类开支柱体采用不同图形表示，并在柱体上方显示各类支出总额数值，纵坐标刻度范围为 0～28000、主要坐标单位为 4000，如图 6.163 所示。★

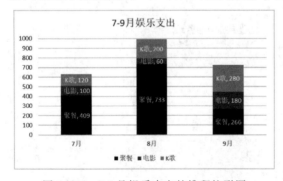

图 6.162 7-9 月娱乐支出的堆积柱形图

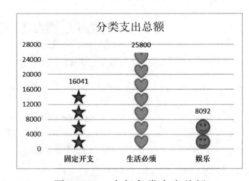

图 6.163 全年各类支出总额

3. 根据"每月餐费支出情况"工作表中数据根据每月餐费是否超出预算填写未超支和超支单元格数据：若餐费未超出预算，在未超支行对应位置填写餐费值，在超支行对应位置填写"#N/A"错误值；若餐费超出预算，在超支行对应位置填写餐费值，在未超支行对应位置填写"#N/A"错误值。

在"每月餐费支出情况"工作表中制作如图 6.164 所示条形图，要求未超支月份餐费采用标准浅绿色填充数据条，超支月份使用标准红色填充数据条，预算使用标准蓝色边框、无

填充数据条,纵坐标轴自上而下按 1 至 12 月排列,横坐标刻度范围为 0～1400。★★

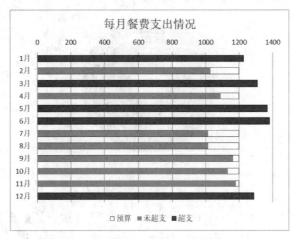

图 6.164　每月餐费支出情况条形图

二、在"个人账目.xlsx"工作簿中制作以下饼图和圆环图,制作图表过程中请根据需要对数据进行计算和处理。完成后,将文件保存为"E6-2.xlsx"。

1. 在"支出"工作表的 O 列计算各项开支全年支出总额。根据"支出"工作表的数据制作如图 6.165 所示全年固定支出金额及其中各项支出项目比例组合饼图。要求将支出最多的项目房租放置在主图,其他支出项目全部放置在子图,在每个扇形区域内部分行显示支出项目、金额和占比,组合饼图作为独立图表放在新工作表"固定支出分布"。★

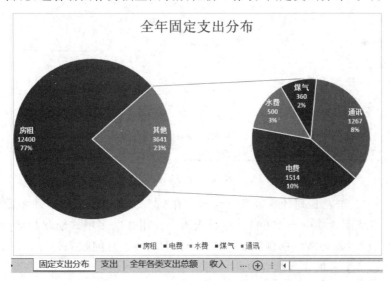

图 6.165　全年固定开支分布组合饼图

2. 在"支出"工作表中制作如图 6.166 所示第一季度娱乐支出环形图。环形图从内向外依次显示 1-3 月各项支出占比,在每个扇环内部分行显示月份及百分比。★★

三、在"个人账目.xlsx"工作簿中制作以下折线图,制作图表过程中请根据需要对数据进行计算和处理。完成后,将文件保存为"E6-3.xlsx"。

1. 假设年收入目标为 150000 元,在"收入"工作表的 D 列计算截至该月的累计收入,在

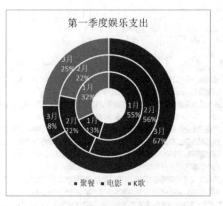

图 6.166 第一季度娱乐支出环形图

E2 至 E13 单元格填入年收入目标 15000。根据"收入"工作表中的数据制作每月收入累计完成情况折线图,显示年收入目标线及每月累计收入完成情况,纵坐标取值范围为 0～150000,主要单位为 30000,如图 6.167 所示,折线图作为独立图表放置在新工作表"收入目标完成情况"中。★

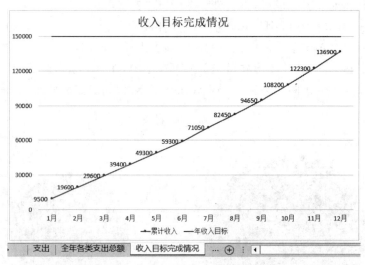

图 6.167 收入目标完成情况折线图

2. 在"收入"工作表 F 列计算每月总收入。在"收入"工作表中制作每月总收入折线图。设置纵坐标取值范围为 8000～17000。在折线图中使用 3 次多项式绘制趋势线并显示预测公式和 R^2 值。设置趋势线向前预测 1 个周期,显示次年 1 月的收入趋势。在 I 列根据趋势线拟合公式计算每个月的收入拟合值并预测次年 1 月收入值,如图 6.168 所示。★★

四、在"个人账目.xlsx"工作簿中制作以下组合图表,制作图表过程中请根据需要对数据进行计算和处理。完成后,将文件保存为"E6-4.xlsx"。

1. 在"收入"工作表 D 列计算月平均投资收入,显示保留 1 位小数。在 E 列判断该月投资收入是否是全年投资收入的最大值,如果是,显示该最大值,否则显示"♯N/A"错误值。在"收入"工作表中制作如图 6.169 所示组合图,每月投资收入使用二维簇状柱形图,月平均投资收入使用折线图,投资收入最大值使用散点图。其中月平均投资收入采用短画线显示,

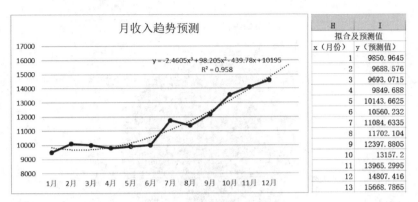

图 6.168　月收入趋势预测

并在 12 月平均投资收入上方显示月平均投资收入值的数据标签。在投资收入最大值散点标记上方显示投资收入最大值的数据标签,数据标签能随数据变化自动变化。设置图表标题为"每月投资收入"。★

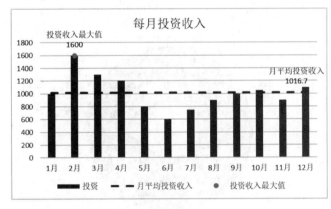

图 6.169　投资收入组合饼图

2. 在"支出"工作表的 O 列计算各项开支全年支出总额,在"全年各类支出总额"工作表 B2 至 B4 单元格区域计算全年各类支出总额。在"支出"工作表中制作全年各类支出及各项支出分布的组合饼图,如图 6.170 所示。其中内层为三类支出分布比例,在扇形区域内显示使用分行符间隔的类别、百分比数据标签,外层为各项支出的分布比例,在扇形区域外显示使用逗号隔开的类别、百分比数据标签。★★

3. Excel 图表类型中的旭日图使用同心圆环表示分层数据。选择"支出"工作表中的数据制作全年各类开支和各项开支分布的旭日图,作为独立图表放置在新工作表"支出分布"中,两层圆环区域中均显示用逗号隔开的类别、值数据标签,如图 6.171 所示。观察组合饼图和旭日图的区别。★★

五、在"国内经济数据.xlsx"工作簿中完成以下图表。按要求使用图表筛选和切片器进行筛选。完成后,将文件保存为"E6-5.xlsx"。

1. 在"国民经济分行业增加值"工作表中插入所有经济指标 2012 年至 2021 年增长数据的二维簇状柱形图。使用图表筛选器在图表中筛选数据,只显示 2019 年至 2021 年农林牧渔业增加值和工业增加值,如图 6.172 所示。★

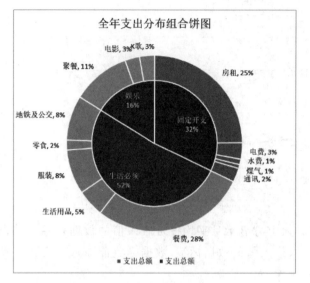

图 6.170 全年支出分布组合饼图

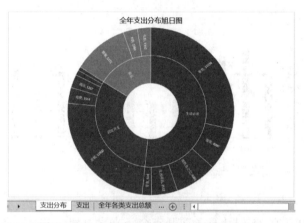

图 6.171 全年支出分布组合饼图和旭日图

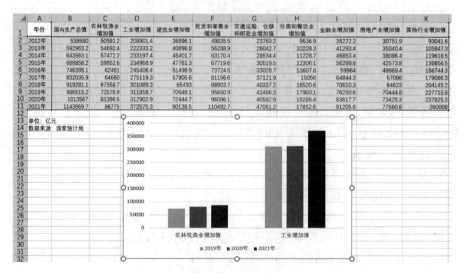

图 6.172 2019年至2021年农林牧渔业及工业增加值柱形图

2. 在"国内生产总值产业增加值"增加值工作表中插入 2012 年至 2021 年三大产业增加值的二维堆积柱形图，类别轴为年份，值轴为各产业国内生产总值，图表标题为"三大产业国内生产总值增加值"。在数据区域中建立自动筛选并设置筛选条件，使堆积柱形图中只显示国内生产总值超过 800 000 亿元年份的增加数据，如图 6.173 所示。★

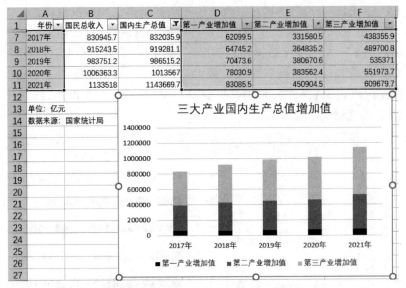

图 6.173 使用自动筛选动态显示三大产业国内生产总值增加值

3. 将"居民人均可支配收入"工作表中的数据列表转换为表格，表名为"人均可支配收入"。在工作表中插入所有省/直辖市居民 2012 年至 2021 年居民人均可支配收入折线图，类别轴是年份，值轴是居民人均可支配收入，图表标题为"居民人均可支配收入"。在表格中插入地区、经济区域切片器，在切片器中选择华东地区的东部沿海和南部沿海经济区域，在折线图中显示所选区域各省市的居民人均可支配收入数据，如图 6.174 所示。★

图 6.174 使用切片器动态显示各省市居民人均可支配收入

六、在"国内经济数据.xlsx"工作簿中添加控件制作动态图表。完成后，将文件保存为"E6-6.xlsx"。

1. 在"国内生产总值季度数据"工作表中按以下要求制作动态条形图。★★

(1) 将 A1 至 E1 单元格区域数据复制到 A16 至 E16 单元格区域,制作动态条形图数据的标题行。

(2) 在 A17 单元格中设置数据验证条件,使该单元格只能在"2012 年"至"2021 年"序列中选择一个年份。

(3) 在 B17 至 E17 单元格区域利用公式建立动态条形图的数据源,当 A17 单元格选择某一年份时,B17 至 E17 单元格显示对应年份各季度的国内生产总值数据。

(4) 制作国内生产总值季度数据动态条形图,显示 A17 单元格所选年份中各季度国内生产总值数据。设置横坐标轴最小值为 0、最大值为 350000,纵坐标轴逆序显示。

(5) 制作完成后,在 A17 单元格中选择"2021 年",使动态条形图中显示 2021 年各季度国内生产总值数据,如图 6.175 所示。

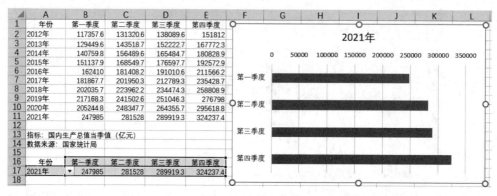

图 6.175　国内生产总值季度数据动态条形图

2. 在"国内生产总值产业增加值"工作表中按以下要求制作动态折线图。★★

(1) 在 A15 至 A17 单元格中插入三个选项按钮,选项显示为"第一产业增加值""第二产业增加值""第三产业增加值",选项按钮选择结果链接到 A18 单元格。

(2) 在 G1 至 G11 单元格区域构造"突出显示"列,在选项按钮中选择某一产业增加值时,G2 至 G11 单元格区域显示对应的产业增加值。

(3) 制作国内生产总值产业增加值动态折线图。图中显示三大产业的产业增加值,采用标准红色突出显示选项按钮中选择的产业增加值折线。

(4) 制作完成后,在选项按钮中选择"第三产业增加值",在折线图中将第三产业增加值突出显示,如图 6.176 所示。

3. 在"国民经济分行业增加值"工作表中按以下要求制作动态柱形图。★★

(1) 在 B16 至 B19 单元格区域中插入四个复选框,将复选框文字分别修改为"农林牧渔业增加值""工业增加值""建筑业增加值""批发和零售业增加值"。设置 4 个复选框分别链接到 A16 至 A19 单元格。

(2) 在 A21 至 E31 单元格区域中构造动态柱形图数据区域,当勾选 B16 至 B19 单元格区域中的复选框时,A21 至 E31 单元格区域中显示 2012 年至 2021 年对应的行业增加值数据,未勾选行业对应标题行显示为空值,数据显示为#N/A错误值。

(3) 制作国内生产总值分行业增加值动态柱形图,显示复选框中勾选的产业 2012 年至 2021 年生产总值增加值。

(4) 制作完成后,勾选"农林牧渔业增加值""工业增加值""批发和零售业增加值"复选

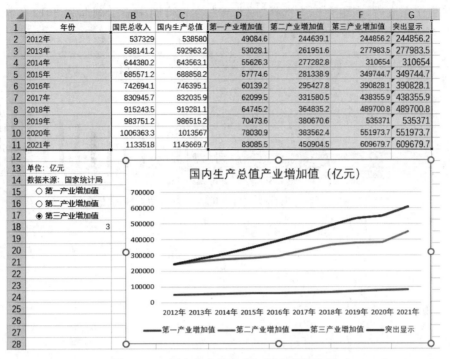

图 6.176 国内生产总值增加值动态折线图

框,在动态柱形图中显示这三个行业的增长数据,如图 6.177 所示。

图 6.177 国内生产总值分行业增加值动态柱形图

4. 在"居民人均可支配收入"工作表中中按以下要求制作动态柱形图。★★

(1) 在 O2 单元格插入组合框控件,设置在组合框中可以选择各省/直辖市的名称,选择结果链接到 N2 单元格。

(2) 定义名称"省市",内容为在组合框中选择的省/直辖市名称时,从数据区域中选取对应省/市名称的公式。

(3) 定义名称"人均可支配收入",内容为在组合框中选择的省/直辖市名称时,从数据区域中选取对应省/市 2012 年至 2021 年居民人均可支配收入数据的公式。

(4) 利用定义的名称"省市"、"人均可支配收入"制作居民人均可支配收入动态柱形图,显示组合框中所选省/直辖市 2012 年至 2021 年的居民人均可支配收入数据,图表标题显示所选省/直辖市名。

（5）制作完成后，在组合框中选择"湖北省"，在柱形图中显示湖北省 2012 年至 2021 年居民人均可支配收入数据，如图 6.178 所示。

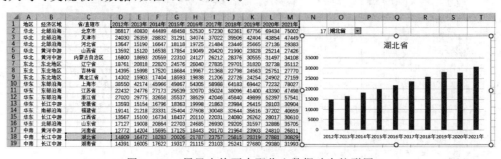

图 6.178　居民人均可支配收入数据动态柱形图

第 7 章 数据透视表与数据透视图

7.1 基本数据透视表与数据透视图

范例要求

打开“文具销售.xlsx”工作簿，使用“上半年销售数据”工作表中的文具销售数据创建以下数据透视表和数据透视图。

1. 创建基本数据透视表和数据透视图★

创建数据透视表，将类型作为行标签，品牌作为列标签，显示各品牌每类笔的总销售额。数据透视表放置在名为“各类笔销售额”的新工作表中。根据数据透视表创建数据透视图，透视图采用二维簇状柱形图，放置在“各类笔销售额”工作表中，如图 7.1 所示。

求和项:销售额	列标签			
行标签	白帆	晨星	高博	总计
钢笔	780	965		1745
可擦笔	620	1104	384	2108
签字笔		714	1548	2262
荧光笔		531		531
中性笔	338	218	752	1308
自动铅笔	294	369		663
总计	2032	3901	2684	8617

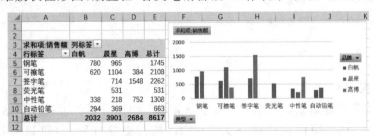

图 7.1 各类笔销售额数据透视表

2. 使用报表筛选页分解数据透视表★

创建数据透视表，将品牌作为行标签，类型作为列标签，销售店铺作为筛选器，统计各店铺不同品牌各类笔的总销量，如图 7.2 所示。数据透视表放置在名为“各品牌总销量”的新工作表中。使用报表筛选页将三个店铺的各品牌总销售额分解到三个单独的工作表中，每个工作表的名称为对应店铺名称。

销售店铺	(全部)						
求和项:销量	列标签						
行标签	钢笔	可擦笔	签字笔	荧光笔	中性笔	自动铅笔	总计
白帆	195	124			169	147	635
晨星	193	184	238	177	109	123	1024
高博		48	258		188		494
总计	388	356	496	177	466	270	2153

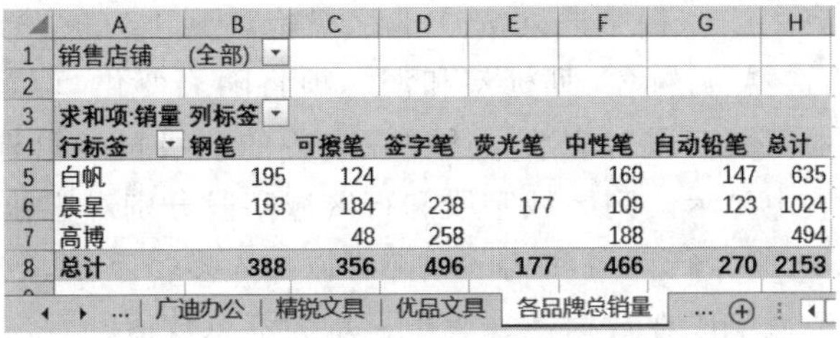

图 7.2 各品牌总销量数据透视表

3. 设置值字段显示方式★

创建数据透视表，将品牌作为筛选器，类型作为行标签，统计晨星品牌每类笔的销量占该品牌所有笔总销量的百分比和销量排名，不显示行、列总计，如图 7.3 所示。数据透视表放置在名为"晨星笔销量分布"的新工作表中。

4. 使用计算字段和计算项进行计算★★

（1）创建数据透视表，将品牌作为行标签，类型作为列标签，显示各品牌每类笔销售获得的总利润，如图 7.4 所示。其中销售利润为销售额的 20%。数据透视表放置在名为"各品牌各类笔利润"的新工作表中。

品牌	晨星	
行标签	销量占比	销量排名
钢笔	18.85%	2
可擦笔	17.97%	3
签字笔	23.24%	1
荧光笔	17.29%	4
中性笔	10.64%	6
自动铅笔	12.01%	5

图 7.3 晨星笔销量分布数据透视表

（2）复制"上半年销售数据"工作表，命名为"白帆晨星销量对比"。根据复制的工作表中的数据创建数据透视表，将类型作为行标签，品牌作为列标签，显示白帆、晨星两个品牌各类笔的销量和白帆与晨星销量的差值，不显示行总计，如图 7.5 所示。数据透视表放置在"白帆晨星销量对比"工作表从 I1 单元格开始的区域中。

求和项:利润	列标签						
行标签	钢笔	可擦笔	签字笔	荧光笔	中性笔	自动铅笔	总计
白帆	156	124	0	0	67.6	58.8	406.4
晨星	193	220.8	142.8	106.2	43.6	73.8	780.2
高博	0	76.8	309.6	0	150.4	0	536.8
总计	349	421.6	452.4	106.2	261.6	132.6	1723.4

图 7.4 各品牌各类笔利润数据透视表

求和项:销量	列标签		
行标签	白帆	晨星	白帆-晨星
钢笔	195	193	2
可擦笔	124	184	-60
签字笔		238	-238
荧光笔		177	-177
中性笔	169	109	60
自动铅笔	147	123	24
总计	635	1024	-389

图 7.5 白帆晨星品牌销量对比数据透视表

相关知识

1. 数据透视表

数据透视表是快速对大量数据进行交互式汇总、统计、分析的工具。数据透视表可以将工作表中的数据区域、结构化表格作为数据源，进行交互分析，也可以连接外部数据源（Access 数据库、ODBC 数据源、文本文件、XML 文件、Web 查询、OLAP 查询、数据库查询等），对外部数据进行分析统计。

选择数据区域或表格中的任意单元格，单击"插入"选项卡"表格"组中的"数据透视表"按钮，打开如图 7.6 所示"创建数据透视表"对话框，在对话框中选择数据源所在的表或区域，设置数据透视表的位置，单击"确定"按钮，创建数据透视表。

单击数据透视表中的任意位置，将显示"数据透视表字段"窗格，其中字段列表中包含数据区域或表格中的所有字段。将字段列表中的字段拖动到下方的筛选器、列、行和值区域中，数据透视表中的筛选器、行标签、列标签和汇总项将随之变化，动态显示分组统计结果，如图 7.7 所示。筛选器区域字段对应数据透视表上方的顶级报表筛选器，可以筛选字段中的部分值在数据透视表中显示。列区域字段和行区域字段分别对应数据透视表中的列标签和行标签，用于对数据分组。行区域和列区域都可以加入多个字段，数据透视表中将按字段的层次结构展示。值区域字段在数据透视表中显示为汇总数值。

2. 数据透视图

数据透视图是根据数据透视表的结果创建的图表，利用图表的可视化效果对统计结果进行展示，使用户能更直观地查看数据趋势和对比效果，以便做出明智决策。

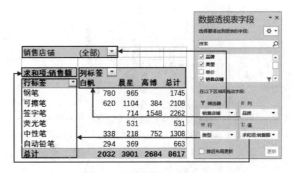

图7.6 "创建数据透视表"对话框　　　　图7.7 设置数据透视表字段

选择数据区域或表格中的任意单元格,单击"插入"选项卡"图表"组中的"数据透视图"按钮,在如图7.8所示"创建数据透视图"对话框中选择数据源所在的表或区域,设置数据透视图的位置,单击"确定"按钮,可以创建数据透视表和对应的数据透视图。对于已经创建的数据透视表,单击数据透视表中的任意位置,在数据透视表工具中"分析"选项卡的"工具"组中单击"数据透视图"按钮,也可以插入数据透视图。

图7.8 "创建数据透视图"对话框

单击数据透视图,窗口右侧将显示"数据透视图字段"窗格。其中筛选器区域字段对应数据透视图上方的顶级报表筛选器,用于筛选对应字段在数据透视图中显示的部分值。数据透视表的列区域字段和行区域字段分别对应数据透视图中的图例和类别轴,值区域字段对应数据透视图中的数据系列,如图7.9所示。在数据透视图中单击筛选器、图例、轴的对应按钮,可以设置各种筛选条件,数据透视图将同步变化。

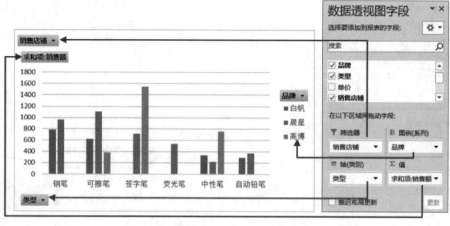

图 7.9 设置数据透视图字段

3. 数据透视表工具与数据透视图工具

单击选定已经插入的数据透视表,Excel 工具栏上方将出现数据透视表工具,其中包括"分析"和"设计"选项卡。"分析"选项卡如图 7.10 所示,用于设置数据透视表的字段、分组、筛选、数据源、计算选项等。"设计"选项卡如图 7.11 所示,用于修改数据透视表的布局、样式等。

图 7.10 数据透视表工具"分析"选项卡

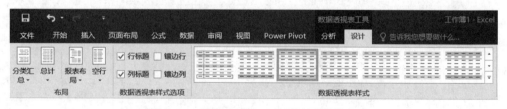

图 7.11 数据透视表工具"设计"选项卡

单击选定已经插入的数据透视图,Excel 工具栏上方将出现数据透视图工具,其中包括"分析""设计"和"格式"选项卡,如图 7.12 所示。其中"分析"选项卡用于设置数据透视图的字段、筛选、数据源、计算选项等,"设计"选项卡用于设置数据透视图的布局、样式、数据源、图表类型、位置,"格式"选项卡用于设置数据透视图中对象的格式。

图 7.12 数据透视图工具"设计"选项卡

4. 值字段设置

数据透视表可以对值区域中的字段进行汇总计算。将字段加入值区域后，单击字段，在菜单中选择"值字段设置"命令，可以在"值字段设置"对话框中设置值汇总方式和值显示方式，如图7.13所示。在"值汇总方式"选项卡中，可以选择求和、计数、平均值、最大值、最小值、乘积等计算类型进行计算。在"值显示方式"选项卡中，可以改变透视表中汇总数值的显示方式，例如将每项汇总结果显示为行或列汇总的百分比形式。

图7.13 "值字段设置"对话框

5. 计算字段和计算项

数据透视表中除了在值字段中可以对数据进行计算以外，还可以在行或列中使用计算字段和计算项进行计算。

计算字段是对字段中的所有值进行计算，产生一个新字段，新字段可以放置在数据透视表的行、列或值区域中。插入数据透视表后，选择数据透视表中的任意单元格，单击数据透视表工具"分析"选项卡下"计算"组中的"字段、项目和集"按钮，在菜单中选择"计算字段"，在"插入计算字段"对话框中设置字段名称和公式，单击"添加"按钮，可以在字段列表中添加计算字段。单击"确定"按钮，添加的计算字段自动放入值区域进行汇总。例如根据上半年销量的1.2倍计算下半年的预计销量，计算字段设置及数据透视表计算结果如图7.14所示。

求和项:下半年预计销量	列标签			
行标签	白帆	晨星	高博	总计
钢笔	234	231.6		465.6
可擦笔	148.8	220.8	57.6	427.2
签字笔	0	285.6	309.6	595.2
荧光笔	0	212.4	0	212.4
中性笔	202.8	130.8	225.6	559.2
自动铅笔	176.4	147.6	0	324
总计	762	1228.8	592.8	2583.6

图7.14 使用计算字段预测下半年销量

计算项是对数据透视表中行标签或列标签字段中指定的数据项进行计算,即对同行或同列中计算结果数据进行指定计算。插入数据透视表后,选择透视表行标签或列标签中的一项,单击数据透视表工具"分析"选项卡"计算"组中的"字段、项目和集"按钮,在菜单中选择"计算项",在"在(选定标签对应字段)中插入计算字段"对话框中设置计算项名称和计算公式,单击"添加"按钮,可以在选定的行标签或列标签中添加计算项,显示公式的计算结果。例如比较钢笔和中性笔的销量,应该选择类型行标签,在"在类型中插入计算字段"对话框中选择"类型"字段,并在"项"列表中双击钢笔和中性笔,建立公式:=钢笔-中性笔,并在上方文本框中输入标签名称"钢笔中性笔销量差",如图 7.15 所示。单击"确定"按钮,计算结果加入到数据透视表的最后一行。

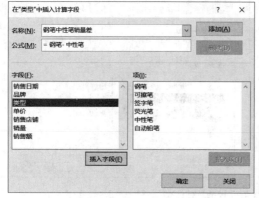

图 7.15　插入计算项对比两个店铺销售额

操作步骤

1. 创建基本数据透视表和数据透视图

(1)打开"文件销售.xlsx"工作簿,选择"上半年销售数据"工作表数据区域中的任意单元格,单击"插入"选项卡"表格"组中的"数据透视表"按钮。在"创建数据透视表"对话框中设置表/区域为"上半年销售数据!$A$1:$G$201",数据透视表放置在新工作表中,单击"确定"按钮。

(2)在"数据透视表字段"窗格中将"销售店铺"字段拖动到列区域中,将"类型"字段拖动到行区域中,将"销售额"字段拖动到值区域中,系统默认设置对销售额求和,如图 7.16 所示。将数据透视表所在工作表名修改为"各类笔销售额"。

(3)选择数据透视表中的任意单元格,单击数据透视表工具"分析"选项卡"工具"组中的"数据透视图"按钮,在"插入图表"对话框中选择二维簇状柱形图,根据数据透视表中的数据生成对应数据透视图,如图 7.17 所示。

2. 使用报表筛选页分解数据透视表

(1)选择"上半年销售数据"工作表数据区域中的任意单元格,插入数据透视表,放置在新工作表中。

(2)在"数据透视表字段"窗格中将"销售店铺"字段拖动到筛选器区域中,将"品牌"字段拖动到行区域中,将"类型"字段拖动到列区域中,将"销量"字段拖动到值区域中,设置计算方式为求和,如图 7.18 所示。将数据透视表所在工作表名修改为"各品牌总销量"。

图 7.16　创建各店铺各类笔销售额数据透视表

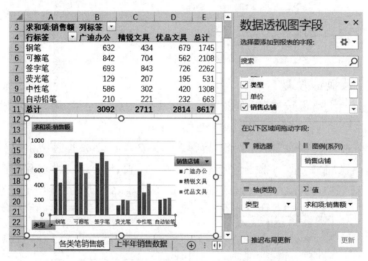

图 7.17　根据数据透视表创建数据透视图

图 7.18　创建各品牌各类笔销量数据透视表

（3）单击数据透视表顶端"销售店铺"筛选器，选择不同店铺，数据透视表中显示对应店铺各品牌各类笔的销量。

（4）在"销售店铺"筛选器中选择"全部"，选择数据透视表中的任意单元格，单击数据透视表工具"分析"选项卡"数据透视表"组"选项"按钮右侧的三角按钮，在菜单中选择"显示报表筛选页"命令，在"显示报表筛选页"对话框中选择"销售店铺"字段，单击"确定"按钮。系统在数据透视表中分别筛选广迪办公、精锐文具、优品文具的销量数据，并将三个店销量统计结果分别放置在新建的"广迪办公""精锐文具""优品文具"工作表中，如图7.19所示。

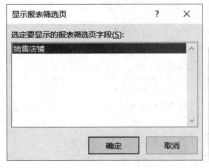
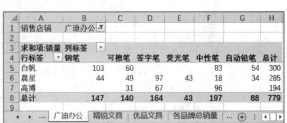

图 7.19　分解数据透视表到不同工作表

3. 设置值字段显示方式

（1）选择"上半年销售数据"工作表数据区域中的任意单元格，插入数据透视表，放置在新工作表中。

（2）将"数据透视表字段"窗格中将"品牌"字段拖动到筛选器区域中，将"类型"字段拖动到行区域中，两次将"销量"字段拖动到值区域中，设置计算方式为求和，在筛选器中选择品牌为晨星，如图7.20所示。将数据透视表所在工作表名修改为"晨星笔销量分布"。

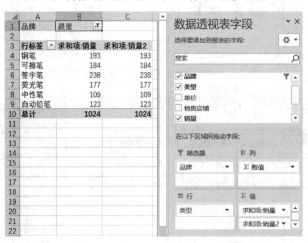

图 7.20　创建晨星品牌各类笔销量数据透视表

（3）单击值区域中"求和项：销量"按钮，在菜单中选择"值字段设置"命令，在"值字段设置"对话框"值显示方式"选项卡下选择"列汇总的百分比"，在上方自定义名称文本框中输入"销量占比"，如图7.21所示，单击"确定"按钮。采用相同方法修改值区域中"求和项：销量2"的值字段设置，设置值显示方式为"降序排列"，并将自定义名称改为"销量排名"。

(4)选择数据透视表中的任意一个销量单元格,单击数据透视表工具"设计"选项卡"布局"组中的"总计"按钮,在菜单中选择"对行和列禁用"命令,在数据透视表中不显示行和列的总计百分比,如图7.22所示。

图7.21 设置值字段显示方式为列汇总的百分比   图7.22 不显示行列总计值

4. 使用计算字段和计算项进行计算

(1)选择"上半年销售数据"工作表数据区域中的任意单元格,插入数据透视表,放置在新工作表中。

(2)将"数据透视表字段"窗格中将"品牌"字段拖动到行区域中,将"类型"字段拖动到列区域中。将数据透视表所在工作表名修改为"各品牌各类笔利润"。

(3)选择数据透视表中的任意单元格,单击数据透视表工具"分析"选项卡"计算"组中的"字段、项目和集"按钮,在菜单中选择"计算字段"命令。在"插入计算字段"对话框中设置名称为"利润",公式为:=销售额*0.2,如图7.23所示。单击"添加"按钮,将利润字段添加到字段列表中。单击"确定"按钮,将利润字段添加到值区域中,进行求和计算,如图7.24所示。

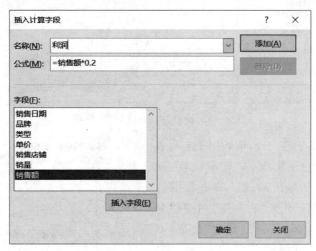

图7.23 插入利润字段

图 7.24　计算各品牌各类笔利润和

（4）复制"上半年销售数据"工作表，命名为"白帆晨星销量对比"。

（5）选择"白帆晨星品牌销量对比"工作表数据区域中的任意单元格，插入数据透视表，设置数据透视表放置在当前工作表 I1 单元格开始的区域中。

（6）在"数据透视表字段"窗格中，将"类型"字段拖动到行区域中，将"品牌"字段拖动到列区域中。将"销量"字段拖动到值区域中，对销量求和。

（7）选择列标签中的任意单元格，单击数据透视表工具"分析"选项卡"计算"组中的"字段、项目和集"按钮，在菜单中选择"计算项"命令。在"在品牌中插入计算字段"对话框中设置名称为"白帆-晨星"，公式为：＝白帆-晨星，如图 7.25 所示。单击"添加"按钮，将"白帆-晨星"加入品牌字段的项中。单击"确定"按钮，将"白帆-晨星"计算项添加到列标签中。

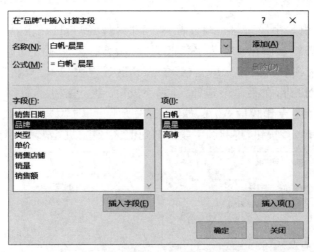

图 7.25　设置"白帆-晨星"计算项

（8）单击列标签右侧三角形，在筛选列表中取消高博品牌前的复选框，只显示白帆、晨星两个品牌销量以及对比情况。单击数据透视表工具的"设计"选项卡"布局"组中的"总计"按钮，在菜单中选择"仅对列启用"命令，不显示行总计，如图 7.26 所示。

求和项:销量	列标签		
行标签	白帆	晨星	白帆-晨星
钢笔	195	193	2
可擦笔	124	184	-60
签字笔		238	-238
荧光笔		177	-177
中性笔	169	109	60
自动铅笔	147	123	24
总计	635	1024	-389

图 7.26　显示白帆、晨星品牌销量以及对比情况

注意问题

1. 数据透视表和数据透视图的刷新

数据透视表和数据透视图对应数据源中的数据发生变化后，数据透视表和数据透视图不会立刻显示修改后的计算结果，需要手动进行刷新。

右键单击数据透视表，在快捷菜单中选择“刷新”命令，可以刷新数据透视表。右键单击数据透视图，在快捷菜单中选择“刷新数据”命令，可以刷新数据透视图。当数据透视表刷新时，对应的数据透视图会一同更新。

2. 数据透视图与标准图表的差别

数据透视图由数据透视表的数据创建，可以使用除散点图、股价图、气泡图以外的各种图表类型。在数据透视图中选择数据系列、数据点、分类轴、值轴、图例等各种对象，在“设置格式”窗格中可以设置对象的各项属性，设置方法和标准图表相同。

数据透视图的数据源是数据透视表，不能像标准图表一样在“选择数据源”对话框中修改图表数据源对应区域、编辑图例项(系列)和水平(分类)轴标签。如果要改变数据透视图的数据源，应该在“数据透视图工具”的“分析”选项卡“数据”组中选择“更改数据源”，其对应的数据透视表的数据源将一同更改。如果交换数据透视图坐标轴上的数据(切换行/列)，数据透视表的行列也将同时切换。

除了标准图表中的各种对象以外，数据透视图中还显示行标签、列标签和筛选器按钮，通过这些按钮可以对数据透视图中显示的数据进行筛选，只显示满足条件的数据。

3. 计算项不可用问题

在使用计算项进行计算时，如果计算项所在字段在同数据源的其他数据透视表中作为筛选器使用，系统将不允许添加该字段作为计算项。如果数据透视表的值字段中有平均值、标准偏差和方差计算时，也不能使用计算项。对于以上两种情况，可以修改数据透视表，或者使用公式等其他方法进行计算，也可以复制数据源，使用复制的数据源生成数据透视表，避免同一数据源的数据透视表之间互相影响。

7.2 分级显示及分组

范例要求

打开“文具销售.xlsx”工作簿，创建以下数据透视表。

1. 对多个字段分级显示★

根据“上半年销售数据”工作表中的文具销售数据创建数据透视表，显示各品牌每类笔在各店铺的总销量。要求品牌和类型作为行标签，销售店铺作为列标签，透视表以表格形式显示，品牌列中同一品牌的单元格合并且居中显示，在各品牌下方显示分类汇总，如图 7.27 所示。数据透视表放置在名为“各品牌每种笔销量”的新工作表中。

求和项:销量		销售店铺			
品牌	类型	广迪办公	精锐文具	优品文具	总计
白帆	钢笔	103	46	46	195
	可擦笔	60	46	18	124
	中性笔	83	35	51	169
	自动铅笔	54	58	35	147
白帆 汇总		300	185	150	635
晨星	钢笔	44	50	99	193
	可擦笔	49	71	64	184
	签字笔	97	67	74	238
	荧光笔	43	69	65	177
	中性笔	18	36	55	109
	自动铅笔	34	35	54	123
晨星 汇总		285	328	411	1024
高博	可擦笔	31	6	11	48
	签字笔	67	107	84	258
	中性笔	96	40	52	188
高博 汇总		194	153	147	494
总计		779	666	708	2153

图 7.27 各品牌每种笔销量分级统计数据透视表

2. 对日期字段分组★

(1) 使用"上半年销售数据"工作表中的文具销售数据创建数据透视表,显示各品牌笔每季度及每月的总销售额。设置行标签为品牌,列标签为季度和月,透视表以大纲形式显示,放置在名为"各品牌每季度销售额"的新工作表中。设置完成后,显示第一季的总销售额以及第二季每个月的销售额,如图 7.28 所示。

(2) 复制"上半年销售数据"工作表,命名为"5月各店铺每周销售额"。利用复制的工作表中的销售数据创建数据透视表,显示各店铺5月每周的总销售额,行标签为销售日期时间段,列标签为销售店铺,透视表以表格形式显示,所有空单元格显示为0,如图 7.29 所示。数据透视表放置在"5月各店铺每周销售额"工作表从 I1 单元格开始的区域中。

求和项:销售额	季度	月			总计
	第一季	第二季			
品牌		4月	5月	6月	
白帆	980	146	472	434	2032
晨星	1836	762	709	594	3901
高博	1044	424	762	454	2684
总计	3860	1332	1943	1482	8617

图 7.28 各品牌每季度销售额数据透视表

求和项:销售额	销售店铺			
销售日期(周)	广迪办公	精锐文具	优品文具	总计
5月1周	136	53	114	303
5月2周	427	51	144	622
5月3周	296	183	98	577
5月4周	0	215	0	215
5月5周	132	94	0	226
总计	991	596	356	1943

图 7.29 5月各店铺每周销售额数据透视表

3. 自定义文本字段分组★

复制"上半年销售数据"工作表,命名为"国产进口品牌销售额"。已知在文具品牌中,晨星、白帆为国产品牌,高博为进口品牌。在"国产进口品牌销售额"工作表中创建数据透视表显示国产、进口各品牌各类笔的总销售额,行标签依次为品牌类别、品牌,列标签为类型。要求按国产、进口品牌分组,数据透视表以大纲形式显示,在每组的首行显示该组品牌的总销售额,如图 7.30 所示。数据透视表放置在"国产进口品牌销售额"工作表从 I1 单元格开始的区域中。

求和项:销售额		类型						
品牌类别	品牌	钢笔	可擦笔	签字笔	荧光笔	中性笔	自动铅笔	总计
⊟国产品牌		1745	1724	714	531	556	663	5933
	白帆	780	620			338	294	2032
	晨星	965	1104	714	531	218	369	3901
⊟进口品牌			384	1548		752		2684
	高博		384	1548		752		2684
总计		1745	2108	2262	531	1308	663	8617

图 7.30 国产进口品牌销售额数据透视表

4. 对数值字段分组★

根据"上半年销售数据"工作表中的文具销售数据创建数据透视表,显示各店铺销售额在1~50元、51~100元、101~150元、150~200元的各类订单数量。要求销售额分档为行标签,销售店铺为列标签,对销售日期计数,透视表以表格形式显示,如图 7.31 所示。数据透视表放置在名为"各店铺各档销售额订单数"的新工作表中。

计数项:销售日期	销售店铺			
销售额	广迪办公	精锐文具	优品文具	总计
1-50	42	43	46	131
51-100	25	19	15	59
101-150	1	3	5	9
151-200	1			1
总计	69	65	66	200

图 7.31 各店铺各档销售额订单数数据透视表

相关知识

1. 分级显示字段

在数据透视表的行标签和列标签中可以添加多个字段。当行标签或列标签中包含多个字段时,各字段采用分级方式嵌套显示,并对数据进行分类汇总,如图 7.32 所示。单击行标签中的"-"折叠按钮,可以折叠下级数据。第 2 级字段折叠后,单击"+"展开按钮,可以展开下级数据。

2. 分组

在数据透视表中,对行或列标签中的数据项进行分组,可以对分组的数据子集进行分类汇总统计。选定行标签或列标签中某个字段中的数据项,单击数据透视表工具的"分析"选项卡"分组"组中的"组选择"按钮,可以在数据透视表中添加分组。

图 7.32 数据透视表分级显示

对于文本型字段,直接选择要组合的数据项建立分组。对于日期型字段和数值型字段,分组时需要在"组合"对话框中设置组合起点、终点和步长,如图 7.33 所示。

图 7.33 设置日期型、数值型字段组合起点、终点和步长

添加分组后,数据透视表将增加一个组合的新字段,并将新字段放置在原字段所在的行标签或列标签,并分级显示。

选择分组字段中的数据项,单击数据透视表工具"分析"选项卡"分组"组中的"取消组合"按钮,将取消分组并删除分组字段。

3. 报表布局

数据透视表的报表有压缩形式、大纲形式、表格形式三种布局。创建数据透视表后,选择数据透视表工具"设计"选项卡"布局"组中的"报表布局"按钮,可以选择报表的显示形式。

压缩形式在一列或一行中显示各级字段,使用缩进区分不同字段中的项目,如图 7.34 所示。单击字段前的展开按钮"+"或折叠按钮"-",可以显示或隐藏下一级的详细信息。压缩布局形式中行、列标签占用的空间较少，汇总数据有更大的显示空间，使数据透视表更具可读性，是数据透视表的默认布局形式。

求和项:销量	列标签						
行标签	钢笔	可擦笔	签字笔	荧光笔	中性笔	自动铅笔	总计
⊟广迪办公	147	140	164	43	197	88	779
白帆	103	60			83	54	300
晨星	44	49	97	43	18	34	285
高博		31	67		96		194
⊟精锐文具	96	123	174	69	111	93	666
白帆	46	46			35	58	185
晨星	50	71	67	69	36	35	328
高博		6	107		40		153
⊟优品文具	145	93	158	65	158	89	708
白帆	46	18			51	35	150
晨星	99	64	74	65	55	54	411
高博		11	84		52		147
总计	388	356	496	177	466	270	2153

图 7.34　压缩形式布局

大纲形式将分组中的各级字段分别显示为一列/行，每列/行以字段名为标题，默认在每个分组的第一行显示分组的分类汇总，不显示级别内部的网格线，如图 7.35 所示。

求和项:销量		类型						
销售店铺	品牌	钢笔	可擦笔	签字笔	荧光笔	中性笔	自动铅笔	总计
⊟广迪办公		147	140	164	43	197	88	779
	白帆	103	60			83	54	300
	晨星	44	49	97	43	18	34	285
	高博		31	67		96		194
⊟精锐文具		96	123	174	69	111	93	666
	白帆	46	46			35	58	185
	晨星	50	71	67	69	36	35	328
	高博		6	107		40		153
⊟优品文具		145	93	158	65	158	89	708
	白帆	46	18			51	35	150
	晨星	99	64	74	65	55	54	411
	高博		11	84		52		147
总计		388	356	496	177	466	270	2153

图 7.35　大纲形式布局

表格形式将分组中的每个字段显示为一列/行，每列/行以字段名作为标题，默认在每个分组下方显示分类汇总，如图 7.36 所示。

求和项:销量		类型						
销售店铺	品牌	钢笔	可擦笔	签字笔	荧光笔	中性笔	自动铅笔	总计
⊟广迪办公	白帆	103	60			83	54	300
	晨星	44	49	97	43	18	34	285
	高博		31	67		96		194
广迪办公 汇总		147	140	164	43	197	88	779
⊟精锐文具	白帆	46	46			35	58	185
	晨星	50	71	67	69	36	35	328
	高博		6	107		40		153
精锐文具 汇总		96	123	174	69	111	93	666
⊟优品文具	白帆	46	18			51	35	150
	晨星	99	64	74	65	55	54	411
	高博		11	84		52		147
优品文具 汇总		145	93	158	65	158	89	708
总计		388	356	496	177	466	270	2153

图 7.36　表格形式布局

操作步骤

1. 对多个字段分级显示

（1）打开“文具销售. xlsx”工作簿，选择“上半年销售数据”工作表数据区域中的任意单元格，插入数据透视表，放置在新工作表中。

（2）在“数据透视表字段”窗格中将“品牌”“类型”字段依次拖动到行区域中，将“销售店铺”字段拖动到列区域中，将“销量”字段拖动到值区域中，设置计算方式为求和。将数据透视表所在工作表名修改为“各品牌每种笔销量”。

(3) 选择数据透视表中的任意单元格，单击数据透视表工具的“设计”选项卡“布局”组中的“分类汇总”按钮，选择“以组的底部显示所有分类汇总”，单击“报表布局”按钮，选择“以表格形式显示”，如图 7.37 所示。

	A	B	C	D	E	F
3	求和项:销量		销售店铺			
4	品牌	类型	广迪办公	精锐文具	优品文具	总计
5	⊟白帆	钢笔	103	46	46	195
6		可擦笔	60	46	18	124
7		中性笔	83	35	51	169
8		自动铅笔	54	58	35	147
9	白帆 汇总		300	185	150	635
10	⊟晨星	钢笔	44	50	99	193
11		可擦笔	49	71	64	184
12		签字笔	97	67	74	238
13		荧光笔	43	69	65	177
14		中性笔	18	36	55	109
15		自动铅笔	34	35	54	123
16	晨星 汇总		285	328	411	1024
17	⊟高博	可擦笔	31	6	11	48
18		签字笔	67	107	84	258
19		中性笔	96	40	52	188
20	高博 汇总		194	153	147	494
21	总计		779	666	708	2153
22						
23						

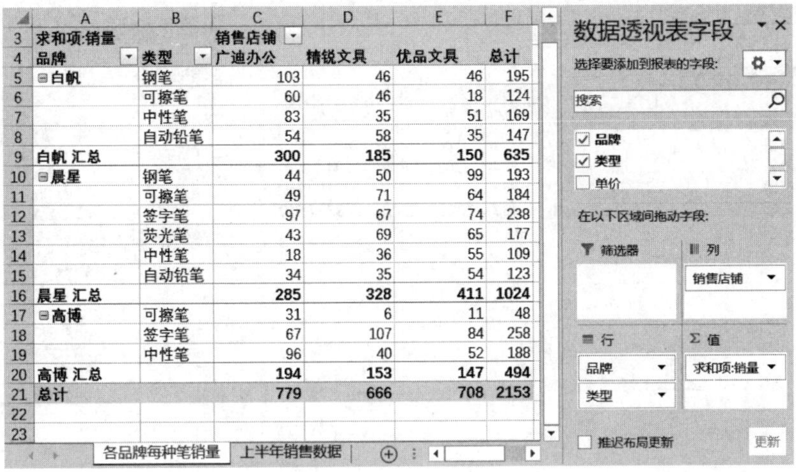

图 7.37　以表格形式显示各品牌每种笔在各店铺销量及汇总

(4) 右键单击数据透视表中的任意单元格，在快捷菜单中选择“数据透视表选项”命令，在“数据透视表选项”对话框中勾选“合并且居中排列带标签的单元格”复选框，如图 7.38 所示，使品牌列中的同一品牌单元格合并居中显示。

	A	B	C	D	E	F
1						
2						
3	求和项:销量		销售店铺			
4	品牌	类型	广迪办公	精锐文具	优品文具	总计
5	⊟ 白帆	钢笔	103	46	46	195
6		可擦笔	60	46	18	124
7		中性笔	83	35	51	169
8		自动铅笔	54	58	35	147
9	白帆 汇总		300	185	150	635
10	⊟ 晨星	钢笔	44	50	99	193
11		可擦笔	49	71	64	184
12		签字笔	97	67	74	238
13		荧光笔	43	69	65	177
14		中性笔	18	36	55	109
15		自动铅笔	34	35	54	123
16	晨星 汇总		285	328	411	1024
17	⊟ 高博	可擦笔	31	6	11	48
18		签字笔	67	107	84	258
19		中性笔	96	40	52	188
20	高博 汇总		194	153	147	494
21	总计		779	666	708	2153

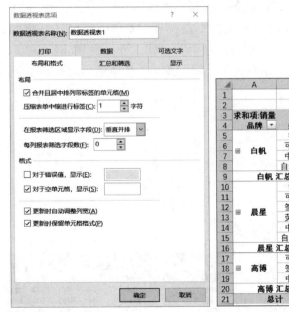

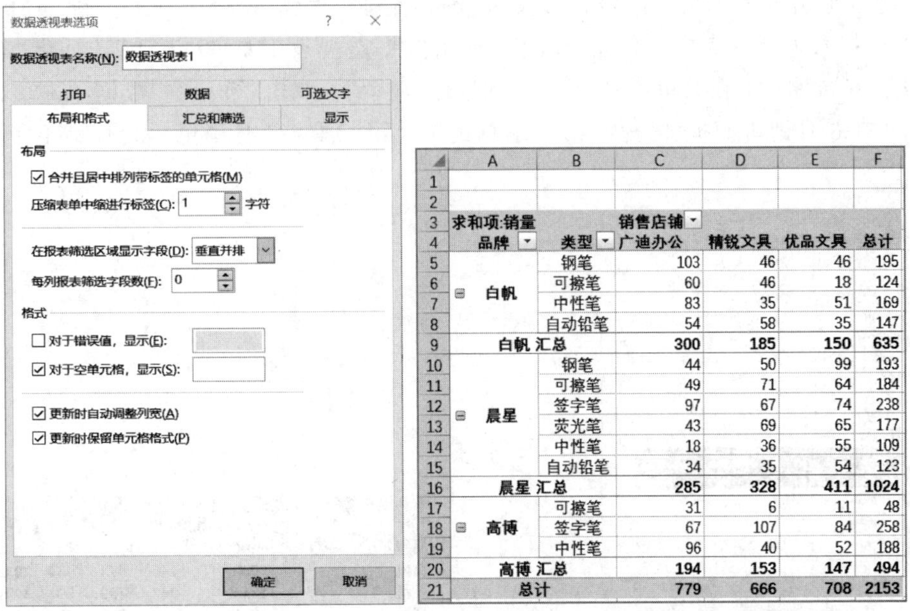

图 7.38　设置合并且居中排列带标签的单元格

2. 对日期字段分组

(1) 选择“上半年销售数据”工作表数据区域中的任意单元格，插入数据透视表，放置在新工作表中。

(2) 在"数据透视表字段"窗格中将"品牌"字段拖动到行区域中,将"销售日期"字段拖动到列区域中,将"销售额"字段拖动到值区域中,设置计算方式为求和。系统自动在字段列表中添加"月"字段,并将"月"字段添加到列区域中,作为列标签在数据透视图中分组显示,如图7.39所示。

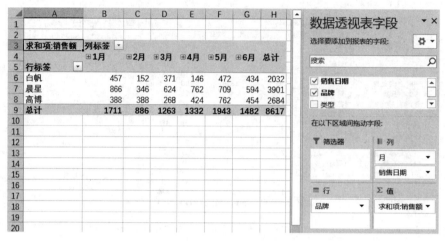

图 7.39　按月分组显示各品牌销售额

(3) 选择列标签中的任意月份单元格,单击数据透视表工具"分析"选项卡"分组"组中的"组选择"按钮。在"组合"对话框的"步长"列表框中选择"季度""月"字段,取消选择"日"字段,如图7.40所示。单击"确定"按钮修改销售日期分组级别。将"销售日期"列标签修改为"月",将数据透视表所在工作表名修改为"各品牌每季度销售额"。

(4) 选择数据透视表中的任意单元格,单击数据透视表工具的"设计"选项卡"布局"组中的"报表布局"按钮,在菜单中选择"以大纲形式显示"。双击"第一季"数据项左侧的"-"折叠按钮,将1-3月销售额折叠,显示第一季总销量及第二季4-6月销量,如图7.41所示。

图 7.40　设置销售日期字段分组级别　　图 7.41　以大纲形式显示各品牌一季度及 4-6 月销售额

(5) 复制"上半年销售数据"工作表,将复制的工作表命名为"5月各店铺每周销售额"。

(6) 选择"5月各店铺每周销售额"工作表数据区域中的任意单元格,插入数据透视表,放置在当前工作表 I1 开始的单元格区域中。

(7) 在"数据透视表字段"窗格中将"销售日期"字段拖动到行区域中,将"销售店铺"字段拖动到列区域中,将"销售额"字段拖动到值区域中,设置计算方式为求和。系统自动在字段中添加"月"字段,并将"月"字段添加到行区域中,作为行标签在数据透视图中分组显示,如图 7.42 所示。

图 7.42　按月分组显示各店铺销售额

(8) 选择行标签中的任意月份单元格,单击数据透视表工具的"分析"选项卡"分组"组中的"组选择"按钮。在"组合"对话框的"步长"列表框中取消选择"月"字段。取消选择自动"起始于"和"终止于"复选框,并设置分组日期起始于"2021-5-1",终止于"2021-5-31",设置步长天数为7,如图 7.43 所示。单击"确定"按钮,按周间隔显示 5 月各店铺销售额。

图 7.43　设置日期分组按周显示数据

(9) 单击行标签右侧的筛选按钮,在菜单中单击"日期筛选"中"期间所有日期"选项中的"五月",只显示 5 月各店铺每周的销售额。

(10) 选择数据透视表中的任意单元格,单击"报表布局"按钮,选择"以表格形式显示"。单击 I2 单元格中的行标签标题"销售日期",在编辑栏中将其修改为"销售日期(周)",分别选择 I3 至 I7 单元格，在编辑栏中依次将行标签数据项修改为"5月第1周"至"5月第5周"。

（11）右键单击数据透视表中的任意单元格，在快捷菜单中选择"数据透视表选项"命令，在"数据透视表选项"对话框中勾选"对于空单元格，显示"复选框，并在右侧文本框中输入：0，如图7.44所示。单击"确定"按钮，在空单元格填入销售额0。

求和项:销售额	销售店铺			
销售日期（周）	广迪办公	精锐文具	优品文具	总计
5月第1周	136	53	114	303
5月第2周	427	51	144	622
5月第3周	296	183	98	577
5月第4周	0	215	0	215
5月第5周	132	94	0	226
总计	991	596	356	1943

图 7.44　在空单元格填入销售额 0

3. 自定义文本字段分组

（1）复制"上半年销售数据"工作表，重命名为"国产进口品牌销量"。

（2）选择"国产进口品牌销量"工作表数据区域中的任意单元格，插入数据透视表，设置数据透视表放置在当前工作表从 I1 单元格开始的区域中。

（3）在"数据透视表字段"窗格中将"品牌"字段拖动到行区域中，将"类型"字段拖动到列区域中，将"销售额"字段拖动到值区域中，设置计算方式为求和。

（4）选择行标签中的"白帆"、"晨星"品牌单元格，单击数据透视表工具"分析"选项卡"分组"组中的"组选择"按钮，在白帆、晨星组上方添加上级分组"数据组1"，系统自动在高博品牌上方添加分组"高博"，并在数据透视表字段窗格的字段列表中添加"品牌2"字段，如图 7.45 所示。

图 7.45　对文本字段分组

(5)选择数据透视表中的任意单元格,单击数据透视表工具"设计"选项卡下"布局"组中的"报表布局"按钮,在菜单中选择"以大纲形式显示"。将行标签"品牌2"字段修改为"品牌类别",将品牌类别中的数据项"数据组1"和"高博"分别修改为"国产品牌"和"进口品牌",如图7.46所示。

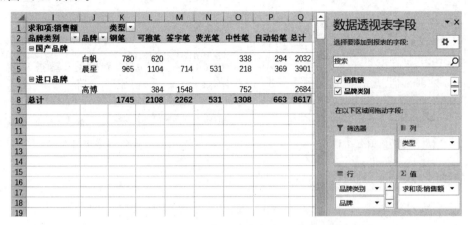

图7.46 设置大纲报表布局和分组名称

(6)选择数据透视表中的任意单元格,单击数据透视表工具的"设计"选项卡下"布局"组中的"分类汇总"按钮,在菜单中选择"在组的顶部显示所有分类汇总",显示国产品牌和进口品牌每类笔的总销售额。

4. 对数值字段分组

(1)选择"上半年销售数据"工作表数据区域中的任意单元格,插入数据透视表,放置在新工作表中。

(2)在"数据透视表字段"窗格中将"销售额"字段拖动到行区域中,将"销售店铺"字段拖动到列区域中,将"销售日期"字段拖动到值区域中,设置计算方式为计数,如图7.47所示。

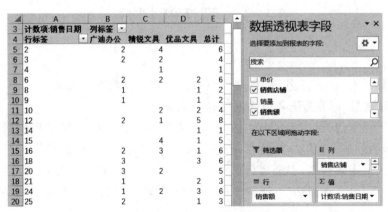

图7.47 按销售额统计各店铺订单数

(3)选择行标签中的任意销售额单元格,单击数据透视表工具的"分析"选项卡"分组"组中的"组选择"按钮,在"组合"对话框中设置数值分组起始于1,终止于200,步长为50,如图7.48所示,单击"确定"按钮。

(4)选择数据透视表中的任意单元格,单击数据透视表工具的"设计"选项卡"布局"组中的"报表布局"按钮,在菜单中选择"以表格形式显示",如图7.49所示。将数据透视表所在工作表名修改为"各店铺各档销售额订单数"。

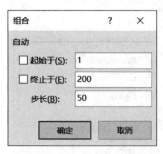

计数项销售日期	销售店铺			
销售额	广迪办公	精锐文具	优品文具	总计
1—50	42	43	46	131
51—100	25	19	15	59
101—150	1	3	5	9
151—200	1			1
总计	69	65	66	200

图7.48 设置数值分组选项　　　图7.49 设置表格报表布局

注意问题

1. 多字段分类统计

在数据透视表中,行标签和列标签都可以设置多个字段。为了便于查看和理解,如果数据透视表中要对2个以上字段进行分类统计,通常设置其中一个字段为列标签,其他字段为行标签,在行标签中进行分级显示。

2. 同一数据源的数据透视表相同字段分组问题

如果由同一个数据源创建的两个数据透视表中使用了同一个字段作为行标签或列标签,两个透视表的该字段将采用相同分组。当其中一个数据透视表分组字段改变组合设置,另一个数据透视表的对应字段分组将一同改变。

如果两个数据透视表对应的相同字段要采用不同分组,可以复制数据源,使用不同数据源分别创建数据透视表,再分别分组。

7.3 筛选和切片

范例要求

打开"文具销售.xlsx"工作簿,创建以下数据透视表和数据透视图。

1. 使用筛选器、标签筛选和值筛选筛选数据★

根据"上半年销售数据"工作表中的文具销售数据创建数据透视表和数据透视图,显示精锐文具销售的晨星品牌笔中销量在40支以上的各类笔总销量,类型作为行标签,品牌为列标签,销售店铺为筛选器,不显示行总计。数据透视图使用饼图,显示满足筛选条件的各类笔销量分布百分比,如图7.50所示。数据透视表放置在名为"精锐文具晨星畅销笔销量"的新工作表中。

2. 使用切片器和日程表筛选数据★

根据"上半年销售数据"工作表中的文具销售数据创建数据透视表和数据透视图,显示各品牌各类笔的总销售额,品牌为行标签,类型为列标签。数据透视图使用二维簇状柱形图。插入"销售店铺"切片器和"销售日期"日程表,在切片器中选择精锐文具,在日程表中选

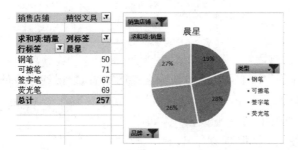

图 7.50　精锐文具晨星畅销笔销量数据透视表及数据透视图

择 3 月，在数据透视表和数据透视图中显示精锐文具 3 月的销售数据，如图 7.51 所示。数据透视表和数据透视图放置在名为"店铺月销售情况"的新工作表中。

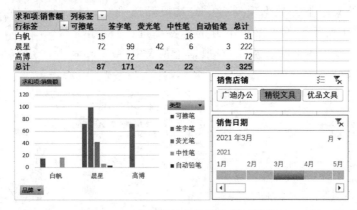

图 7.51　店铺月销售情况数据透视表

3. 将切片器连接多个数据透视表★

根据"上半年销售数据"工作表中的文具销售数据创建数据透视表和数据透视图，显示各店铺中各品牌每月总销量，销售店铺为筛选器，品牌为行标签，月份为列标签，不显示行总计。数据透视表放置在"店铺月销售情况"工作表 J1 单元格开始的区域中，数据透视图采用饼图，放置在切片器右侧。将"销售店铺"切片器和"销售日期"日程表和新建的数据透视表连接，在切片器和日程表中选择精锐文具和 3 月，两个数据透视表和数据透视图同步显示精锐文具 3 月各品牌各类笔的总销售额和各品牌笔的总销量，如图 7.52 所示。

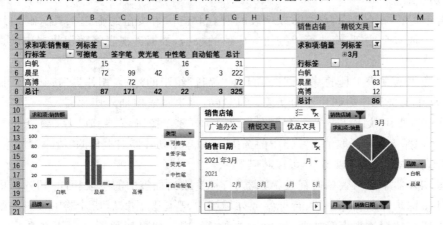

图 7.52　由切片器和日程表控制的数据透视表和数据透视图

相关知识

1. 筛选器

在"数据透视表字段"中将字段拖动到筛选器区域后,数据透视表的顶端将添加筛选器。筛选器默认显示全部数据,单击筛选器右侧的三角按钮,可以选择数据项列表中的一项或多项,如图 7.53 所示。单击"确定"按钮,数据透视表只显示筛选的项目。

2. 行标签和列标签筛选

单击数据透视表行标签或列标签右侧的三角按钮,可以在展开的菜单下方数据项列表中勾选要筛选的项目,如图 7.54 所示。单击菜单下方的标签筛选、值筛选命令,可以设置各种筛选条件,在数据透视表中显示满足条件的数据。

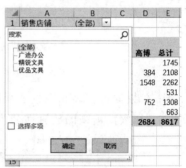

图 7.53　数据透视表筛选器

图 7.54　数据透视表行标签、列标签中的筛选命令

3. 切片器

切片器是以某个字段为标题,以字段的所有取值作为按钮的筛选工具。在切片器中可以选择一个或多个按钮,筛选等于按钮对应值的数据,数据透视表将随切片器中的选择同步变化。

单击数据透视表工具的"分析"选项卡下"筛选"组中的"插入切片器"按钮,在"插入切片器"对话框中勾选要作为切片器的字段,可以在数据透视表中插入切片器。

每个切片器中默认只选择一个按钮,如果要选择多个按钮,需要按切片器上方的"多选"按钮,再进行选择。如果要取消切片器中的选择,可以单击切片器右上角的"清除筛选器"按钮。

选择切片器后,按 Delete 键可以将其删除。

如果切片器字段与数据透视表筛选器、行标签或列标签中的字段相同,切片器中设置的筛选条件将同步显示在筛选器、行标签或列标签中,删除切片器后切片器中设置的筛选条件将继续保留在数据透视表筛选器、行标签或列标签中。如果切片器字段不在数据透视表筛选器、行标签或列标签中,删除切片器后切片器中设置的筛选条件也将一同取消。

一个数据透视表中可以插入多个切片器,在多个切片器中选择按钮设置筛选条件时,数据透视表显示满足所有切片器对应的筛选条件的数据,如图 7.55 所示,即切片器之间是"与"关系。

图 7.55　数据透视表中的切片器

选择切片器,Excel 工具栏上方将出现切片器工具,如图 7.56 所示。其中的"选项"选项卡中可以对切片器的样式、排列、按钮、大小等进行设置。单击"选项"选项卡"切片器"组中的"报表连接"按钮,可以设置切片器与其他数据透视表的连接,如图 7.57 所示。一个切片器可以和多个同一数据源的数据透视表连接,连接后,切片器中的筛选条件将应用到所有连接的数据透视表中。

图 7.56　切片器工具"选项"选项卡

4. 日程表

如果数据透视表行标签或列标签中包含日期型字段,可以单击数据透视表工具的"分析"选项卡"筛选"组中的"插入日程表"按钮,插入日程表。

在日程表右上角的日期类型列表中可以设置日程表类型是年、季度、月或日,然后在下方的滑块中单击筛选指定的年、季度、月或日期,如图 7.58 所示。如果要选择连续的一段时间,可以按住 Shift 键,再选择滑块中的时间。如果要取消日程表中的选择,可以单击日程表右上角的"清除筛选器"按钮。

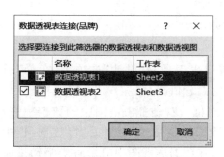

图 7.57　"数据透视表连接"对话框

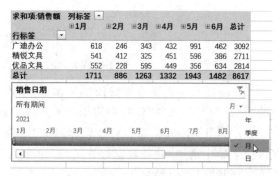

图 7.58　数据透视表中的日程表

操作步骤

1. 使用筛选器、标签筛选和值筛选筛选数据

（1）打开"文具销售.xlsx"工作簿，选择"上半年销售数据"工作表数据区域中的任意单元格，插入数据透视表，放置在新工作表中。

（2）在"数据透视表字段"窗格中将"销售店铺"字段拖动到筛选器区域中，将"类型"字段拖动到行区域中，将"品牌"字段拖动到列区域中，将"销量"字段拖动到值区域中，设置计算方式为求和。将数据透视表所在工作表名修改为"精锐文具晨星畅销笔销量"。

（3）选择数据透视表中的任意单元格，单击数据透视表工具的"分析"选项卡"工具"组中的"插入数据透视图"按钮，在"插入图表"对话框中选择饼图，单击"确定"按钮，系统默认取数据透视表的 A、B 列数据创建白帆品牌各类笔销量饼图，如图 7.59 所示。

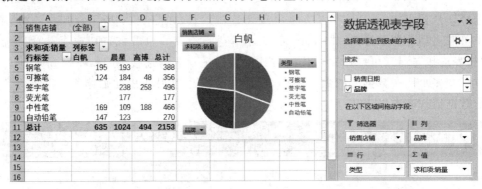

图 7.59 创建各类笔销量数据透视表和数据透视图饼图

（4）单击数据透视表顶端筛选器右侧的三角按钮，在店铺列表中选择"精锐文具"。单击列标签右侧的三角按钮，在列表中选择品牌"晨星"。单击行标签右侧三角按钮，选择"值筛选"选项中的"大于"命令，设置值筛选条件为销量大于 40。设置筛选条件过程中，数据透视图随数据透视表同步变化，如图 7.60 所示。

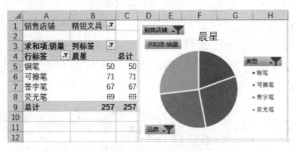

图 7.60 设置筛选器和自动筛选条件

（5）选择数据透视表中的任意单元格，单击数据透视表工具的"设计"选项卡"布局"组中的"总计"按钮，选择"仅对列启用"命令，不显示每行的汇总值。

（6）单击饼图左上角"+"按钮，勾选"数据标签"复选框。右键单击饼图中的数据标签，在快捷菜单中选择"设置数据标签格式"命令，在"设置数据标签格式"窗格的"标签选项"中取消"值"和"显示引导线"复选框，选择"百分比"复选框，在数据透视图中显示各类笔销量所占比例，如图 7.61 所示。

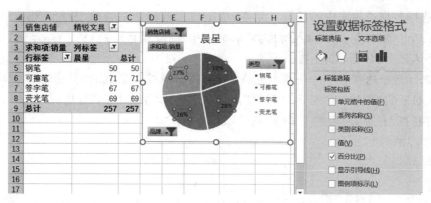

图 7.61　设置饼图数据标签

2. 使用切片器和日程表筛选数据

（1）选择"上半年销售数据"工作表数据区域中的任意单元格，插入数据透视表，放置在新工作表中。选择数据透视表，在"分析"选项卡"数据透视表"组中将数据透视表名称修改为"销售额透视表"。

图 7.62　设置数据透视表名称

（2）在"数据透视表字段"窗格中将"品牌"字段拖动到行区域中，将"类型"字段拖动到列区域中，将"销售额"字段拖动到值区域中，设置计算方式为求和。将数据透视表所在工作表名修改为"店铺月销售情况"。

（3）选择数据透视表中的任意单元格，单击数据透视表工具的"分析"选项卡"工具"组中的"插入数据透视图"按钮，在"插入图表"对话框中选择二维簇状柱形图，单击"确定"按钮，插入对应的数据透视图，如图 7.63 所示。

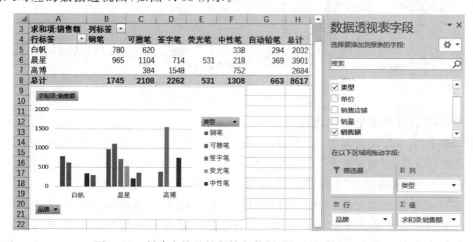

图 7.63　创建店铺月销售情况数据透视图和数据透视表

(4)选择数据透视表中的任意单元格,单击数据透视表工具的"分析"选项卡"筛选"组中的"插入切片器"按钮,在"插入切片器"对话框中选择"销售店铺"复选框,单击"确定"按钮插入"销售店铺"切片器,如图 7.64 所示。

(5)选择数据透视表中的任意单元格,单击数据透视表工具的"分析"选项卡"筛选"组中的"插入日程表"按钮,在"插入日程表"对话框中选择"销售日期"复选框,单击"确定"按钮插入"销售日期"日程表,如图 7.65 所示。

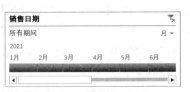

图 7.64　插入销售店铺切片器　　　　　　图 7.65　插入销售日期日程表

(6)选择"销售店铺"切片器,单击"切片器工具"的"选项"选项卡,在"按钮"组中设置列数为 3。将切片器和日程表移动到数据透视图右侧,如图 7.66 所示。在"销售店铺"切片器中选择"精锐文具",在"销售日期"日程表中选择"3月",数据透视图和数据透视表中显示精锐文具 3 月各品牌各类笔的销售额。

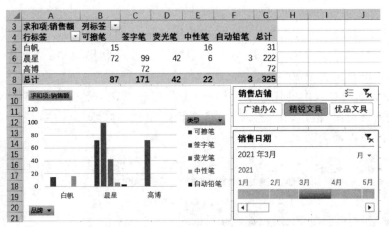

图 7.66　使用切片器和日程表筛选数据

3. 将切片器连接多个数据透视表

(1)选择"上半年销售数据"工作表数据区域中的任意单元格,插入数据透视表,设置数据透视表放置在"店铺月销售情况"工作表中的 J1 单元格开始的区域。选择数据透视表,在"分析"选项卡"数据透视表"组中将数据透视表名称修改为"销量透视表"。

(2)在"数据透视表字段"窗格中将"销售店铺"字段拖动到筛选器区域,将"品牌"字段拖动到行区域中,将"销售日期"字段拖动到列区域中,系统同时将"月"字段加入列区域,将"销量"字段拖动到值区域中,设置计算方式为求和。单击数据透视表工具的"设计"选项卡

"布局"组中的"总计"选项卡,选择"仅对列启用",不显示行总计。

(3)选择数据透视表的任意单元格,插入对应的数据透视图,设置图表类型改为饼图,如图7.67所示。

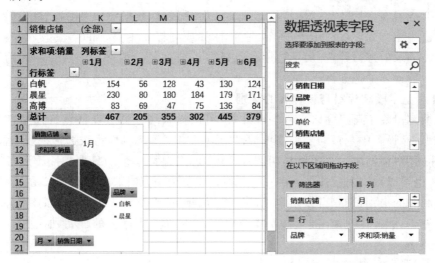

图 7.67　插入各品牌每月销量数据透视表和数据透视图

(4)选择"销售店铺"切片器,单击"切片器工具"的"选项"选项卡下的"报表连接"按钮,在"数据透视表连接"对话框中选择"店铺月销售情况"工作表中的"销量透视表",如图7.68所示。单击"确定"按钮,将切片器与销量数据透视表连接。

(5)采用相同方法,选择"销售日期"日程表,将日程表与销量透视表连接。连接后,切片器和日程表中选择的精锐文具和3月筛选条件自动应用到销量数据透视表和数据透视图中,如图7.69所示。

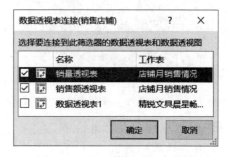

图 7.68　设置数据透视表连接

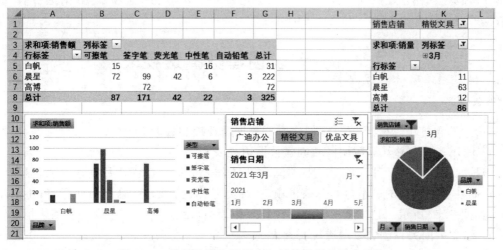

图 7.69　将切片器和日程表与销量数据透视表连接

注意问题

1. 标签中的筛选类型

在数据透视表行标签和列标签的筛选菜单中,都包括数据项列表筛选、标签筛选和值筛选三种筛选类型。列表筛选用于选择要在行标签或列标签中显示的字段值,标签筛选用于对标签字段的取值进行筛选,值筛选用于对行总计或列总计值进行筛选。三种筛选类型中只能选择一种设置筛选条件。

2. 日期型字段切片器与日程表的区别

日期型字段除了可以插入日程表以外,也可以插入切片器。在插入日期型字段的切片器时,其"组合"设置中选择的步长选项"月""季度""年"等都将作为数据透视表字段,出现在"插入切片器"对话框中。在各级日期切片器中,可以选择单个的日期、月、季度等不同级别日期选项,也可以按"多选"按钮,任意选择多个日期选项,如图 7.70 所示。在日程表中,单击右上角的时间级别按钮,可以切换日、月、季度、年,但在日程表中选择日期时,除了选择单个日期以外,只能按住 Shift 键选择连续的日期,不能选择有间隔的日期,如图 7.71 所示。

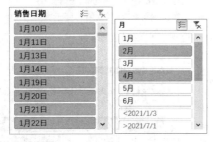

图 7.70 日期型字段的切片器

图 7.71 日期型字段的日程表

3. 数据透视表的命名

在创建数据透视表时,系统默认根据数据透视表创建次序将数据透视表命名为"数据透视表 n"。如果在一个工作簿中有多张数据透视表,顺序命名的数据透视表名称将造成查找困难。所以建议在创建数据透视表后,在数据透视表工具"分析"选项卡"数据透视表"组中将数据透视表名称修改为与内容相关的名字。

7.4 由多表创建数据透视表

范例要求

打开"箱包订单.xlsx"工作簿,创建以下数据透视表和数据透视图。

1. 使用多重合并计算数据区域创建数据透视表★

根据"1月订单""2月订单""3月订单"三张工作表中的数据创建数据透视表,显示每个型号产品在第一季度的总销量和总销售额,产品型号作为行标签,总计为列标签,不显示行总计,如图 7.72 所示。数据透视图放置在新工作表中,命名为"第一季度产品销售情况"。

2. 建立表间关系创建数据透视表★★

根据"产品""订单""客户"三张工作表中的数据创建数据透视表,显示各类产品电商平台和实体店全年销售额。产品类别作为行标签,客户类型作为列标签,透视表以大纲形式显示,如图 7.73 所示。数据透视图放置在新工作表中,命名为"各类产品不同平台销售额"。

图 7.72　第一季度产品销售情况数据透视表　　图 7.73　各类产品不同平台销售额数据透视表

相关知识

1. 使用多重合并计算数据区域创建数据透视表

如果在同一工作簿的不同工作表或不同工作簿中有结构相同的数据列表,可以由这些结构相同的数据列表合并数据创建数据透视表。在创建的数据透视表中,每个数据源的数据区域对应页字段中的一项,数据区域的第一列作为行标签,其他列作为列标签,对所有列标签的数据计算值,如图 7.74 所示。

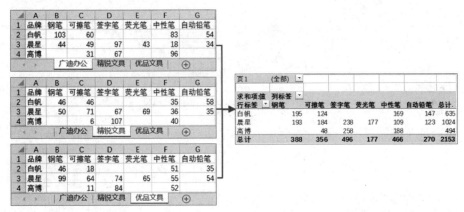

图 7.74　由多个结构相同的数据列表生成数据透视表

多重合并计算数据区域功能在数据透视表和数据透视图向导中。数据透视表和数据透视图向导不在 Excel 默认功能区中,需要在 Excel 选项的自定义功能区选项中设置,如图 7.75 所示。

2. 建立表间关系创建数据透视表

如果数据透视表的数据来源是多个结构不同的数据区域,需要先将数据区域转换为结构化表格,加入数据模型,建立表间关系,再由数据模型创建数据透视表,从不同表格中选取行、列、筛选器和值字段,跨表进行统计。

将数据区域转换为结构化表格后,单击"数据"选项卡"数据工具"组中的"关系"按钮,将打开如图 7.76 所示"管理关系"对话框。单击"新建"按钮,在"创建关系"对话框中设置表、相关表,建立表间关系。如图 7.77 所示。

Excel 中的表间关系有一对多(1∶n)和一对一(1∶1)两种。

图 7.75　设置自定义功能区

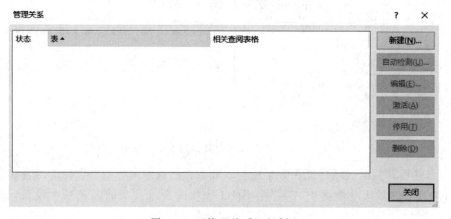

图 7.76　"管理关系"对话框

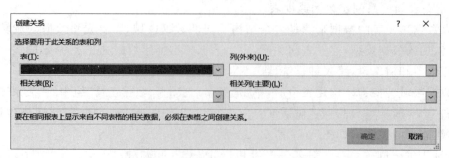

图 7.77　"创建关系"对话框

1∶n关系：从表1中取一条记录时，在表2中有多条记录与之对应。从表2中取一条记录时，在表1中只有唯一一条记录与之对应。例如：某公司一个部门有多个员工，一个员工只属于一个部门，部门和员工之间就是1∶n关系。

1∶1关系：从表1中取一条记录时，在表2中只有唯一一条记录与之对应。反之从表2中取一条记录时，在表1中也只有唯一一条记录与之对应。例如：某公司每个部门设置一个部门总监，每个部门总监只管理一个部门，部门和部门总监之间就是1∶1关系。

在Excel中将两个表进行连接时，两个表中取值相同的字段作为连接字段。对于1∶n关系，应将1方对应的表作为相关表，对应列为相关列，n方对应的表为表，对应列为外来列。例如，部门、员工表的关系如图7.78所示。对于1∶1关系，应将透视表行区域或列区域中字段所在的表作为相关表，对应的列为相关列，值区域中字段所在的表作为表，对应列为外来列。

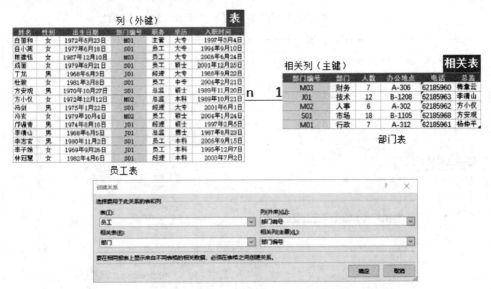

图7.78　部门、员工表之间的表间关系

创建表间的关系时，系统自动在工作簿中建立数据模型，将关联的表格放置在数据模型中。在"创建数据透视表"对话框中选择"使用此工作簿的数据模型"选项按钮，可以数据模型创建数据透视表。单击"确定"按钮后，在"数据透视表字段"窗格中将显示数据模型中的所有表，如图7.79所示。根据需要将各表中的字段分布拖动到筛选器、行、列、值区域，即可创建来源于多张表的数据透视表。

操作步骤

1. 使用多重合并计算数据区域创建数据透视表

（1）打开"箱包订单.xlsx"工作簿。单击"文件"选项卡中的"选项"命令，在"Excel选项"对话框左侧列表中选择"自定义功能区"，在右侧"自定义功能区"中选择"主选项卡"，并在下方列表中展开"插入"选项卡，单击"新建组"按钮，在"插入"选项卡中增加一个自定义新建组，重命名为"数据透视表"。在中间的命令下拉列表中选择"所有命令"，在列表中选择"数据透视表和数据透视图向导"，如图7.80所示。单击"添加"按钮，将数据透视表和数据

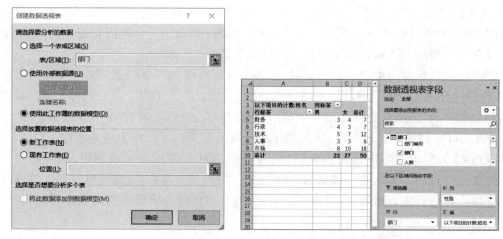

图 7.79 由数据模型创建的来源于多张表的数据透视表

图 7.80 将数据透视表和数据透视图向导加入"插入"选项卡

透视图向导加入"插入"选项卡"数据透视表(自定义)"组中。单击"确定"按钮。

（2）选择"1月订单"工作表中的任意单元格，单击"插入"选项卡"数据透视表"组中的"数据透视表和数据透视图向导"按钮，在"数据透视表和数据透视图向导"对话框的"步骤1"页面中选择"多重合并计算数据区域"，如图 7.81 所示。

（3）单击"下一步"按钮，在"数据透视表和数据透视图向导"对话框"步骤 2a"页面中选择"创建单页字段"单选按钮，如图 7.82 所示。

图 7.81　设置由多重合并计算数据区域创建数据透视表

（4）继续单击"下一步"按钮，在"步骤 2b"页面中单击"选定区域"，选择"1月订单"工作表中的数据列表区域，单击"添加"按钮，将其添加到所有区域中。继续选择"2月订单""3月订单"工作表中的数据区域，将两个数据区域加入到所有区域中，如图 7.83 所示。

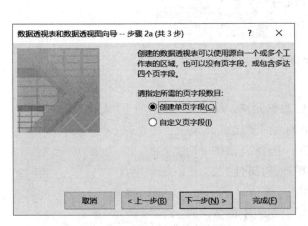

图 7.82　设置创建单页字段

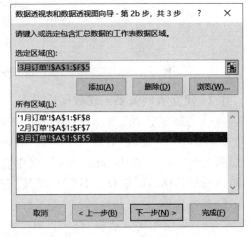

图 7.83　将 3 个月订单数据区域添加到数据透视表向导中

（5）单击"下一步"按钮，在"数据透视表和数据透视图向导"对话框"步骤3"页面中设置数据透视表显示位置为"新工作表"，如图 7.84 所示。

（6）单击"完成"按钮创建数据透视表。在"数据透视表字段"窗格值区域中设置值计算类型为求和。单击列标签右侧的三角形，在展开的列表中取消勾选"单价""客户编号""销售日期"复选框，只显示销量和销售额求和结果，如图 7.85 所示。

（7）选择数据透视表中的任意单元格，单击数据透视表工具的"设计"选项卡下"布局"组中的"总计"按钮，选择"仅对列启用"，不显示无意义的每行总计。将行标签和列标签分别修改为"产品型号""总计"。将数据透视表所在工作表名修改为"第一季度产品销售情况"。

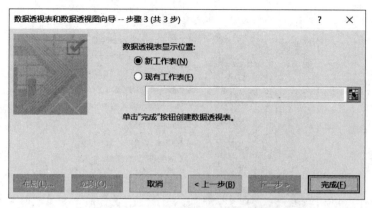

图7.84 设置数据透视表显示位置

图7.85 设置计算类型和显示的列

2. 建立表间关系创建数据透视表

(1) 选择"产品"工作表数据列表中的任意单元格,单击"插入"选项卡"表格"组中的"表格"按钮,在"创建表"对话框中勾选"表包含标题"复选框,如图7.86所示,单击"确定"按钮创建表格。选择表格中的任意单元格,在"表格工具"的"设计"选项卡下"属性"组中设置表名称为"产品"。

(2) 采用相同方法将"全年订单""客户"工作表中的数据列表创建表格,分别将两个表格命名为"全年订单""客户"。

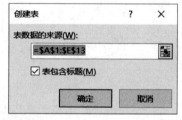

图7.86 由数据区域创建表

(3) 在全年订单表和产品表中,有相同字段产品型号。全年订单表中的每一条订单记录对应一个产品,产品表中的每种产品对应全年订单表中的多个订单,产品表和全年订单表之间为1∶n关系。单击"数据"选项卡下"数据工具"组中的"关系"按钮,在"管理关系"对话框中单击"新建"按钮,在"创建关系"对话框中设置表为"全年订单",列(外来)为"产品型号",相关表为"产品",相关列(主要)为"产品型号",如图7.87所示。单击"确定"按钮,将关系添加到"管理关系"对话框中。

(4) 在全年订单表和客户表中,有相同字段客户编号。全年订单表中的每一个订单对应一个客户,客户表中的每位客户对应全年订单表中的多个订单,客户表和全年订单表之间

图 7.87　创建全年订单表与产品表的表间关系

为 1:n 关系。继续在"管理关系"对话框中单击"新建"按钮,在"创建关系"对话框中设置表为"全年订单",列(外来)为"客户编号",相关表为"客户",相关列(主要)为"客户编号"。单击"确定"按钮,将关系添加到"管理关系"对话框中,如图 7.88 所示。单击"关闭"按钮关闭"管理关系"对话框。

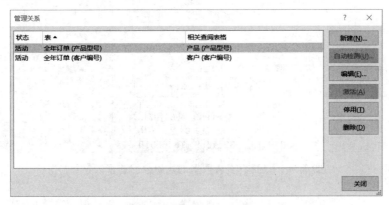

图 7.88　新建全年订单表与客户表的表间关系

(5) 选择全年订单表中的任意单元格,插入数据透视表。在"创建数据透视表"对话框中选择"使用此工作簿的数据模型"选项按钮,并选择放置数据透视表的位置为"新工作表",如图 7.89 所示,单击"确定"按钮。

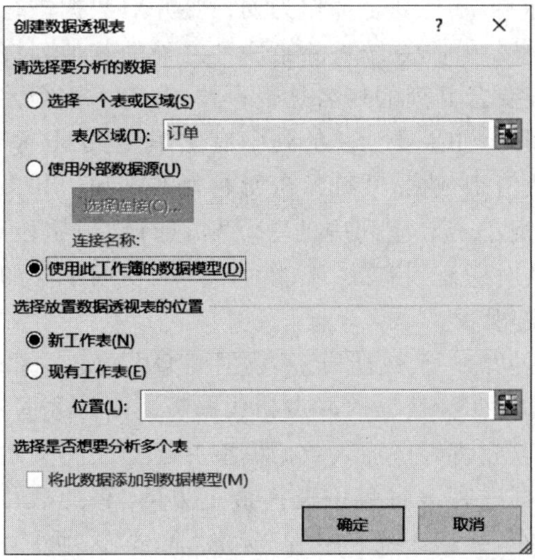

图 7.89　设置数据透视表数据源为数据模型

（6）在"数据透视表字段"窗格中展开"产品"表，将"产品类别"字段拖动到行区域中。展开"客户"表，将"客户类型"字段拖动到列区域中。展开"全年订单"表，将"销售额"字段拖动到值区域中，设置计算类型为求和。单击"设计"选项卡下"布局"组中的"报表布局"按钮，选择"以大纲形式显示"，如图 7.90 所示。将数据透视表所在工作表名修改为"各类产品不同平台销售额"。

图 7.90　设置由多表数据创建的数据透视表字段

注意问题

1. 使用多重合并计算数据区域时的限制

在使用多重合并计算数据区域数据透视表向导时，系统以各个待合并数据列表的第一列数据作为合并基准。如果待合并的数据列表中有多列要合并的数据，创建的数据透视表中也只取第一列作为行标签，其他列全部作为列标签并对数据进行值汇总计算。

在多重合并计算数据区域时，系统将除第一列之外的其他列按照列名进行合并计算，所以在合并之前应检查各表要合并列的列名是否一致，避免多重合并计算出现错误。

在设置值的计算类型时，如果要汇总的列中有文本型数据，系统默认所有列进行计数，如果要汇总的列全部是数值型数据，系统默认所有列都求和。如果要改变列的计算方式，可以生成数据透视表后，右键单击对应列中的单元格，选择"值字段设置"命令，在"值字段设置"对话框中修改，但修改对所有列有效，不能对不同列使用不同的计算类型。

2. 数据模型与数据透视表

一个 Excel 工作簿只包含一个数据模型，数据模型中包含一张或多张表格，并记录表格之间的关系。数据模型可以作为数据透视表和数据透视图的数据源。对于数据来源涉及多张表格的数据透视表，可以先将表格加入数据模型并建立表间关系，再由数据模型成绩数据透视表，也可以在创建数据透视表过程中选择最下方的"将此表格加入数据模型"复选框。设置数据透视表字段时，在"数据透视表字段"窗格"全部"选项卡中选择不同表格中的字段加入数据透视表，系统自动检测并建立表间关系，如图 7.91 所示。

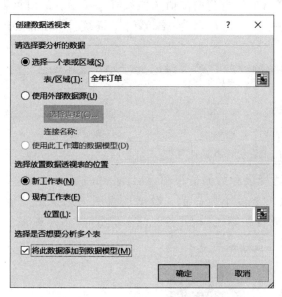

图7.91 在创建数据透视表时建立表间关系

如果数据透视表来源于包含多张表格的数据模型,表格之间必须建立正确的表间关系,否则可能得到错误的计算结果。如果发现数据透视表的计算结果错误,可以在"管理关系"对话框中删除已建立的关系,再单击"自动检测"按钮,系统将自动检测数据模型中的所有表,自动创建表间关系。

练 习

一、在"员工信息.xlsx"工作簿中完成以下基本数据透视表和数据透视图,将完成的工作簿另存为"E7-1.xlsx"。

1. 利用"员工信息"表中的数据创建数据透视表和数据透视图,统计各部门女员工中各类学历的人数。要求将性别作为筛选器,部门作为行标签,学历作为列标签,对姓名计数。数据透视图使用二维簇状柱形图,如图7.92所示。数据透视表和数据透视图放置在名为"女员工学历统计"的新工作表中。★

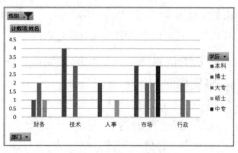

图7.92 各部门女员工各类学历人数数据透视表和数据透视图

2. 在"工资"表的 E 列中使用 VLOOKUP 函数填写各职工所属部门。创建数据透视表统计各部门平均基本工资、平均绩效工资、平均奖金。设置平均基本工资、平均绩效工资、平均奖金显示时保留2位小数。在每项计算结果的右侧增加值字段按降序显示各部门每项平均工资的排名,如图7.93所示。数据透视表放置在名为"各部门工资统计"的新工作表中。★

行标签	平均值项基本工资	基本工资排名	平均值项绩效工资	绩效工资排名	平均值项奖金	奖金排名
财务	8742.86	3	3142.86	4	597.14	4
技术	9366.67	1	3258.33	2	1317.50	2
人事	8450.00	4	3233.33	3	676.67	3
市场	9144.44	2	3927.78	1	1558.89	1
行政	7500.00	5	2942.86	5	512.86	5
总计	8828.00		3436.00		1114.00	

图7.93　部门工资统计数据透视表

3. 根据"工资"表中的数据创建数据透视表和数据透视图,统计各部门基本工资总额占全公司基本工资总额的比值,计算结果保留2位小数显示。数据透视图采用饼图显示,如图7.94所示。数据透视表和数据透视图放置在新工作表"各部门工资分布"中。★★

 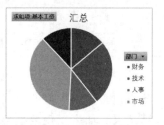

图7.94　各部门基本工资占比数据透视表及数据透视图

4. 公司计划年终增发两个月的基本工资,并将每个员工绩效工资增发50%,请根据"工资"表中的数据创建数据透视表,计算各部门将增发的两个月工资总额、增发绩效工资总额以及年终奖总额,如图7.95所示。数据透视表放置在名为"年终奖统计"的新工作表中。★★

5. 根据"员工信息"表中的数据创建数据透视表,统计各部门不同学历职工人数,统计时将硕士、博士人数合并,显示为"硕士博士人数",如图7.96所示。数据透视表放置在名为"学历统计"的新工作表中。★

行标签	求和项增发基本工资	求和项增发绩效	求和项年终奖总额
财务	122400	11000	133400
技术	224800	19550	244350
人事	101400	9700	111100
市场	329200	35350	364550
行政	105000	10300	115300
总计	882800	85900	968700

图7.95　各部门年终奖总额数据透视图

计数项姓名	列标签					
行标签	财务	技术	人事	市场	行政	总计
本科	1	5	4	8	1	19
大专	2	5	1	3	3	14
中专				3		3
硕士博士人数	4	2	1	4	3	14
总计	7	12	6	18	7	50

图7.96　学历统计数据透视表

二、在"员工信息.xlsx"工作簿中完成以下数据透视表和数据透视图,对统计结果进行分组显示,将完成的工作簿另存为"E7-2.xlsx"。

1. 公司中,员工为基层人员,主管和经理为中层人员,总监为高层人员。根据"员工信息"表中的数据创建数据透视表,统计男女职工中各级别职位人数比例,级别、职务为行标签,性别为列标签,对姓名计数并显示列汇总的百分比值,计算结果保留2位小数显示。数据透视表以表格形式显示,级别列中相同级别的单元格合并且居中显示,如图7.97所示。数据透视表放置在名为"性别统计"的新工作表中。★

2. 根据"员工信息"表中的数据,统计出生于1970年以前、1970—1979年之间、1980年以后(含 1980 年)男女员工的人数。出生日期分组为行标签,性别为列标签,对姓名字段计数,数据透视表以大纲形式显示,如图 7.98 所示,并放置在名为"年龄段统计"的新工作表中。★

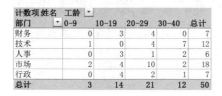

图 7.97　各级别男女职工比例数据透视表　　　图 7.98　各年龄段职工人数数据透视表

3. 在"员工信息"工作表的 H 列中计算截至 2022 年 12 月 31 日每位员工的工龄。插入数据透视表,统计各部门工龄在 0-9 年、10-19 年、20-29 年、30-40 年的人数。部门为行标签,工龄分组为列标签,对姓名字段计数,数据透视表采用表格形式显示,所有空单元格显示为 0,如图 7.99 所示,并放置在名为"工龄段统计"的新工作表中。★

三、在"员工信息.xlsx"工作簿中完成以下数据透视表和数据透视图,使用筛选、切片器对数据显示满足条件的数据,将完成的工作簿另存为"E7-3.xlsx"。

1. 根据"员工信息"表中的数据,统计男职工人数最多的部门中男职工各学历的人数。部门为行标签,学历为列标签,性别为筛选器条件,对姓名字段计数,只显示行总计,如图 7.100 所示。数据透视表放置在名为"男职工最多的部门"的新工作表中。★

图 7.99　各部门各工龄段人数数据透视表　　　图 7.100　本科男职工最多的部门数据透视表

2. 在"员工信息"工作表的 H 列中计算每位员工截至 2022 年 12 月 31 日的年龄。新建一个名为"员工数据统计"的工作表,在工作表中插入数据透视表和数据透视图,分别统计各部门男女职工的人数和各部门从 30 岁至 60 岁之间每间隔 10 年年龄段的职工人数。两个数据透视表分别放置在从 A3 单元格、F3 单元格开始的区域,采用大纲形式显示。数据透视图分别放置在对应数据透视表下方。插入连接两个数据透视表的部门、学历切片器,在切片器中分别选择"技术"、"市场"部和"本科"学历,使数据透视表和数据透视图中只显示技术部、市场部本科学历职工的性别、年龄段人数对比信息,如图 7.101 所示。★

四、在"员工信息.xlsx"工作簿中完成以下数据透视表和数据透视图,将完成的工作簿另存为"E7-4.xlsx"。

1. 根据"1月加班""2月加班""3月加班"三张工作表创建数据透视图,根据三张表内容合并统计所有加班员工的总加班费和总加班小时数,不显示行列总计,如图 7.102 所示。数据透视表放置在新工作表"加班统计"中。★

2. 将"员工信息"和"工资"工作表的数据区域转换为结构化表格,表名分别命名为"员工"和"工资"。将两个表格加入数据模型,建立表间关系。根据数据模型创建数据透视表,统计市场部不同学历员工平均基本工资、平均绩效工资和平均奖金,结果保留 2 位小数显示,如图 7.103 所示。数据透视表放置在新工作表"工资统计"中。★★

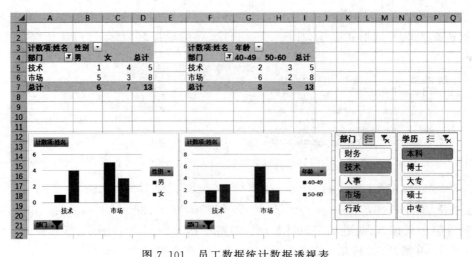

图 7.101　员工数据统计数据透视表

页1	(全部)	
求和项:值	合计	
姓名	加班费	加班小时数
白丽和	250	5
丁龙	600	12
方小仪	200	4
冯剑	150	3
冯玄	50	1
李清山	200	4

图 7.102　加班统计数据透视表

部门	市场		
学历	平均基本工资	平均绩效工资	平均奖金
本科	9137.50	3975.00	1488.75
大专	8533.33	4033.33	1273.33
硕士	10375.00	4000.00	1707.50
中专	8133.33	3600.00	1833.33
总计	9144.44	3927.78	1558.89

图 7.103　市场部工资统计数据透视表

第 8 章　Power Bi

8.1　Power Query

范例要求

打开工作簿“Power Query 基础. xlsx”，完成如下操作。

1. Power Query 导入网页、格式整理、分列、替换和计算★★

打开 Excel 工作簿“PQ 基础. xlsx”，将网页中的数据导入到 Power Query，仅以连接的形式上载到 Sheet1 工作表。网页为“http://www.tianqihoubao.com/lishi/wuhan/month/202203.html”。

从 Sheet1 工作表的查询连接进入 Power Query 编辑器，清除各列的空格字符和不可见字符。将“日期”列转换为日期格式。对“气温”所在列进行分列，分列后的 2 列重命名为“最高温”和“最低温”，利用替换功能将这 2 列中的字符“℃”去掉，同时将这 2 列转换为整数格式。添加 1 列，列名为“平均气温”，该列的值为最高温和最低温的平均值。将“平均气温”列移动到“最低温”列的后面。完成后效果如图 8.1 所示。

	日期	天气状...	最高温	最低温	平均气...	风力风向(白...
1	2022/3/1	多云 /多云	14	3	8.5	北风 1-2级 /北风 1-2级
2	2022/3/2	晴 /多云	18	5	11.5	南风 1-2级 /南风 1-2级
3	2022/3/3	多云 /小雨	21	9	15	东南风 1-2级 /东南风 ...
4	2022/3/4	晴 /多云	23	9	16	东北风 1-2级 /东北风 ...
5	2022/3/5	多云 /晴	22	10	16	东风 3-4级 /东风 3-4级

图 8.1　Power Query 基础操作完成效果图

2. Power Query 导入文件夹文件和合并查询★★

在 Sheet2 工作表中，将目标文件夹中的所有 Excel 工作簿文件导入 Power Query，保留工作簿中“教学科研”工作表的所有列字段，删除其他列。将工作表“教研室和教工关联”导入 Power Query 中，和处理好的查询“文件夹中的数据”进行合并查询。将数据处理结果和连接信息都上载到 Sheet2 工作表中。完成后效果如图 8.2 所示。

	A	B	C	D	E	F	G	H	I
1	教研室	教工编号	年度	教学工作量	Sci论文	EI论文	核心期刊	纵向项目	横向项目
2	JSZX001	Jhun002	2010	488	0	2	0	2	0
3	JSZX001	Jhun002	2011	467	1	2	1	0	2
4	JSZX001	Jhun002	2012	409	1	1	0	0	0

图 8.2　Power Query 导入文件夹文件、合并查询后的效果图

3. Power Query 导入 Excel 表格数据和逆透视★★

在 Sheet3 工作表中，为数据单元格套用任意一种表格格式。在 Power Query 编辑器中进行逆透视操作，查询重命名为“智慧树题目格式”。将结果和连接信息上载到新工作表中，

新工作表重命名为"智慧树题目模板"。完成后如图 8.3 所示。

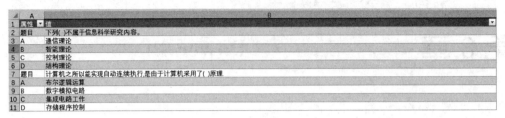

图 8.3 逆透视效果图

相关知识

1. Power Query 处理数据的过程

Power Query 用来处理数据，除了 Excel 中的功能以外，Power Query 还具备逆透视、M 语言等 Excel 不具备的功能。当数据量达到百万级别以后，Excel 基本就无法处理了，而 Power Query 能正常清理数据。Power Query 处理数据的过程如图 8.4 所示。

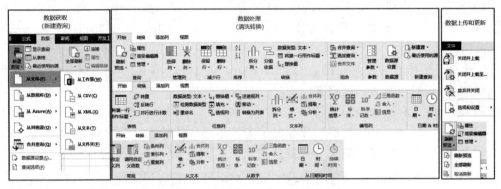

图 8.4 Power Query 处理数据的过程

在 Power Query 中进行数据处理时，如果某一步骤操作错误；在步骤上单击右键，可以在右侧的"应用步骤"中重新编辑或删除这一步操作。如图 8.5 所示。在"视图"选项卡的"布局"组中，通过单击"查询设置"按钮，可以控制"查询设置"窗口是否显示。如图 8.6 所示。

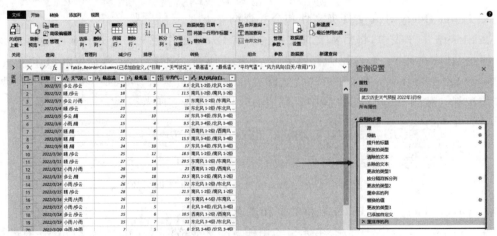

图 8.5 "查询设置"窗口

2. 数据导入 Power Query

将数据导入到 Power Query 的方法有很多，常见的有从 Excel 工作表的表格区域、文件夹中的文件和网页获取。

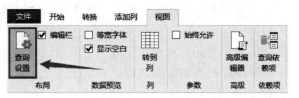

图 8.6　显示"查询设置"窗口的按钮

Excel 中的单元格区域可以通过套用表格格式，从普通的单元格区域转换为表格区域，之后通过单击"数据"选项卡"获取和转换"组的"从表格"按钮，进入 Power Query 编辑界面，对表格区域的数据进行处理。

从网页获取数据分为表格网页和非表格网页。表格网页中的数据直接从网页地址解析出的表格获取，例如本节的范例。非表格网页需要解析网页中的二进制数据，获取 json 格式的数据，再转换为表格形式，通过选择不同的字段进行数据提取。这类操作会在项目 8.2 中进行讲解。

3. 合并查询

在 Excel 中一般通过关联函数（例如 vlookup、hlookup、lookup 和 xlookup）将不同工作表的数据整合到同一个工作表中。当数据量超过百万级别后，这种做法会导致 Excel 停止响应。

在 Power Query 中一般采用合并查询进行数据汇总。合并查询的原理是：通过 2 个查询的共同字段关联到第一个查询，形成数据合并。在 Power Query 中，查询之间的关联有 7 种，如图 8.7 所示。

图 8.7　Power Query 中的合并查询

以左外部为例：合并后的新查询中以第一个查询中的所有数据为基准，通过共同字段中的相同值进行关联。如果共同字段中的值只在第二个查询中出现，则该值所对应的记录行不会出现在合并查询中。图 8.7 中的共同字段为"教工编号"。其他 6 种联接根据上图括号中的解释进行查询间的联接。

4. 逆透视

透视通过设置新的行、列字段，将一维表转换为二维表。逆透视是将二维表转换为一维表。更通俗的解释是：逆透视将表中的字段名称和字段中的值搭配后形成新的记录行。如图 8.8 所示。

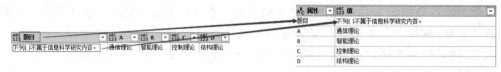

图 8.8　逆透视的转换过程

操作步骤

1. Power Query 导入网页、格式整理、分列、替换和计算

1) Power Query 导入网页

（1）打开工作簿"Power Query 基础.xlsx"。

（2）在工作表"Sheet1"中，单击"数据"选项卡"获取和转换"组的"新建查询"下拉按钮，在弹出的下拉菜单中选择"从其他源"中的"从 Web"，如图 8.9 所示。

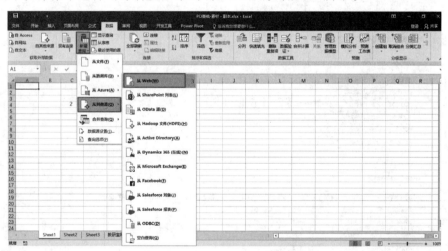

图 8.9　网页导入 Power Query

（3）在弹出的"从 Web"对话框中，在 URL 对话框中输入题目要求中的网页"http://www.tianqihoubao.com/lishi/wuhan/month/202203.html"，如图 8.10 所示。单击"确定"按钮，在弹出的"导航器"对话框中，选择"武汉历史天气预报 2022 年 3 月份"，单击右下角"加载"按钮右侧的三角形下拉按钮，选择"加载到"选项，如图 8.11 所示。

（4）在弹出的"加载到"对话框中，选择"仅创建连接"，单击"加载"按钮，如图 8.12 所示。完成后，返回工作表"Sheet1"中，工作表右侧会出现"工作簿查询"窗口，如图 8.13 所示。

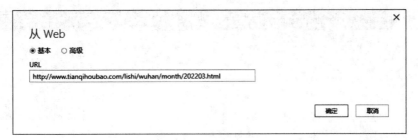

图 8.10 输入网址

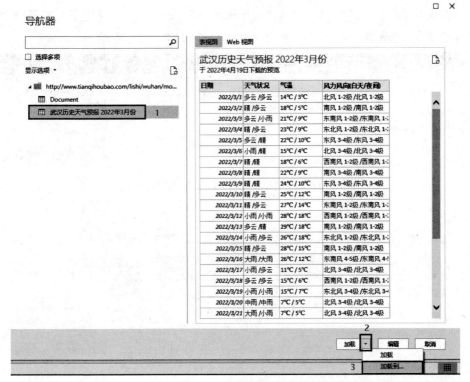

图 8.11 数据加载设置

图 8.12 链接形式加载数据

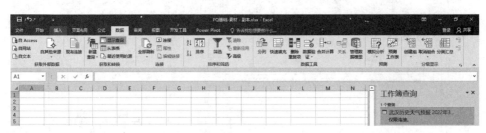

图 8.13　创建连接后的"工作簿查询"窗口

2）格式整理

（1）在工作表 Sheet1 中，双击右侧"工作簿查询"中的查询"武汉历史天气预报 2022 年 3 月份"，如图 8.14 所示。进入 Power Query 编辑界面，如图 8.15 所示。

图 8.14　进入 Power Query 编辑界面的方法

图 8.15　进入 Power Query 编辑界面后的效果图

（2）通过 Ctrl＋A 组合键选中所有数据，在 Power Query 编辑器中的"转换"选项卡下"文本列"组中，单击"格式"下拉按钮，选择"清除"选项，清除所有列中的不可见字符，如图 8.16 所示。保持选中所有数据的状态，单击"格式"下拉按钮，选择"修整"选项，清除所有列中的前导空格和后置空格字符，如图 8.17 所示。

图 8.16　清除不可见字符

图 8.17 清除空格字符

（3）选中"日期"列，在"开始"选项卡的"转换"组中，单击"数据类型：文本"下拉按钮，选择"日期"类型，如图 8.18 所示。

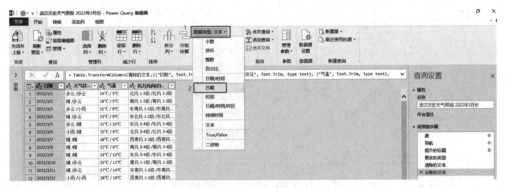

图 8.18 转换数据类型

3）分列

选中"气温"列，在"开始"选项卡的"转换"组中，单击"拆分"列下拉按钮，选择"按分隔符"选项，如图 8.19 所示。在弹出的"按分隔符拆分列"对话框中，选择"自定义"类型，符号输入"/"，拆分位置任意选择一个即可（因为气温列中的数据只有一个"/"），如图 8.20 所示。单击"确定"按钮后，拆分效果如图 8.21 所示。选中"气温 1"列，单击鼠标右键，在弹出的右键菜单中选择"重命名"，如图 8.22 所示。将"气温 1"列的标题名称改为"最高温"。运用相同的方法，将"气温 2"列的标题名称修改为"最低温"。

图 8.19 按分隔符进行拆分列

4）替换

（1）在 Power Query 编辑器中选中"最高温"列和"最低温"列。在"开始"选项卡的"转换"组中，单击"替换值"按钮。在弹出的"替换值"对话框的"要查找的值"文本框中输入"℃"，"替换为"文本框中不输入，单击"确定"按钮，如图 8.23 所示。

图 8.20 按分隔符拆分的设置

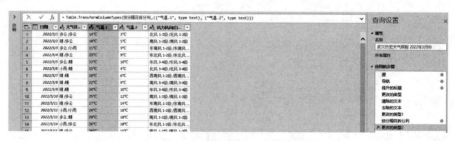

图 8.21 拆分后的效果

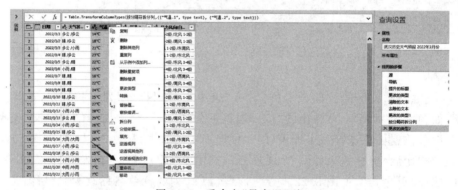

图 8.22 重命名"最高温"列

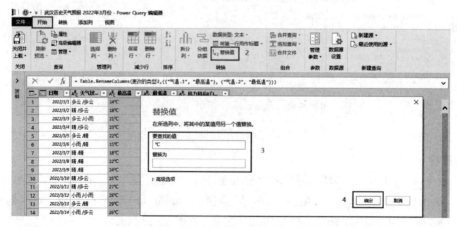

图 8.23 字符替换

（2）保持"最高温"列和"最低温"列的选中状态。在"开始"选项卡的"转换"组中单击"数据类型：文本"下拉按钮，在弹出的下拉菜单中选择"整数"，如图8.24所示。

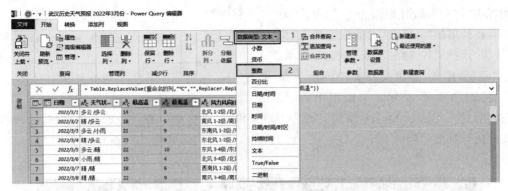

图8.24　转换数据类型

5）计算

光标定位在Power Query数据区的任意一个单元格中，在"添加列"选项卡的"常规"组中单击"自定义列"按钮。在弹出的"自定义列"对话框中，"新列名"文本框中输入"平均气温"，"自定义列公式"文本框中输入"([最高温]+[最低温])/2"。如图8.25所示。注意，双击"可用列"列表框中的字段，可以直接将字段名读取到"自定义列公式"文本框中。完成后单击"确定"按钮，并将"平均气温"列拖动到"最低温"列后。

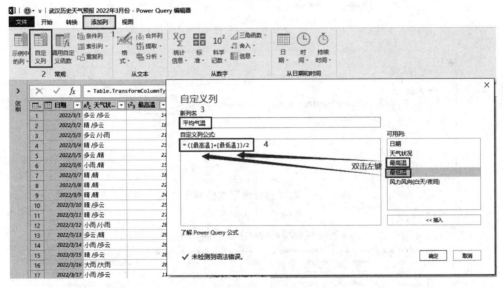

图8.25　自定义列中编辑公式

6）保存修改

关闭Power Query编辑器，在弹出的"Power Query编辑器"对话框中，单击"保留"按钮，保存上述的数据清理操作。如图8.26所示。完成后，保存Excel工作簿文件。

2. Power Query导入文件夹文件和合并查询

1）Power Query导入文件夹文件

（1）在Excel工作簿"Power Query.xlsx"的"Sheet2"工作表中，在"数据"选项卡的"获

取和转换"组中,单击"新建查询"下拉按钮,在弹出的下拉菜单中选择"从文件"选项的"从文件夹",如图8.27所示。单击"确定"后,在弹出的"文件夹"对话框中单击"浏览"按钮,选择文件夹路径,如图8.28所示。单击"确定"按钮,弹出文件夹中的所有数据文件,如图8.29所示。单击图中的"编辑"按钮,进入Power Query编辑界面。可以看到,文件夹中所有文件的文件名称、后缀名和修改时间等都被加载到Power Query中。其中,工作簿内的数据在"Content"列中,如图8.30所示。

图8.26 保存Power Query编辑器中的所有修改

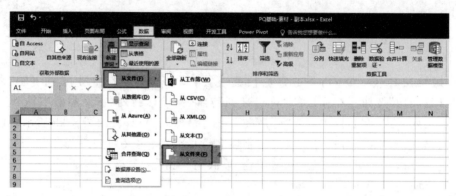

图8.27 Power Query导入文件夹中文件的位置

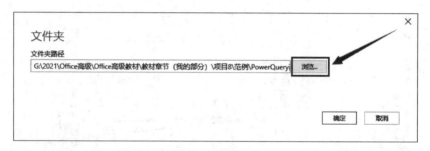

图8.28 选择包含数据文件的文件夹

图8.29 文件夹中的所有文件信息

图8.30 Power Query中导入文件夹中的所有文件信息

（2）在"添加列"选项卡的"常规"组中单击"自定义列"按钮，在弹出的"自定义列"对话框的"自定义列公式"文本框中输入"Excel.Workbook（[Content]）"，解析Excel工作簿中的数据，如图8.31所示。

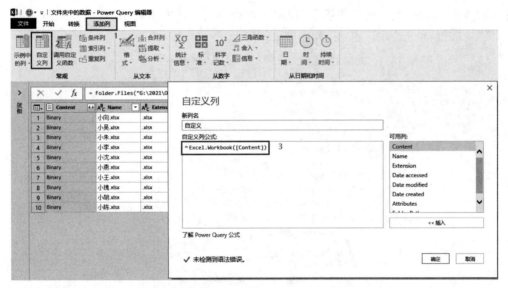

图8.31 解析所有Excel文件的数据信息

（3）单击上一步中得到的"自定义"右侧的数据展开按钮，如图8.32所示。在弹出的对话框中，取消勾选"使用原始列名作为前缀"复选框，单击"确定"按钮，如图8.33所示。

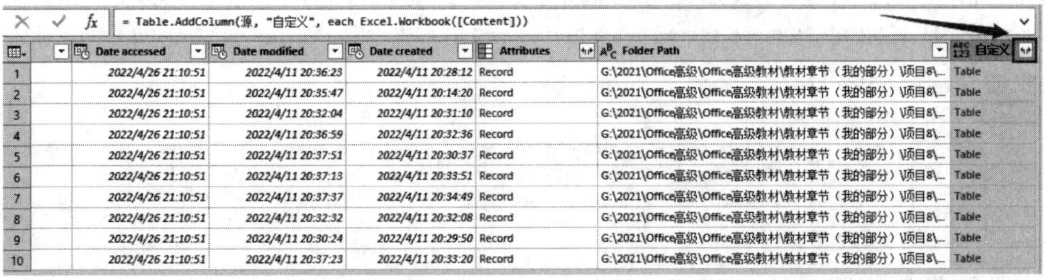

图8.32 展开Excel工作簿

(4) 在展开列表中的"Item"列,单击右侧的下拉按钮,筛选"教学科研"工作表,单击"确定"按钮,如图 8.34 所示。

图 8.33　选择展开的 Excel 工作簿字段　　　图 8.34　选择需要展开的 Excel 工作表

(5) 单击"Data"列右侧的数据展开按钮,在弹出的对话框中取消勾选"使用原始列名作为前缀"复选框,单击"确定"按钮,如图 8.35 所示。

图 8.35　选择需要展开的 Excel 工作表字段

(6) 在"转换"选项卡的"表格"组中,单击"将第一行用作标题"下拉按钮,在弹出的菜单中选择"将第一行用作标题",如图 8.36 所示。保留"教工编号、年度、教学工作量、SCI 论文、EI 论文、核心期刊、纵向项目、横向项目"这 8 列,删除其他列,完成后如图 8.37 所示。

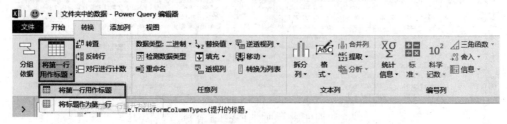

图 8.36　提升 Power Query 中的首行为标题(字段)行

图 8.37 删除其他列后保留的列字段

（7）在"开始"选项卡的"减少行"组中，单击"删除行"下拉按钮，选择"删除间隔行"，如图 8.38 所示。在弹出的"删除间隔行"对话框中，输入如图 8.39 所示的参数，单击"确定"按钮。完成后单击"开始"选项卡"关闭"组中的"关闭并上载"下拉按钮，选择"关闭并上载"，以"仅创建连接"的形式加载到 Excel 工作簿中，完成文件夹中文件数据的导入。如图 8.40 所示。

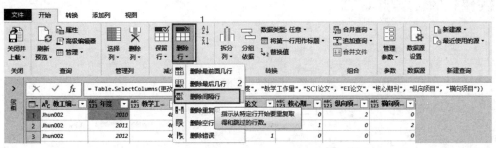

图 8.38 通过"间隔删除行"删除多余的字段行

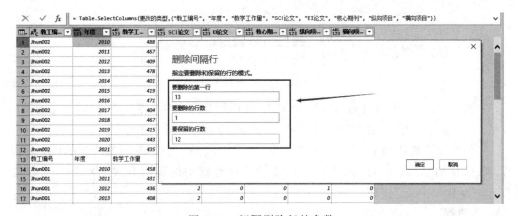

图 8.39 间隔删除行的参数

2）关联表合并

（1）在工作表"教研室和教工关联"中，为 A1:B11 单元格区域套用任意一种表格格式。

套用标题时,勾选"表包含标题"复选框,如图 8.41 所示。在"数据"选项卡的"获取和转换"组中,单击"从表格"按钮,进入 Power Query 编辑界面。

图 8.40　以链接形式加载数据　　　　图 8.41　转换为表格格式

（2）在"开始"选项卡的"组合"组中,单击"合并查询"按钮。在弹出的"合并"对话框中,选中关联的查询"文件夹中的数据"和关联的字段"教工编号",联接种类选中"右外部（第二个中的所有行,第一个中的匹配行）",单击"确定"按钮,如图 8.42 所示。

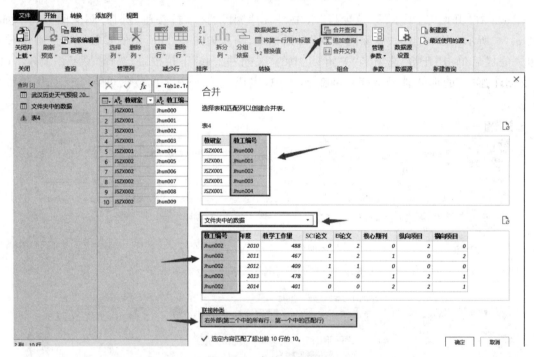

图 8.42　合并查询步骤

（3）展开"文件夹中的数据"列,取消勾选"使用原始列名作为前缀"和"教工编号"字段,如图 8.43 所示。单击"确定"按钮,完成查询之间的关联,如图 8.44 所示。

（4）在"开始"选项卡下"关闭"组中,单击"关闭并上载"下拉按钮,选中"关闭并上载至"选项。在弹出的"加载到"对话框中,选择"数据在工作簿中的显示方式"为"表",加载到"新建工作表",单击"确定"按钮,如图 8.45 所示。

3. 逆透视

（1）在工作表 Sheet3 中,按下 Ctrl＋A 组合键,选中所有数据单元格,套用任意一种表格格式,将普通单元格区域转换为表格。

（2）在"数据"选项卡的"获取和转换"组中,单击"从表格"按钮,进入 Power Query 编辑

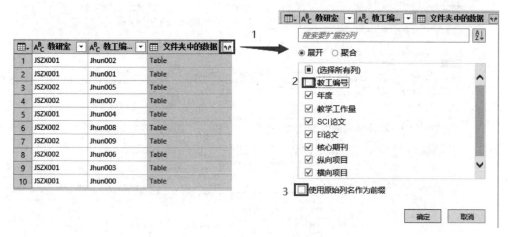

图 8.43 展开合并表的数据

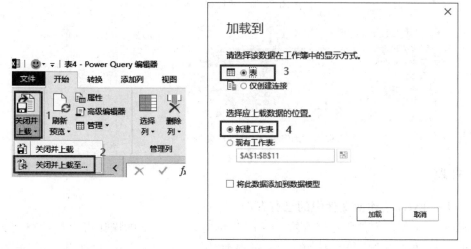

图 8.44 完成合并查询后的各字段

图 8.45 以 Excel 工作表形式加载数据

界面。在 Power Query 编辑界面,单击"查询"上方的箭头,在界面左侧弹出"导航窗格"。在"导航窗格"中将新导入的查询名称修改为"智慧树题目格式"。如图 8.46 所示。

(3) 选择"编号"列,在"转换"选项卡的"任意列"组中,单击"逆透视"列下拉按钮,选中"逆透视其他列",如图 8.47 所示。完成后效果如图 8.48 所示。删除"编号"列。

(4) 将查询结果上载到新的 Excel 工作表中。

(5) 保存工作簿文件。

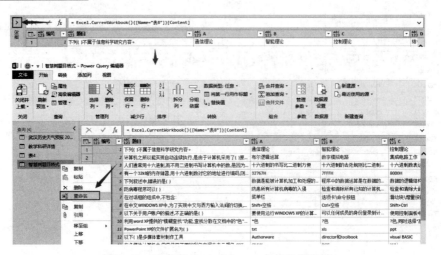

图 8.46　重命名 Power Query 中的查询名称

图 8.47　逆透视步骤

图 8.48　逆透视完成效果

注意问题

1. 显示 Excel 工作簿文件中的已有查询

当 Excel 工作簿文件中已经存在 Query 查询时,通过如下的操作可以显示查询:在"数据"选项卡的"获取和转换"组中,单击"显示查询"按钮,在右侧会出现"工作簿查询"对话框。如果想重新编辑已有查询,右键单击"查询"按钮,选择"编辑"即可。如图 8.49 所示。

2. 数据更新

通过 Power Query 处理后上传到 Excel 工作表的数据可以随时进行自动更新。更新数据时,只需要鼠标指针定位在从 Power Query 上载到 Excel 工作表中的数据单元格,单击鼠标右键,选择"刷新"即可。如图 8.50 所示。

3. Power Query 中数据上载到 Excel 中的两种形式

在 Power Query 中处理完数据后,有两种方式上传数据到 Excel 工作表中,第 1 种是

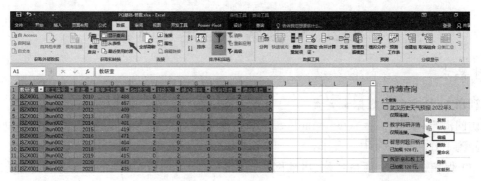

图 8.49　Excel 中编辑已有查询的步骤

"工作表"形式，第 2 种是"仅创建连接"形式，如图 8.51 所示。"仅创建连接"方式相当于建立了一个 Excel 和 Power Query 之间的超链接，通过超链接可以在 Excel 和 Power Query 中进行转换。"工作表"方式除了"仅创建连接"以外，还能将 Power Query 处理好的数据传到 Excel 工作表中。

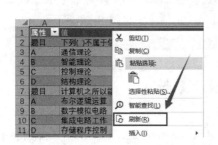

图 8.50　数据更新方法

图 8.51　Power Query 中两种加载数据的方式

两种形式的转换如图 8.52 所示。

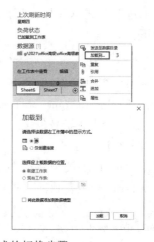

图 8.52　Power Query 中两种加载数据方式的切换步骤

8.2 M 函数和自定义函数

范例要求

利用 M 语言爬取数据★★★

访问淘宝网（https://www.taobao.com），输入搜索关键字后，将搜索得到的 2000 条记录存储到 Excel 工作表中。要求：

(1) 保留的字段：商品名称、店铺网址、销售价格、店铺所在地、付款人数和评论数。
(2) 在自定义函数中输入不同的查找内容，可以得到不同的 1000 条以上的搜索结果。
(3) 搜索结果上载到 Excel 工作表，工作表重命名为"1000 条淘宝搜索结果"。

相关知识

1. 超文本传输协议基础知识

在本范例中，在淘宝网中输入搜索数据，返回相关结果。这个过程称为"请求-响应"。在网页中请求服务器数据时，有两种基本形式：Post 和 Get，本例中的网页使用的是 Get 方式。现行的网页数据传输方式为 http 或 https，指"超文本传输协议"和"加密的超文本传输协议"。请求数据一般采用网络数据包的形式整体传输到服务器，然后由服务器进行数据解析，返回相应的结果数据。在网络数据包中，比较重要的头部信息包含：X-Requested-With、Content-Type 和 cookie，也就是范例中 tbheaders 的参数，如图 8.53 所示。

图 8.53　网络数据包中的部分头部信息

2. 获取网页内容的 M 函数

在本范例中，通过公式"=Text.FromBinary(Web.Contents(源,[Headers=tbheaders]))"获取服务器返回的文本数据。

1) Web.Contents

以二进制形式返回从 url 下载的内容。提供可选记录参数 options 指定额外的属性。语法如下：

Web.Contents(url as text, optional options as nullable record) as binary

url 是请求的网址，record 参数可以包含以下字段：Query、ApiKeyName、Headers、Timeout、ExcludedFromCacheKey、IsRetry、ManualStatusHandling、RelativePath、Content。record 参数一般用方括号包含。一般情况下，需要设置 Headers 参数。

2) Text.FromBinary

使用 encoding 类型将数据 binary 从二进制值解码为文本值。范例中用于将通过 Web.Contents 函数获取的二进制网页数据转换为字符类型。语法如下：

Text.FromBinary (binary as nullable binary, optional encoding as nullable number) as nullable text

3. 截取网页文本,获取 Json 数据

在本范例中,通过公式"=Json.Document(Text.BetweenDelimiters(获取网页内容,"g_page_config=",";g_srp_loadCss();",0,0))"获取 Json 数据。

1) Text.BetweenDelimiters

语法如下:Text.BetweenDelimiters(text as nullable text, startDelimiter as text, endDelimiter as text, optional startIndex as any, optional endIndex as any) as any

返回指定的 startDelimiter 和 endDelimiter 之间 text 的部分。可选的数值 startIndex 指示应考虑 startDelimiter 的哪一次出现,以及是否应从输入的开头或结尾编制索引。endIndex 与之类似,只不过索引是相对于 startIndex 完成的。

这一步比较耗时,原因是要找出所有的 Json 数据集的位置。在 Sublime Text 文本编辑器中,发现起始位置和结束位置如图 8.54 所示。

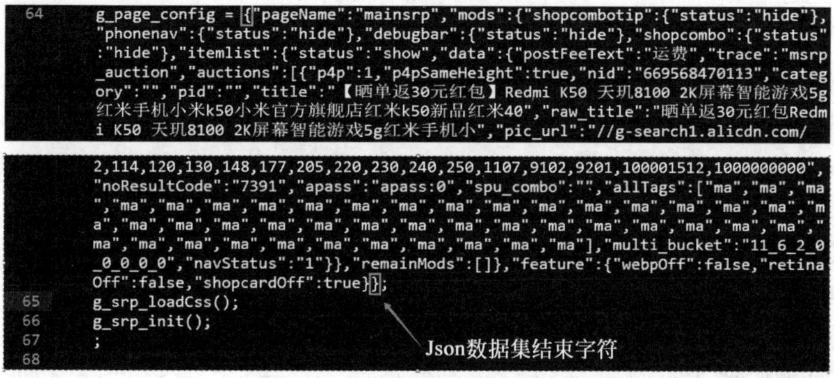

图 8.54 Json 数据集的起点和终点

Json 数据可以看作是一种键值对的组合,如图 8.55 所示的"pageName":"mainsrp"中的 pageName 是键值对中的名称,mainsrp 是该名称所对应的值。多个 Json 集合的组合一般以 list 集合的形式呈现。

图 8.55 Json 数据的键值对

范例中的 Json 数据集结束字符后是";"。由于符号";"在其他位置也出现了,所以不足以作为结束标记符,需要加下一行的"g_srp_loadCss();",共同作为函数 Text.BetweenDelimiters 的结束标记符。所以结束标记符由两行字符组成,两行字符中间有硬回车换行符。

2) Json.Document

语法如下:Json.Document(jsonText as any, optional encoding as nullable number) as any
将文本内容转换为 Json 数据格式。

4. 选取需要的 Json 数据

在上一步获取的 Json 数据集中,可以发现需要的商品数据。反向查找上一维 Json 数据集,共 4 层:auctions-data-itemlist-mods。所以需要选取"mods-itemlist-data-auctions"中的 Json 数据集。从图 8.56 可以看出,键值对中的 auctions 对应的值由一对方括号包裹,为 list 集合。

图 8.56　四层 Json 数据集

5. Json 数据集合转 Excel 表格数据

List 集合中包含多组 Json 数据，本范例通过公式"＝Table.FromList(深化 Json 数据，Splitter.SplitByNothing()，null，null，ExtraValues.Error)"，将 List 集合转换为 Excel 表格数据。

语法如下：Table.FromList(list as list, optional splitter as nullable function, optional columns as any, optional default as any, optional extraValues as nullable number) as table

通过将可选的拆分函数 splitter 应用于列表中的每一项，将列表 list 转换为表。默认情况下，该列表假定为以逗号分隔的文本值列表。可选 columns 可以为列数、列表或 TableType。还可以指定可选的 default 和 extraValues。

范例中公式的第 2 参数对应的函数 Splitter.SplitByNothing 的功能为：返回不拆分且将其参数作为单元素列表返回的函数。由于是单元素列表，所以第 3 参数列和第 4 参数 default 为空。第 5 参数对应的函数 ExtraValues.Error 的功能为：如果拆分器函数返回的列数多于表的预期值，会引发错误，预防服务器返回的不规则数据。因为淘宝网返回的是规整数据，所以这里的第 5 参数也可以不写。

6. 自定义函数

在 Power Query 中，可以将"查询设置"窗口中的多个查询步骤整合为一个自定义函数。操作步骤为：完成多个查询步骤的代码编写后，在"开始"选项卡的"查询"组中单击"高级编辑器"按钮，在关键字 let 前输入形式"(参数)=＞let"的字符，参数即为该自定义函数的参数，函数主体为 let 后的代码(所有的查询步骤代码)，如图 8.57 所示。自定义函数名称即为"查询名称"，如图 8.58 所示。

操作步骤

1. 获取网页中的 Json 数据

1) 获取网页搜索结果的网址

打开火狐浏览器或 Google 浏览器，地址栏输入"https://www.taobao.com"，登录后，在搜索框输入搜索内容，地址栏中的网址即为搜索出的商品列表。如图 8.59 所示。注意，

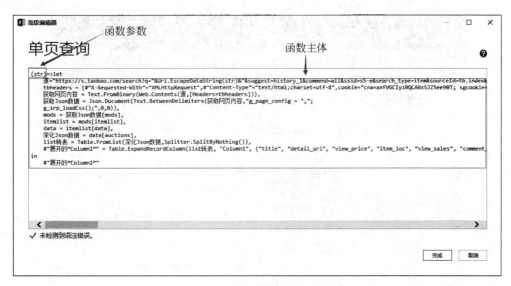

图 8.57　M 语言的自定义函数结构

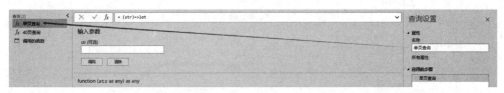

图 8.58　自定义函数名称

地址栏中的地址要选择完整的地址。

图 8.59　获取搜索结果网址

2）在 Power Query 的查询编辑器中导入地址

（1）新建 Excel 工作簿文件，在"数据"选项卡的"获取和转换"组中，单击"新建查询"下拉按钮，选择"从其他源中"的"空白查询"，如图 8.60 所示。

（2）在 Power Query 编辑器的编辑栏中复制粘贴上一步得到的搜索结果网址，完成后单击"输入"符号"√"。如图 8.61 所示。

3）获取请求地址的 cookie，完成 Query 中获取网页数据的头部文件参数

（1）以火狐浏览器为例。在搜索结果网页中，单击鼠标右键，选择"检查"，如图 8.62 所示。在弹出的网页检查窗口中，单击"网络"选项。完成后单击网页上的"刷新"按钮，重新获取数据，如图 8.63 所示。

图 8.60 新建空白查询

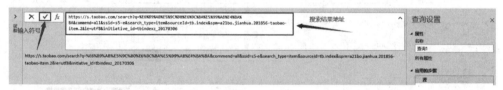

图 8.61 将搜索结果网址设置为数据源

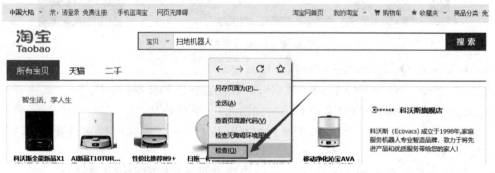

图 8.62 火狐浏览器的网页检查窗口进入方法

(2) 在网页检查窗口中,选中和地址栏中网址相同的文件,如图 8.64 所示。拖动滚动条,找到 cookie 对应的值,如图 8.65 所示。

图8.63　火狐浏览器的网页检查窗口

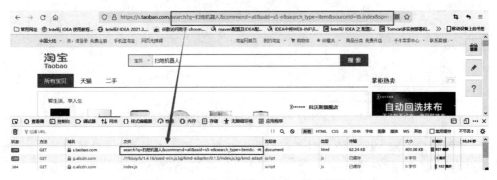

图8.64　在检查器窗口中找到相同网址

图8.65　获取该网址中Request请求数据的cookie值

（3）在"查询设置"对话框中，右键单击第一步操作"源"，选择"插入步骤后"，如图8.66所示。右键单击新步骤，重命名为"tbheaders"。如图8.67所示。

图8.66　Power Query中新建查询步骤

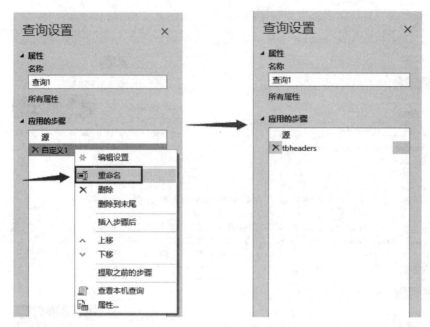

图 8.67　重命名查询步骤

（4）在编辑栏中输入网页请求时数据包头部文件的相关参数，相关参数如图 8.68 所示。书写形式为方括号括起来的内容："=［#"X-Requested-With"="XMLHttpRequest"，#"Content-Type"="text/html;charset=utf-8",cookie="cookie 参数值"］"，其中的 cookie 参数值用上一步获取的 cookie 值进行替换。

图 8.68　网络请求数据包的头部文件参数

4）获取网页文本内容

在"查询设置"窗口中添加新步骤，新步骤重命名为"获取网页内容"。在编辑栏中输入"=Text.FromBinary(Web.Contents(源,[Headers=tbheaders]))"，如图 8.69 所示。

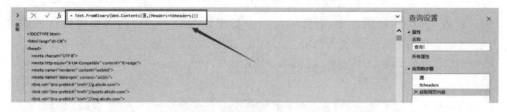

图 8.69　获取网页文本内容

5）截取网页文本，获取 Json 数据

在"查询设置"窗口中添加新步骤，新步骤重命名为"获取 Json 数据"。在编辑栏中输入"=Json.Document(Text.BetweenDelimiters(获取网页内容,"g_page_config=",";g_srp_loadCss();",0,0))"如图 8.70 所示。注意，M 函数 Text.BetweenDelimiters 的第 3 参数中包含硬回车换行符，具体的字符截取原理请查看本项目的相关知识。

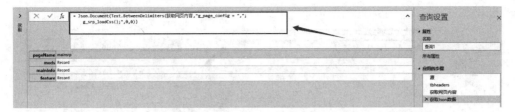

图 8.70 获取网页内容中的 Json 数据集

6）选取需要的 Json 数据

（1）依次选取[mods]、[itemlist]、[data]字段后的 record 数据集合和[auctions]字段后的 list 数据集合,如图 8.71 所示。选择这几个字段的原因请查看本项目的相关知识。

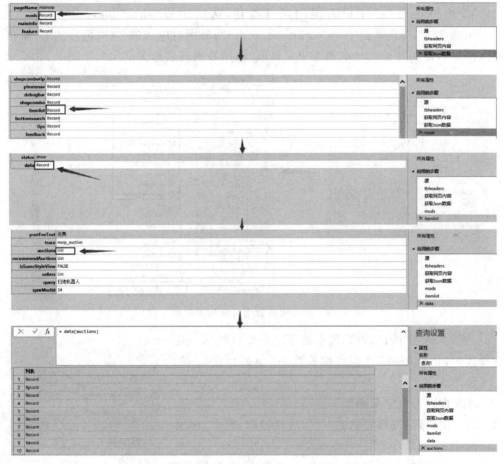

图 8.71 获取需要的 Json 数据

（2）提取[auctions]字段后的 list 数据集合后,在"查询设置"对话框窗口中,将步骤"auctions"重命名为"深化 Json 数据"。

2. Json 数据转表格数据和表格数据的处理

1) Json 数据转表格数据

在"查询设置"窗口中添加新步骤,新步骤重命名为"list 转表"。在编辑栏中输入"=Table.FromList(深化 Json 数据,Splitter.SplitByNothing(),null,null,ExtraValues.Error)"。

如图 8.72 所示。

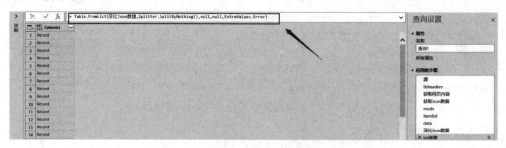

图 8.72　List 数据集转换为 Excel 表格数据集

2）表格数据的处理

（1）单击"Column1"字段右侧的展开按钮，选中字段"title"，"detail_url"，"view_price"，"item_loc"，"view_sales"，"comment_count"，分别对应店铺名称、网店地址、价格、店铺地址、销售数量和评论数。取消选中复选框"使用原始列名作为前缀"，如图 8.73 所示。

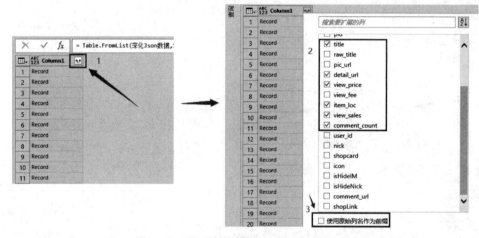

图 8.73　展开表格数据并选取需要的字段

（2）单击"确定"按钮，得到搜索结果中的单页数据。在"查询设置"对话框中，将查询名称修改为"单页查询"。如图 8.74 所示。

3. 修改查询为自定义函数

（1）单击"查询"按钮右侧的"＞"，展开查询，选中"单页查询"。如图 8.75 所示。

（2）在"开始"选项卡的"查询"组中单击"高级编辑器"按钮，弹出"高级编辑器"对话框。如图 8.76 所示。

（3）在"高级编辑器"对话框中，构造自定义函数。用 Uri.EscapeDataString(str)代替网址中字符 q 后的字符串（搜索关键字的 utf-8 编码）。如图 8.77 所示。单击"确定"按钮后，查询步骤将转变为自定义函数，效果如图 8.78 所示。

图 8.74　修改查询名称

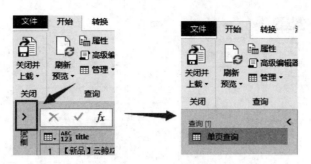

图 8.75　显示所有查询

图 8.76　打开高级编辑器,展示查询对应的 M 语言代码

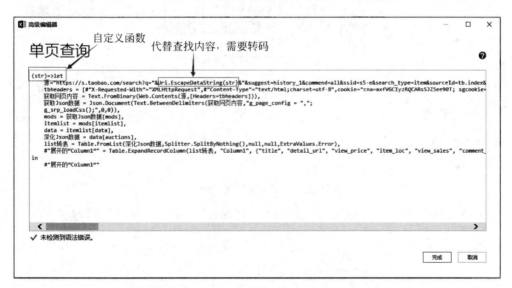

图 8.77　抽取搜索内容,构造 M 语言的自定义函数

4. 建立多页数据的查询

(1) 单击"查询"按钮右侧的">",展开查询。添加新的空查询"40 页查询"。如图 8.79 所示。

(2) 在"开始"选项卡的"查询"组中单击"高级编辑器"按钮,弹出"高级编辑器"对话框。在"高级编辑器"对话框中,输入如图 8.80 所示的循环代码。

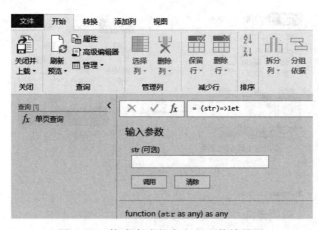

图 8.78 构成完成的自定义函数效果图

图 8.79 新建空查询并重命名

图 8.80 构造多页查询函数

(3) 单击"确定"按钮,完成自定义函数"40页查询"的输入。如图 8.81 所示。

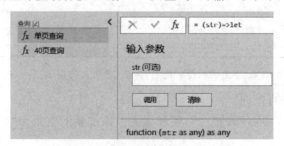

图 8.81 多页查询函数构造完成的效果

(4) 在"40页查询"的 str 参数对话框中输入"拖地机器人",单击"调用"按钮,即可获得

40 页相关搜索数据，如图 8.82 所示。

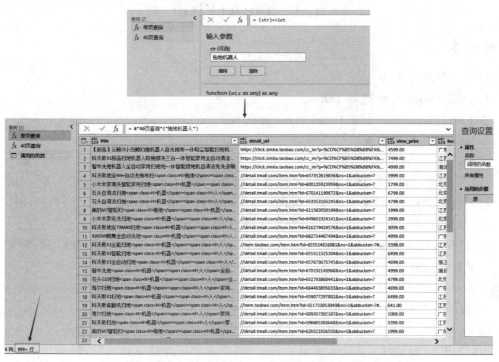

图 8.82　多页自定义函数调用的实际效果

（5）将查询结构上载到新的 Excel 工作表中，工作表重命名为"1000 条淘宝搜索结果"。效果如图 8.83 所示。

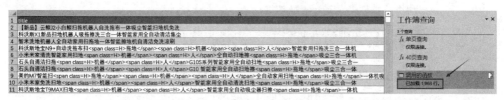

图 8.83　Power Query 处理后的结果上载到 Excel 工作表

注意问题

1. M 函数中的大小写问题

Power Query 中的 M 函数严格区分大小写，这一点和 Excel 中的函数不同。

2. M 函数功能查询

官方的 M 函数功能的在线查询网址为：

https://docs.microsoft.com/zh-cn/powerquery-m/power-query-m-function-reference

3. Text.BetweenDelimiters 函数的识别问题

当 Excel 2016 的版本比较旧时，Power Query 无法识别部分 M 语言的函数，如：Text.BetweenDelimiters。通过腾讯管家等软件，修补系统的 Office 漏洞就可以升级 Excel 2016，识别之前无法识别的 M 语言的相关函数。

8.3 PowerPivot

范例要求

打开工作簿文件"PowerPivot.xlsx",完成如下操作。

1. 加载 PowerPivot 选项卡★

在 Excel 工作簿中,加载 PowerPivot 选项卡。

2. 导入数据模型★★

将 Sheet1 工作表中的数据添加到数据模型中,并将数据模型重命名为"城市和区的关联"。在 Sheet2 工作表中导入网页"各区各店铺销售情况.html",套用任意一种表格格式后,将"销售额"列的数据缩小 10000 倍,C1 单元格的列名由"销售额"改为"销售额(万)",完成后,添加到数据模型中,并将此数据模型重命名为"店铺销售详情"。

3. 非重复计数★★

建立数据透视表,统计每个区不同名称的店铺数量。透视表所在工作表命名为"各区店铺数量"。完成后,如图 8.84 所示。

行标签	店铺数量
A区	6
B区	6
C区	6
D区	6
E区	6
F区	6
G区	6
H区	6
K区	6

图 8.84 非重复计数效果图

4. 表间关联,部分和总计数据的动态显示★★

在 PowerPivot 中,将第 1 问中得到的 2 个数据模型通过共同字段"地区"连接。以"地区"作为行字段,不同店铺作为列字段建立数据透视表。当筛选不同的地区时,同一个店铺名在该地区的销售额、该店名在所有地区的销售额总和、该地区的所有店铺销售额总和都显示。透视表所在工作表命名为"店铺销售详情和总量对比"。效果如图 8.85 所示。

城市	All						
以下项目的总和:全部销售额(万)	列标签						
行标签	S01	S02	S03	S04	S05	S06	总计
A区	3023	5964	8596	7728	7618	6156	39085
B区	3617	3167	7280	3663	5046	5486	28259
C区	4608	4547	4094	9540	5552	4539	32880
总计	46532	53006	52036	58370	54903	46524	311371

图 8.85 行标签筛选后的部分和总计数据的效果图

5. Dax 函数★★

在数据模型"店铺销售详情"中,利用公式和 Dax 函数 round,计算每个店铺的单价,结果保留 2 位小数。新列名改为"单价"。完成后如图 8.86 所示。

	地	店名	销售类型	全部销售额(万)	全部销售数量	单价
1	A区	S01	线上	1782	82	21.73
2	A区	S02	线上	1701	88	19.33
3	A区	S03	线上	3890	86	45.23

图 8.86 利用 Dax 函数求单价

6. 度量值★★

在数据模型"店铺销售详情"中,建立度量值"线上销售额",线上销售额为销售类型为线上的销售额之和。完成后,建立数据透视图,当筛选不同的城市时,各店铺的销售额总量和线上销售额能动态显示。透视图所在工作表重命名为"各地店铺销售额"。完成后如图 8.87 所示。

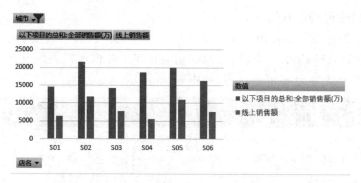

图 8.87　建立度量值后生成的透视图

相关知识

1. 加载 PowerPivot 选项卡的两种方式

在 Excel 工作簿文件中加载 PowerPivot 选项卡有两种方式,第 1 种方式是常规加载方法,即范例中用到的"com 加载项"方法。第 2 种方法只针对 PowerPivot,在"数据"选项卡的"数据工具"组中,单击"管理模型"按钮,在弹出的对话框"是否启用数据分析加载项"中,单击"启用"按钮可以在 Excel 中添加"PowerPivot 选项卡",如图 8.88 所示。

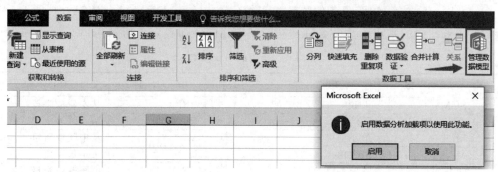

图 8.88　加载 PowerPivot 的另一种方法

2. 导入数据模型的两种常用方式

1) 从 Excel 表格加载

从 Excel 工作表加载到 PowerPivot 数据模型时,会强制将非表格格式的单元格区域转换为表格格式,否则无法加载到数据模型中。此加载方式适用于数据比较规整的情况。一般情况下,Excel 单元格区域在添加到 PowerPivot 中的数据模型前,需要先将 Excel 单元格区域转换为表格格式。

2) 从 Power Query 加载

在 Power Query 中处理完数据,将数据加载到 Excel 时,可以选择是否将该查询添加到数据模型。如图 8.89 所示。

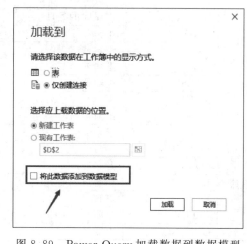

图 8.89　Power Query 加载数据到数据模型

3. 普通数据透视表没有的功能

PowerPivot 独有的功能在范例中都有所体现。分别是：数据透视表中的非重复计数、部分和总计数据的动态显示。"非重复计数"功能在普通数据透视表中没有，"部分和总计数据的动态显示"功能是灰色不可选状态，如图 8.90 所示。

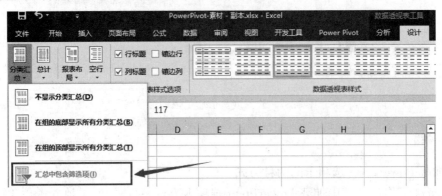

图 8.90　普通数据透视表不具备的功能

4. Dax 函数

PowerPivot 中的函数是 Dax 函数，常用函数中除了查找定位类函数（lookup、vlookup、index、match、offset 等）和部分条件统计类函数（countif、sumif、averageif 等），其他 DAX 常用函数和 Excel 中的常用函数的名称和功能基本相同。如表 8.1 所示。

表 8.1　常用的 Dax 函数

类别	函数	功能	类别	函数	功能
统计函数	SUM	求和	文本函数	LEFT	从左侧取字符
	AVEARGE	平均值		RIGHT	从右侧取字符
	MIN	最小值		MID	从中间取字符
	MAX	最大值		LEN	文本长度
	COUNT	数值列计数		TRIM	清除两侧空格
	COUNTA	任意类型计数		UPPER	小写转为大写
	COUNTBLANK	空单元格个数		LOWER	大写转为小写
逻辑函数	IF	条件判断	日期时间函数	NOW	当前日期时间
	IFERROR	错误时的处理		DATE	日期
	AND	逻辑与		YEAR	取出日期中的年
	OR	逻辑或		MONTH	取出日期中的月
	NOT	逻辑非		DAY	取出日期中的日
	FALSE	逻辑假		TIME	时间
	TRUE	逻辑真		HOUR	取出时间中的小时
数学函数	ABS	绝对值		MINUTE	取出时间中的分钟
	MOD	求余数		SECOND	取出时间中的秒
	POWER	乘方		TODAY	当前日期
	SQRT	开平方		WEEKDAY	判断日期对应星期几
	ROUND	四舍五入		WEEKNUM	一年中的周数
	INT	取整		YEARFRAC	两日期间的年数
	FLOOR	下限	信息函数	ISERROR	是否错误
	CEILING	上限		ISBLANK	是否空值

5. 多条件判断

在 Pivot 中,可以用 If 函数和 And 函数进行多条件判断,例如:"IF(And(条件 1,AND(条件 2,条件 3)))",也可以用关系运算符表示条件,符号和功能如表 8.2 所示。关系运算符的多条件表示如下:"IF(条件 1&&条件 2&&条件 3)"。

表 8.2　Dax 语言中关系运算符和对应的功能

符　　号	功　　能
&&	逻辑与,并且
||	逻辑或,或者

6. 度量值

在范例中用到的度量值是显性度量值,格式为"度量值名称:＝公式"。在 PowerPivot 编辑界面中,度量值可以写在数据编辑区以外的任何位置。范例中的度量值"线上销售额:＝calculate('店铺销售详情'[以下项目的总和:全部销售额(万)],'店铺销售详情'[销售类型]="线上")",利用函数 calculate 计算筛选后(线上销售类型)的销售额结果。

除了显性度量值,还有隐性度量值。隐性度量值是在数据透视表的值区域中进行字段计算的结果,如图 8.91 所示。在 PowerPivot 编辑器的"高级"选项卡中,通过单击"显示隐式度量值"可以显示或隐藏已有的隐性度量值。如图 8.92 所示。

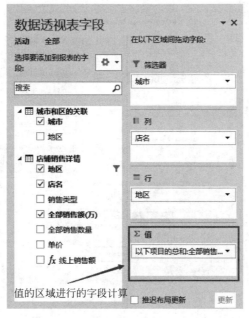

图 8.91　隐性度量值生成的过程

操作步骤

1. 加载 PowerPivot 选项卡

(1) 打开工作簿"PowerPivot.xlsx"。

(2) 在"文件"选项卡中单击"选项"菜单。在弹出的"Excel 选项"对话框的"加载项"菜单中,选择"管理"组合框中的"COM 加载项",单击"转到"按钮。在弹出的"COM 加载项"对话框

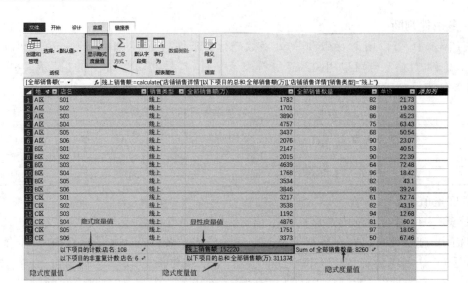

图 8.92 显性度量值生成的过程

中选中"Microsoft Power Pivot for Excel"复选框,单击"确定"按钮,可以将 PowerPivot 功能添加到 Excel 的待添加主选项卡中。如图 8.93 所示。

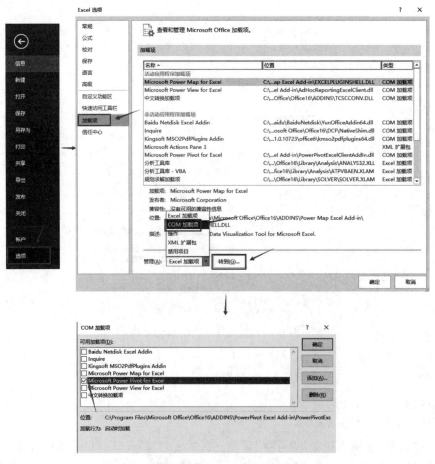

图 8.93 加载 PowerPivot 选项卡

(3) 在"文件"选项卡中单击"选项"菜单,在弹出的"Excel 选项"对话框中,选中"自定义功能区"菜单,在"从下列位置选择命令"下拉框中选择"主选项卡",如图 8.94 所示。

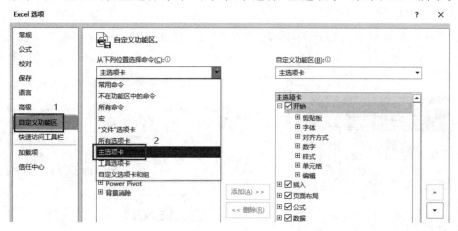

图 8.94　调出自定义功能区的主选项卡

(4) 在主选项卡中选中"Power Pivot",单击"添加"按钮,添加到右侧的"自定义功能区"。如图 8.95 所示。单击"确定"按钮,在 Excel 常规选项卡中添加"Power Pivot"选项卡。

图 8.95　在 Excel 工作区添加 PowerPivot 选项卡

2. 导入数据模型

(1) 在工作表"Sheet1"中，为 A1:B10 单元格区域套用任意一种表格格式，将普通单元格区域转换为表格。

(2) 光标定位在转换为表格的任意一个单元格中。在"PowerPivot"选项卡的"表格"组中，单击"添加到数据模型"按钮（有时候需要单击两次），进入 PowerPivot 编辑界面，如图 8.96 所示。

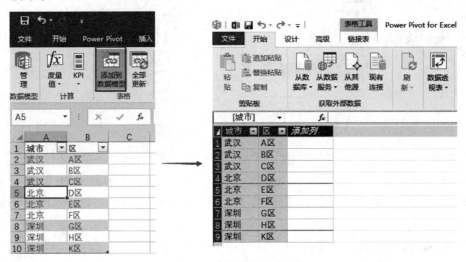

图 8.96　表格数据导入数据模型

(3) 在 PowerPivot 界面中，右键单击"数据模型"名称，选择"重命名"，修改名称为"城市和区的关联"，如图 8.97 所示。

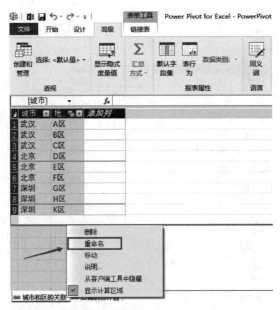

图 8.97　重命名数据模型

(4) 在工作表"Sheet2"中，单击"数据"选项卡"获取外部数据"组的"自网站"按钮，在工作表"Sheet2"的 A1 单元格中导入本地网页"各区各店铺销售情况.htm"。

(5) 为从网页导入的数据所在的单元格区域 A1:E109 套用任意一种表格格式。在套用表格格式时，会出现询问对话框，询问是否删除外部连接并将普通单元格区域转换表格格式，这里选择“是”。如图 8.98 所示。

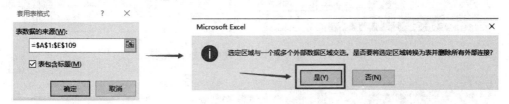

图 8.98　套用表格格式

(6) 在工作表“Sheet2”的 F2 单元格中计算“D2 单元格的值/10000”，F2:F109 单元格区域会自动填充计算值。如图 8.99 所示。完成后将 F2:F109 单元格区域的值，剪切后，以数值形式粘贴到 D2:D109 单元格区域，并修改 D 列的列名为“全部销售额(万元)”。如图 8.100 所示。

	A	B	C	D	E	F
1	地区	店名	销售类型	全部销售额	全部销售数量	列1
2	A区	S01	线上	17820000	82	1782
3	A区	S02	线上	17010000	88	1701
4	A区	S03	线上	38900000	86	3890
5	A区	S04	线上	47570000	75	4757
6	A区	S05	线上	34370000	68	3437
7	A区	S06	线上	20760000	90	2076
8	B区	S01	线上	21470000	53	2147
9	B区	S02	线上	20150000	90	2015
10	B区	S03	线上	46390000	64	4639

图 8.99　套用表格格式后的效果

	A	B	C	D	E
1	地区	店名	销售类型	全部销售额(万	全部销售数量
2	A区	S01	线上	1782	82
3	A区	S02	线上	1701	88
4	A区	S03	线上	3890	86
5	A区	S04	线上	4757	75
6	A区	S05	线上	3437	68
7	A区	S06	线上	2076	90
8	B区	S01	线上	2147	53
9	B区	S02	线上	2015	90
10	B区	S03	线上	4639	64

图 8.100　表格数据处理后的效果

(7) 光标定位在工作表“Sheet2”的表格区域，在“PowerPivot”选项卡的“表格”组中，单击“添加到数据模型”按钮，进入 PowerPivot 编辑界面，将数据模型“表 2”的名称修改为“店铺销售详情”。

3. 非重复计数

(1) 在 PowerPivot 编辑界面中的“店铺销售详情”数据模型中，单击“开始”选项卡的“数据透视表”下拉按钮，在新工作表中创建数据透视表，如图 8.101 所示。新工作表重命名为“各区店铺数量”。

(2) 在工作表“各区店铺数量”中的数据透视表区域，行字段为工作表“店铺销售详情”的“地区”字段。在“值”的区域放入“店名”字段，对“店名”字段进行“非重复计数”，操作方法类似第 7 章中的数据透视表设置，如图 8.102 所示。

(3) 在工作表“各区店铺数量”的 C3 单元格(数据透视表区域)中直接修改文字内容，并

图 8.101　PowerPivot 中建立数据透视表

图 8.102　设置数据透视表

调整为合适的列宽。在"数据透视表工具-分析"选项卡的"布局"组中,单击"总计"按钮,选择"对行和列禁用",如图 8.103 所示。

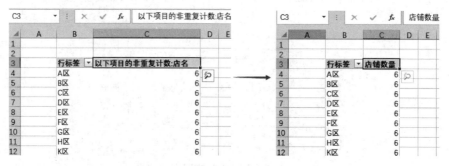

图 8.103　设置数据透视表及完成后的效果

4. 表间关联,部分和总计数据的动态显示

1) 表间关联

(1) 单击"PowerPivot"选项卡的"数据模型"组的"管理"按钮,进入 PowerPivot 编辑界面。

(2) 单击"开始"选项卡的"查看"组的"关系图视图"按钮,进入数据模型的关系视图界面。如图 8.104 所示。

(3) 在关系图视图中,选中数据模型"城市和区的关联"中的字段"区",拖动到数据模型"店铺销售详情"中的字段"地区",自动建立数据模型之间的关联关系。如图 8.105 所示。

2) 部分和总计数据的动态显示

在 PowerPivot 编辑界面中,单击"开始"选项卡的"数据透视表"按钮,在新工作表中生成数据透视表,新工作表重命名为"店铺销售详情和总量对比"。在数据透视表设计器中,行

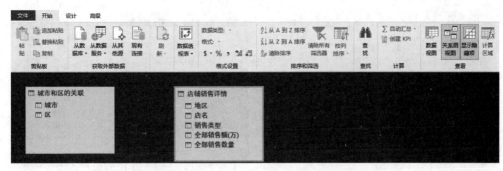

图 8.104 关系图视图中的所有数据模型

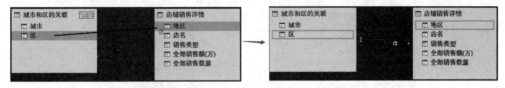

图 8.105 建立数据模型之间的联系

字段为工作表"店铺销售详情"的字段"地区",列字段为工作表"店铺销售详情"的字段"店名",值中的字段为"全部销售额(万)",值的统计方式为"求和"。完成后,光标定位在数据透视表区域,在"数据透视表工具—设计"选项卡的"布局"组中,单击"分类汇总"下拉按钮,选中"汇总中包含筛选项"。即可在筛选状态下显示某店铺在某地区和所有地区的销售额,某地区某店铺的销售额和某地区所有店铺的销售额。如图 8.106 所示。

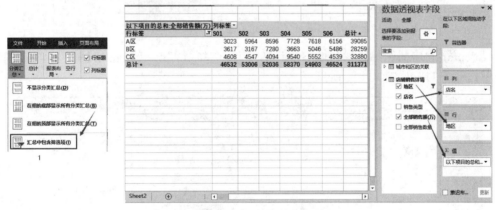

图 8.106 设置数据透视表及完成后的效果

5. Dax 函数

(1) 在 PowerPivot 编辑界面中。在"开始"选项卡的"查看"组中,单击"数据视图"按钮。切换到数据模型"店铺销售详情",在"添加列"的第 1 个单元格中输入公式"=round([全部销售额(万)]/[全部销售数量],2)",完成后按 Enter 键,如图 8.107 所示。

(2) 右键单击"计算列 1"字段,选择"重命名列",将列名修改为"单价"。如图 8.108 所示。

6. 度量值

(1) 在 PowerPivot 编辑器界面中,在数据编辑区以外的区域,输入度量值"线上销售

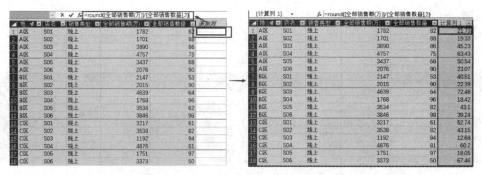

图 8.107 利用 Dax 函数计算单价

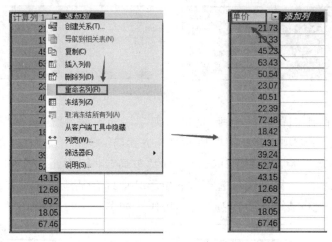

图 8.108 重命名列字段

额:=calculate('店铺销售详情'[以下项目的总和:全部销售额(万)],'店铺销售详情'[销售类型]="线上")",如图 8.109 所示。

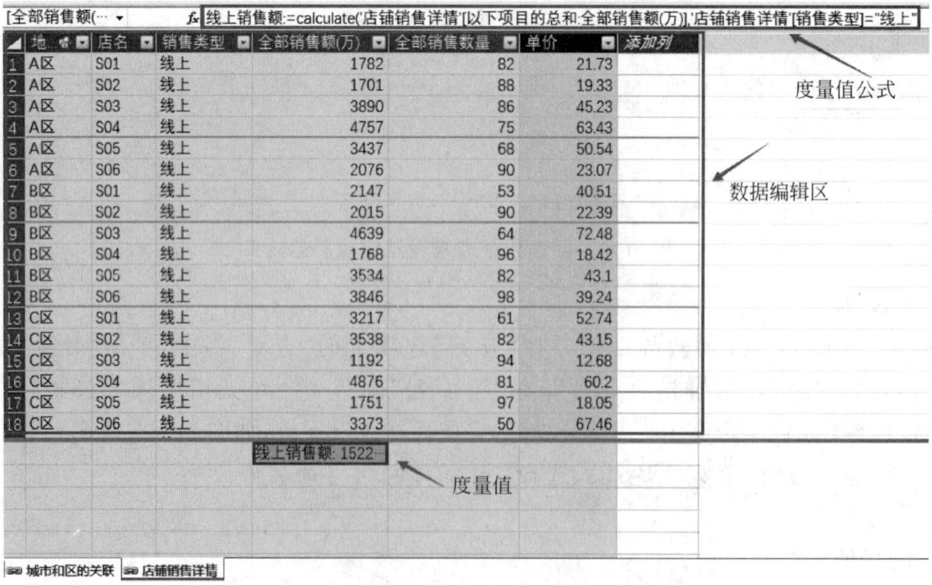

图 8.109 建立显性度量值

(2) 在 PowerPivot 编辑界面的"开始"选项卡中,单击"数据透视表"下拉按钮,选择"数据透视图",如图 8.110 所示。在新工作表建立数据透视图,新工作表重命名为"各地店铺销售额"。

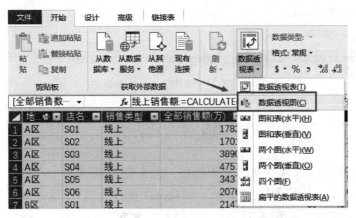

图 8.110　PowerPivot 中建立数据透视图

(3) 在数据透视图设置区域,"筛选器"中的字段为"城市","轴(类别)"中的字段为"店名","值"中的字段为"全部销售额(万)"和度量值"线上销售额"。如图 8.111 所示。

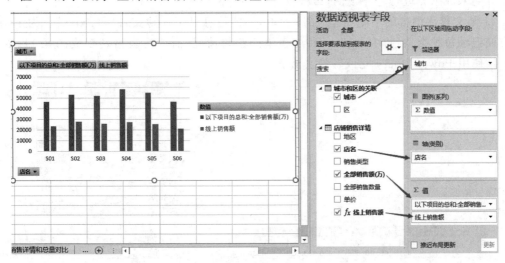

图 8.111　设置数据透视图及完成后的效果

注意问题

1. 处理数据优先选择 Power Query

虽然在 PowerPivot 中可以进行字段计算,也可以增加度量值计算 KPI;但相对于 Power Query,数据处理能力还是偏弱,缺乏常见的数据类型修改、分列、逆透视、分组和 M 语言等功能。对于大量的不规整数据,一般先在 Power Query 中进行处理,再添加到 PowerPivot 的数据模型中。

2. 公式换行和编辑栏操作

在 PowerPivot 中,由于每个字段需要引用数据模型名称,导致公式较长。在书写较长的公式时,如果需要换行,按 Shift+Enter 键即可。通过空格键或 Tab 键可以实现每行的缩进对齐。在公式编辑栏右侧单击双箭头按钮,可以实现编辑栏空间的展开(多行模式)或收缩(单行模式)。在编辑栏控件展开状态下,可通过拖曳编辑栏下方的线条来调整编辑栏的大小。如图 8.112 所示。

图 8.112　PowerPivot 中的编辑栏

练　　习

一、在"8-1.xlsx"工作簿中进行以下操作。完成后,保存文件。

1. 在"成绩.xlsx"工作簿中,使用 Power Query 进行查询,计算各学校男女生五门课总分的平均分。查询并上载的结果如图 8.113 所示。★★

提示:

(1)将语文成绩添加到期末成绩表。(2)在期末成绩表中添加列并求总分。(3)将学生信息和期末成绩表进行合并查询,透视列。

2. 某文具店销售的不同类型、品牌的笔,具体信息见工作簿文件"笔.xlsx"。为了销售时方便记录每种类型、每个品牌、每种颜色笔的销售情况,需要将表格转变成图 8.114 的效果。请使用 Power Query 完成转换。★★

图 8.113　Power Query 基础操作完成效果　　图 8.114　分列和逆透视的完成效果

提示:

(1)拆分列。(2)逆透视。

二、在"8-2.xlsx"工作簿中进行以下操作。完成后,保存文件。

1. 在"PowerPivot 习题-素材"工作簿中,将工作表"地区关联"中有值的单元格添加到数据模型。将数据模型"表1"重命名为"地区关联"。在 Sheet2 工作表中导入网页"各地 2021 年 GDP.html",套用任意一种表格格式后,将"GDP"列的数据缩小 1 亿倍,完成后,添加到数据模型中,并将此数据模型重命名为"各地 2021 年 GDP"。★★

2. 根据"地区关联"数据模型建立数据透视表,统计不同的大区数量。透视表所在工作表命名为"大区数量"。完成后,如图 8.115 所示。★★

3. 将第1问中得到的2个数据模型通过共同字段"地区"连接。以"大区"作为筛选器字段,"地区"作为行字段,不同季度作为列字段建立数据透视表,当筛选不同的地区时,该地区所有季度的 GDP 和所有地区所有季度的 GDP 都显示。透视表所在工作表命名为"各地 GDP 和所有地区 GDP 对比"。效果如图 8.116 所示。★★

以下项目的非重复计数:大区分类
6

图 8.115　非重复计数完成效果

大区分类	All				
以下项目的总和:GDP	列标签				
行标签	2021年第1季度	2021年第2季度	2021年第3季度	2021年第4季度	总计
安徽省	9490	20500	31800	43000	104790
总计	246532	528392	816450	1137030	2728404

图 8.116　部分和整体数据显示效果

4. 在数据模型"各地 2021 年 GDP"中添加一列"GDP(万亿)",结果为 GDP 的值缩小到万分之一。完成后,效果如图 8.117 所示。★★

地...	季度	GDP	GDP(万亿)	添加列
1	北京市	2021年第4季度	40300	4.03
2	天津市	2021年第4季度	15700	1.57
3	河北省	2021年第4季度	40400	4.04

图 8.117　PowerPivot 中的公式计算

5. 在数据模型"各地 2021 年 GDP"中建立度量值"直辖市 GDP"和"非直辖市 GDP",值分别为直辖市 2021 年的 GDP 总量和非直辖市 2021 年的 GDP 总量。完成后,建立数据透视图,当筛选不同的大区时,如果该大区存在直辖市,就会动态显示直辖市 GDP 总量和非直辖市 2021 年的 GDP 总量;如果该大区不存在直辖市,只会动态显示非直辖市 2021 的 GDP 总量。该透视图所在工作表重命名为"2021 年直辖市和非直辖市 GDP 总量对比"。当大区为"华北"时,效果如图 8.118 所示。★★

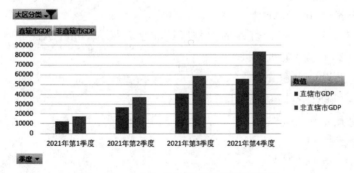

图 8.118　建立度量值后的透视图效果

第 9 章　PowerPoint 演示文稿设计制作

9.1　演示文稿设计与排版

范例要求

制作完成的演示文稿共包含 10 张幻灯片,具体要求如下:

1. 导入 Word 大纲内容★

根据 Word 文档"调查报告.docx"的大纲内容,利用大纲里的各级标题快速生成演示文稿"ppt1.pptx",将不包含内容的空幻灯片删除。

2. 拆分幻灯片★

由于文字内容较多,将第 4 张幻灯片("黑中介""黑单位"的诈骗方式分析)中的内容区域文字自动拆分为 2 张幻灯片。

3. 分节★

将演示文稿分为 3 节,其中"标题"节中包含第 1 张幻灯片,"结论"节中包含最后 1 张幻灯片,其余幻灯片均包含在"内容"节中。

4. 幻灯片内容转 SmartArt★

为了布局美观,将第 9 张幻灯片的内容区域文字转换为 SmartArt 布局的"基本列表",设置该 SmartArt 样式为"强烈效果"。

5. 应用自定义设计主题★

为整个演示文稿应用自定义设计主题"grey.thmx"。

6. 修改母版★

按如下要求修改母版:

(1) 安装字体"思源黑体"。

(2) 将每张幻灯片页面上标题的字体改为"思源黑体",字号改为 40(首张幻灯片字号不改),调整行距为 1.5 倍。

(3) 利用图片素材"job.png"给每张幻灯片页面加上统一的 Logo 标志(首张幻灯片不加 Logo 标志)。

(4) 新建名称为"表格"的自定义版式,在该版式中插入两个上下排列的表格占位符。

7. 参考 Word 中的效果图,修改演示文稿★

参考"完成效果"文档中的样例,修改演示文稿。在演示文稿最前面新建一张版式为"标题幻灯片"的幻灯片,其标题内容为 Word 文档"调查报告.docx"的论文标题。第 2-3,5-10 张幻灯片的版式为"标题和文本",第 4 张幻灯片的版式为"表格"。第 2 张幻灯片为目录页,目录中的每一项内容可跳转到相应的幻灯片页面。为第 4 张幻灯片插入两个表格，内容参考 Word 文档"调查报告.docx"对应章节。

8. 演示文稿的编号和页脚★

为演示文稿添加编号及页脚，页脚内容为"大学生兼职调查"，编号从 1 开始，标题幻灯片中不显示页脚及编号。

9. 删除不用的幻灯片版式，替换演示文稿中的字体★

删除"标题幻灯片""标题和文本""表格"之外的未使用过的其他幻灯片版式。将演示文稿中的所有字体为"幼圆"的文字字体替换为字体"微软雅黑"。

10. 利用线条和色块美化幻灯片★

利用线条和色块自由美化幻灯片页面，风格不限。

11. 保存自定义设计主题★

将修改后的幻灯片母版保存为自定义设计主题"报告"。

12. 应用自定义设计主题★

为演示文稿"工作总结.pptx"应用自定义设计主题"报告"。

相关知识

1. 演示文稿的大纲视图

演示文稿中的大纲视图将演示文稿显示为由每张幻灯片的标题和主文本所包含的大纲。每个标题都显示在包含"大纲"选项卡的窗格左侧，以及幻灯片图标和幻灯片编号。主文本在幻灯片标题下缩进。

1）由 Word 文档的大纲构建演示文稿

可以利用 Word 文档快速创建演示文稿，但是并非所有的 Word 文档都能转为演示文稿，只有指定了标题样式，具备了大纲结构的 Word 文档才能实现转换。方法为先在 Word 中创建具有标题级别的大纲，然后将大纲导入 PowerPoint。切换到开始"选项卡"，选择"新建幻灯片"下拉菜单的幻灯片（从大纲）…"命令，导入设置了样式的 Word 文档，如图 9.1 所示。Word 文档中使用了"标题 1"样式的文字转换为演示文稿的页面标题，使用了"标题 2"样式的文字则转换为演示文稿的一级标题，使用了"标题 3"样式的文字则转换为演示文稿的二级内容，以此类推。而在 Word 文档中设置为"正文"样式的内容不被转换。

2）利用大纲视图拆分幻灯片页面

大纲视图的左侧界面演示演示文稿的大纲，详细列出了各级标题，显示幻灯片的标题和主要的文本信息，最适合组织和创建演示文稿的内容。在该视图中，按编号由小到大的顺序和幻灯片内容的层次关系，显示演示文稿中全部幻灯片的编号、图标、标题和主要的文本信息等。

在大纲视图中，利用"升级"和"降级"命令可以提升或降低当前选中标题的级别。如果当前选中的是演示文稿的一级标题，再执行"升级"命令，变成了单独的一张幻灯片，该标题被提升成新幻灯片的页面标题，也就是被提升了一级。

2. 节

类似于使用文件夹来整理文件，可以使用"节"功能把幻灯片整理成组。

在缩略图窗格中的幻灯片之间右击，快捷菜单中选择"新增节"可以添加一个名称为"无标题节"的节。右击该标题,在快捷菜单中可对其进行诸如"重命名节""删除""移动"等操作。

对于已经设置好"节"的演示文稿,将"视图"切换为"幻灯片浏览",可以更全面、更清晰查看页面间的逻辑关系。

单击该节名称旁边的三角形,可以折叠节。节名后括号内的数字即为该节中幻灯片的数量,如图 9.2 所示。

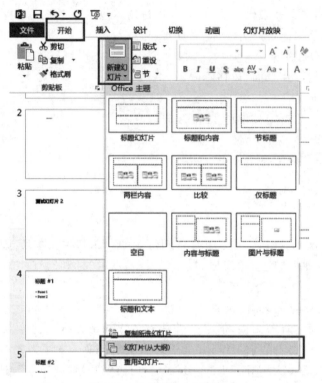

图 9.1　从大纲导入幻灯片

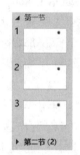

图 9.2　节的折叠

3. 主题

主题是一组预定义的颜色、字体和视觉效果,可应用于幻灯片以实现统一专业的外观。利用主题,可快速对演示文稿进行外观效果的设置,简化设计过程。

在演示文稿中使用的每个主题包括一个幻灯片母版和一组相关版式。如果在一个演示文稿中使用多个主题,那么将拥有多个幻灯片母版和多组版式。

如果要改变当前主题,可以在"设计"选项卡下的"主题"组中的预览主题样式中选择所需主题,也可以通过"浏览主题"命令直接选择自定义主题进行应用。

如果希望将对颜色、字体或效果所做的更改应用到其他演示文稿上,可以保存为自定义主题。在"视图"选项卡上,选择"幻灯片母版"。然后在"幻灯片母版"选项卡上的"编辑主题"组中,单击"主题"下拉按钮,选中"保存当前主题"选项,为主题输入相应的名称后保存。修改后的主题在本地驱动器上的 Document Themes 文件夹中保存为 .thmx 文件,并将自动添加到"设计"选项卡上"主题"组中的自定义主题列表中。

4. 母版

母版是一类特殊幻灯片,它能控制基于它的所有幻灯片。在母版中进行一些设置,可以更改整个幻灯片的格局,保证整个幻灯片风格的统一。

母版幻灯片是母版视图下的左侧缩览图窗格中最上方的幻灯片,位于幻灯片层次结构的顶层,存储了有关演示文稿的主题、版式等信息。与母版版式相关的幻灯片版式显示在此母版幻灯片下方。

编辑幻灯片母版时,顶层母版的改变会影响基于它的所有版式,所以基于该母版的所有幻灯片将包含这些更改,如图 9.3 所示。当存在宋体、段落的设置冲突时,顶层母版优先级最低。

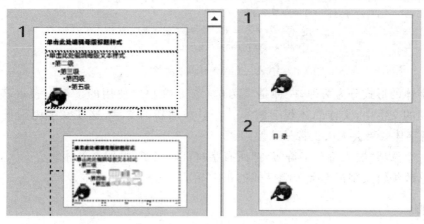

图 9.3　基于母版的更改

5. 版式

版式是幻灯片内容在幻灯片上的排列方式。版式由占位符组成,占位符是一种带有虚线或阴影线边缘的框,绝大部分幻灯片版式中都有这种框。占位符里可放置文字和各种幻灯片内容,如表格、图表、图片、形状和剪贴画。

每次添加新幻灯片时,都可以在"开始-幻灯片-版式"窗格中为其选择一种版式。版式涉及所有的配置内容,但也可以选择空白版式。

PowerPoint 包含内置幻灯片版式,还可以自己设计版式,可通过"视图-幻灯片母版-插入版式",自定义各种占位符,自行确定占位符的位置和内容。如果多个页面都要用到某种版式,那么可以在母版中自定义生成某种版式,新建幻灯片时可设置为此自定义版式,达到简化操作的目的。

6. 自定义字体的安装与迁移

Windows 可以自定义安装个性化字体,以便进行个性化设计。先下载要安装的".tff"格式的字体文件,双击该字体文件,在字体预览器中打开。在字体预览界面,单击左上角的"安装"按钮,如图 9.4 所示。安装成功后可在"控制面板-外观和个性化-字体"中查看自定义安装的字体。打开 Office 程序,字体列表中会显示新字体。

安装自定义字体后,该字体将只能在安装了该字体的计算机上使用。如果未在计算机上安装某种字体,则使用该字体的文字将显示为 Times New Roman 或默认字体。原因在于各种

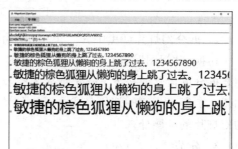

图 9.4　安装自定义字体

新字体的效果并不是来自于 PowerPoint 这个软件,而是来自于我们在操作系统中安装的各种新字体。换了计算机之后,那台计算机的系统里没有这个字体,自然也就无法正常显示了。

为了避免出现这种情况,可以将自定义字体嵌入到演示文稿中。单击"文件"选项卡,选择"选项-保存"下的"将字体嵌入文件"复选框,如图 9.5 所示。

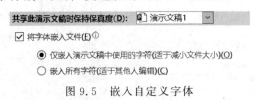

图 9.5 嵌入自定义字体

嵌入字体的形式分为两种,一种是"仅嵌入演示文稿中使用的字符",表示该新字体只嵌入已用到的文字中,文件的体积会减小。一旦添加新的文字,这些文字因为没有被嵌入 PPT 里,新字体效果会无法正常显示。

另外一个选项"嵌入所有字符"是把所有字符都嵌入了,虽然文件体积会变大,但是之后无论怎样修改编辑文字都不会影响字体的正常显示。

操作步骤

1. 导入大纲内容

新建空白演示文稿,单击"开始-新建幻灯片"下拉菜单,单击"幻灯片(从大纲)",在弹出的"插入大纲"对话框中,选择 Word 文档"调查报告.docx",如图 9.6 所示,文档里的标题样式被自动导入成演示文稿的各级标题。将生成的演示文稿里不包含内容的若干张空白幻灯片删除。

图 9.6 从大纲导入幻灯片

2. 拆分幻灯片("黑中介""黑单位"的诈骗方式分析)

切换到"视图"选项卡,选择大纲视图。在左侧缩略图中选择待拆分的幻灯片,在幻灯片中要拆分的段落前按下 Enter 键插入空行,在空行处右击,弹出的快捷菜单中选择"升级",如图 9.7 所示。原幻灯片分成 2 页幻灯片显示。将原幻灯片的标题内容复制粘贴到新生成的幻灯片的标题处。

3. 分节

在第 1 张和第 2 张幻灯片之间单击右键,在快捷菜单中选择"新增节",并对新增的节进行重命名操作,如图 9.8 所示。用同样的方法添加"内容"节和"结论"节。

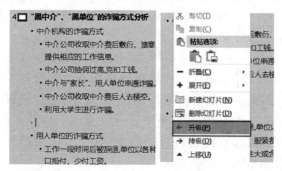

图 9.7　在大纲视图中快速拆分幻灯片

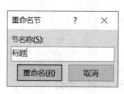

图 9.8　新增"标题"节

4. 幻灯片内容转 SmartArt

选择第 9 张幻灯片中内容区域的文本,单击"开始-段落-转换为 SmartArt 图形"下拉按钮,如图 9.9 所示,在弹出的列表中选择"其他 SmartArt 图形",切换到"列表"类型,选择"基本列表"布局,并在"设计"选项卡中更改颜色、设置 SmartArt 样式为"强烈效果",如图 9.10 所示。

图 9.9　文本转 SmartArt 图形

图 9.10　SmartArt 效果图

5. 应用自定义设计主题

切换到"设计"选项卡,单击"主题-其他"下拉菜单,在弹出的列表中选择"浏览主题",选择主题"grey.thmx",如图 9.11 所示。该主题就被应用到该演示文稿上。

图 9.11　选择主题"grey.thmx"

6. 修改母版

1) 安装新的字体"思源黑体"

直接双击名称为"思源黑体.tff"的字体文件可以在计算机上运行安装该字体。新字体安装好以后,如果换台计算机打开演示文稿,该演示文稿中的新字体会丢失。此问题的解决方法为单击"文件"选项卡,选择"选项-保存"下的"将字体嵌入文件"复选框,该字体就会嵌在当前演示文稿里,即使更换计算机也不会丢失。

2)修改母版里的字符和段落格式

切换至"视图"选项卡,单击"幻灯片母版"按钮进入到母版编辑状态。在窗口左侧缩略图中定位至该主题的顶层母版中,在右侧页面内选中标题占位符,设置字体为"思源黑体",字号为40。选中文本占位符里的所有内容,在段落属性里设置行距为1.5倍的多倍行距,如图9.12所示。注意:有时幻灯片的字体没有随着母版的改变而改变,可选择所有幻灯片,执行"开始-幻灯片-重置"命令,字符的格式会立刻更改。

3)插入的图片作为统一的Logo标记

在顶层母版里插入图片"job.png",调整至合适大小并拖动到合适位置作为整个演示文稿的Logo。选中窗口左侧缩略图的"标题"版式,在"幻灯片母版"选项卡下的"背景"组中勾选复选框"隐藏背景图形","标题"版式里将不显示母版中统一的背景Logo图片,如图9.13所示。

图9.12　文本的行距设置　　　　　图9.13　隐藏"标题"版式的背景图片

4)在母版中自定义版式

在母版编辑状态下,单击"幻灯片母版-编辑母版-插入版式",左侧的缩略图中出现新的自定义版式,将该版式重命名为"表格",单击"插入占位符"按钮,在列表中选择"表格"类型的占位符,如图9.14所示。分别在对应位置拖动鼠标,绘制出两个表格占位符,如图9.15所示。

7. 参考Word中的效果图,修改演示文稿

(1)在演示文稿最前面插入版式为"标题幻灯片"的幻灯片,根据文档"调查报告.docx"输入论文的标题。

(2)将第4张幻灯片(大学生兼职现状调查)的版式设置为"表格",在该幻灯片中插入2个表格,表格里分别插入6个图表,内容参考"完成效果"文档,完成后的效果如图9.16所示。

(3)为第2张幻灯片添加各个目录项,目录项的内容对应后面各张幻灯片的标题,为每个目录项添加超链接,将链接的位置设置为"本文档中的位置",分别选择对应的幻灯片,如图9.17所示。

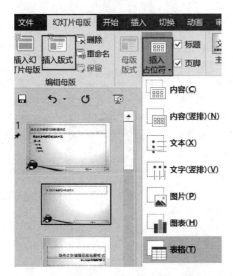

图 9.14 在母版中插入自定义版式

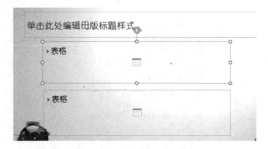

图 9.15 自定义"表格"版式

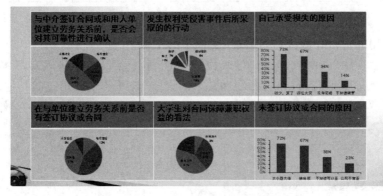

图 9.16 "表格"版式幻灯片

(4) 设置第 2-3,5-10 张幻灯片的版式为"标题和文本"。

8. 演示文稿的编号和页脚

(1) 单击"插入-文本-页眉和页脚"按钮,如图 9.18 所示。在弹出的"页眉和页脚"对话框中,选中"幻灯片编号"复选框和"页脚"复选框,在页脚文本框里输入"大学生兼职调查",然后选中"标题幻灯片中不显示"复选框,如图 9.19 所示。

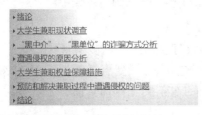

图 9.17 "目录"幻灯片

图 9.18 插入"页眉和页脚"

(2) 切换至"设计"选项卡,选择"自定义-幻灯片大小-自定义幻灯片大小",弹出"幻灯片大小"对话框,在"幻灯片编号起始值"数值框中输入起始编号:0,如图 9.20 所示。

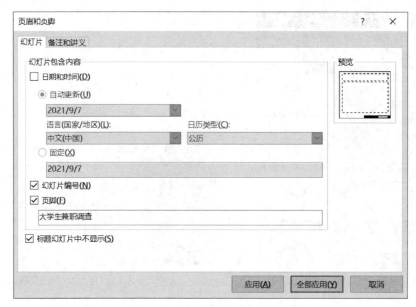

图 9.19 "页眉和页脚"对话框

9. 删除不用的幻灯片版式,替换演示文稿中的字体

(1) 切换到"视图"选项卡,选择"母版视图-幻灯片母版"按钮,进入母版编辑状态。在左侧缩略图中,删除"标题幻灯片""标题和文本""表格"之外的未使用过的其他幻灯片版式。

(2) 切换到"开始"选项卡,选择"替换-替换字体",将所有为"幼圆"字体文字的字体替换为"微软雅黑",如图 9.21 所示。

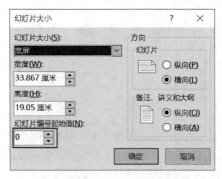

图 9.20 设置幻灯片起始编号

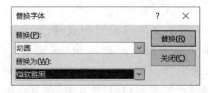

图 9.21 替换字体

10. 利用线条和色块美化幻灯片页面

切换到"视图"选项卡,选择"母版视图-幻灯片母版"按钮,进入母版编辑状态。

在顶层母版中绘制一个矩形衬于标题下作为修饰色块,并设置合适的填充颜色,效果如图 9.22 所示。还可以绘制各种填充效果和类型不同的线条美化修饰页面。

11. 保存自定义设计主题

切换到"设计"选项卡,单击"主题-其他"下拉菜单,在弹出的列表中选择"保存当前主题",如图 9.23 所示。在弹出的对话框中,指定存储位置,保存文件名为"报告"。

12. 应用自定义设计主题

打开演示文稿"工作总结.pptx",切换到"设计"选项卡,单击"主题-其他"下拉菜单,在

图 9.22 用色块美化幻灯片页面

图 9.23 保存主题

弹出的列表中选择"浏览主题",选择自定义主题"报告",前一个演示文稿的母版设置就应用到新的演示文稿上了。

注意问题

1. 母版定义的元素在"普通"视图上无法编辑

有时在"普通"视图中进行编辑修改时,发现无法编辑幻灯片上的元素,例如,发现无法删除幻灯片上的图片,这可能是因为尝试更改的内容是在幻灯片母版上定义的。若要编辑该内容,必须切换到"幻灯片母版"视图里。在幻灯片母版上添加的元素会出现在每张幻灯片的相同位置上,且不能在"普通"视图下编辑,只能进入定义它的最原始的位置即母版里才能进行修改。

2. "普通"视图下添加的文本框的格式不受母版统一控制

如果我们要往幻灯片中添加文本,既可以在页面的占位符中直接输入文本,也可以插入文本框,然后在文本框内添加文本来实现。通过占位符输入的文本会出现在大纲视图中,这些文本的格式由母版统一控制。在文本框中添加的文本并不会出现在大纲视图中,导致这些文本的外观不受母版控制。如图 9.24 所示,文本"晚上"是通过插入文本框添加的,不显示在大纲视图里,调整母版的字体格式,该文本的格式不会受到影响。

所以,如果希望字体格式能够统一被修改,就在页面自带的占位符里输入;如果希望做个性化的设置,那么就通过插入文本框来添加文字。有时修改了母版里的所有占位符的字体,但是发现幻灯片某些文字的字体没变化,原因就在于这些文字不在演示文稿自带的占位符里。

图 9.24 大纲视图中不显示文本框内容

9.2 图片、形状、文本的设计与美化

范例要求

根据素材制作演示文稿,共包含 3 张幻灯片,具体要求如下:

1. 第 1 张幻灯片★

包含的元素为背景图片、矩形和文本框。图片"江大之景"作为页面的中间背景,不改变

素材图片的纵横比。在背景图片上插入矩形,将该矩形用渐变色填充,调整渐变的效果和透明度,使背景和该矩形色条融合自然。效果如图 9.25 所示。

2. 第 2 张幻灯片★

素材为图片"江汉大学""autumn"。利用形状与图片之间、文字与图片之间、形状与文字之间的"合并形状"功能制作圆形的图像、填充背景图片的文字、上半部分和下半部分颜色不同的文字。效果如图 9.26 所示。

图 9.25　第 1 张幻灯片效果图

图 9.26　第 2 张幻灯片效果图

3. 第 3 张幻灯片★

利用形状与文字之间的合并形状中的"拆分"功能制作创意文字,效果如图 9.27 所示。

图 9.27　第 3 张幻灯片效果图

相关知识

1. 图片融合

在演示文稿里插入图片素材作为背景时,会碰到图片素材跟幻灯片的页面大小不一致的情况。图片素材直接放置在页面上无法覆盖整个页面,可以在页面上插入与图片等高的矩形,将它设置为渐变填充,调整渐变光圈的位置和透明度,使之呈现出半透明效果,遮盖住页面的空白处。矩形与图片素材融合为一个整体,起到修饰的作用。

2. 合并形状

PowerPoint 演示文稿中可以绘制简单的形状,将这些形状进行相交、剪除等操作可以得到更复杂的形状,这就是"合并形状"功能。"合并形状"包含了 5 种不同的模式,对应 5 种不同形状的布尔运算方式,分别为:联合、组合、拆分、相交、剪除。

1)形状联合

形状联合功能将两个形状合并成一个形状,合并后的图形无相交部分,彼此是一个整体,如图 9.28 所示。

2)形状组合

形状组合功能可以将两个形状合并在一起。与形状联合功能的区别是:如果形状之间有相交部分,形状组合后将去掉相交部分,如图 9.29 所示。如果形状之间无相交部分,则效果与形状联合相同。

3)形状拆分

形状拆分功能可以将有重叠部分的形状分解成多个部分,如图 9.30 所示。

4)形状相交

形状相交功能可保留形状之间相交部分的区域,如图 9.31 所示。

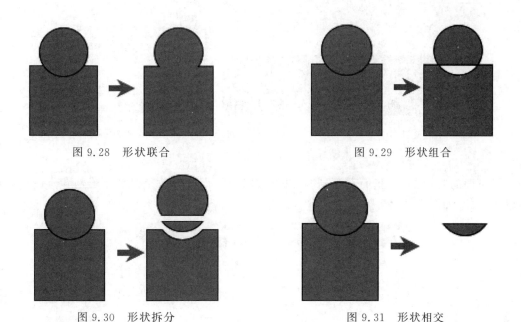

图 9.28　形状联合　　　　　　图 9.29　形状组合

图 9.30　形状拆分　　　　　　图 9.31　形状相交

5) 形状剪除

形状剪除功能是让一个形状"剪去"与另一个形状的相交部分。该操作的结果与形状选择的先后顺序有关,先选择的对象"剪去"两者的相交部分。如图 9.32 所示,两种选择顺序下的形状剪除效果。

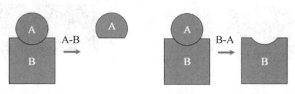

图 9.32　形状剪除

操作步骤

1. 制作第 1 张幻灯片

步骤 1：插入图片。

插入"江大背景"图片作为背景,如图 9.33 所示。图片的宽度比页面要窄,无法覆盖页面的中部。

步骤 2：绘制渐变矩形,融合背景图片。

(1) 绘制一个与页面等宽,与背景图片等高的矩形,拖动至页面中间,完全盖住背景图片。将它设置为渐变填充,保留 2 个渐变光圈,均设置为标准色-蓝色,渐变角度改为 0 度,如图 9.34 所示。

(2) 选择右边的渐变光圈,将它的透明度设置为 100%,此时就制作出了一个从不透明过渡到透明的蓝色渐变矩形(从左至右)。选择左边的渐变光圈,向右移动它的位置到 37%,如图 9.35 所示。设置好的渐变矩形的左边为不透明部分,不透明部分的蓝色完全遮

图 9.33　插入背景图片

图 9.34　设置矩形为渐变填充

盖住了页面的空白部分,我们看不到明显的图片边缘,而渐变效果又使矩形与背景图片和谐地融为一体,如图 9.36 所示。

图 9.35　调整渐变光圈

步骤 3:添加文本框,放置在合适位置,并输入文字,设置字体颜色为白色,该幻灯的最终效果如图 9.37 所示。

图 9.36　渐变填充矩形遮盖住页面空白　　　　图 9.37　添加文本框

2. 制作第 2 张幻灯片

步骤 1:制作圆形图像。

(1) 分别插入图片"江汉大学"和"autumn",按住 Shift 键绘制一个圆形。

(2) 先选择图片对象,再按住 Shift 键选择圆形,在绘图工具的"格式"选项卡下,单击"合并形状"中的"相交"模式,得到圆形的图像,如图 9.38 所示。

图 9.38　图片和形状"相交"

(3) 在"图片格式"窗格中,对圆形图像片设置柔化边缘效果,让圆形图像的边缘变柔和,如图 9.39 所示。

图 9.39 设置柔化边缘效果

步骤 2：制作文字"江大之景"。

(1) 先插入图片"autumn"，在图片区域再绘制一个文本框，输入文字"江大之景"，字体设置为思源黑体、字号设为 100。

(2) 先选择图片对象，再按住 Shift 键选择文本框，选择"绘图工具-格式-合并形状"，在"合并形状"列表中选择"相交"模式，得到填充背景图片的文字，如图 9.40 所示。

图 9.40 图片与文字"相交"

步骤 3：制作文字"多彩的秋天"。

(1) 绘制一个文本框，输入文字"多彩的秋天"，字体设置为"华文行楷"、字号设为 100。绘制一个波形，并调整波形和文本框的位置，如图 9.41 所示。

(2) 按住 Shift 键同时选定文本框和波形，复制文字和波形，产生另一组文字和波形。按照先后顺序依次选中第一组里的文本框和波形，选择"绘图工具-格式-合并形状-剪除"，得到被裁剪过的文字上半部分。同样按照先后顺序依次选中第二组里的文本框和波形，选择"绘图工具-格式-合并形状-相交"，得到被裁剪过的文字下半部分，如图 9.42 所示。

图 9.41 绘制形状与文字　　　　　图 9.42 文字与形状"相交""剪除"

(3) 将两部分文字填充不同的颜色，并组合成一个整体，如图 9.43 所示。

注意：这里执行的组合操作不是合并形状里的"组合"模式，而是快捷菜单里"组合"命令，这两个"组合"不一样，有兴趣的同学可以比较两者的异同。

3. 制作第 3 张幻灯片

步骤 1：绘制文本框，输入文字"时间都去哪儿了？"，字体设置为"思源黑体"、字号设为 120，如图 9.44 所示。

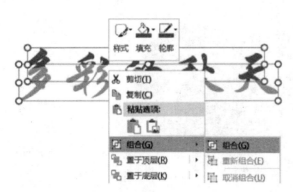

图 9.43　组合两部分文字　　　　　图 9.44　输入文字

步骤 2：在文本框旁绘制任意一个形状如矩形，保证形状和文字无相交部分。按住 Shift 键，依次选中文本框和形状，执行"绘图工具-格式-合并形状-拆分"，如图 9.45 所示。所有不相连笔画及镂空区域均变为独立形状，如图 9.46 所示。

图 9.45　文字与形状"拆分"　　　　图 9.46　被拆分成多个独立的形状

步骤 3：删除不需要的形状，使用圆角矩形绘制两个指针，如图 9.47 所示，移动指针到文字上。将各个独立的形状移动到合适位置，并为它们设置不同的填充效果，如图 9.48 所示。

图 9.47　绘制指针　　　　　图 9.48　调整形状的位置和填充效果

注意问题

1. 合并形状的对象

合并形状功能虽然从字面意思来看是对形状进行各种合并操作，但该功能不仅能在形状之间进行，还能在形状与图片、文字与图片、形状与文字、文字与文字之间进行。在实际应用中可以选择不同的对象进行合并形状的操作。

2. 合并形状的顺序

进行合并形状时，选择对象的先后顺序对最终结果有很大影响。无论选择哪种合并模式，合并形状后生成的对象形状都会延续先选择对象的填充属性，如颜色等特征。例如，在图 9.49 中，先选橙色矩形，再选蓝色圆形，执行"联合"后，生成的形状会延续橙色矩形的填充属性。

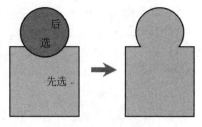

图 9.49　延续前一个对象属性

9.3　动画特效与放映设置

范例要求

根据素材制作演示文稿，包含 5 张幻灯片，完成效果如图 9.50 所示。具体要求如下：

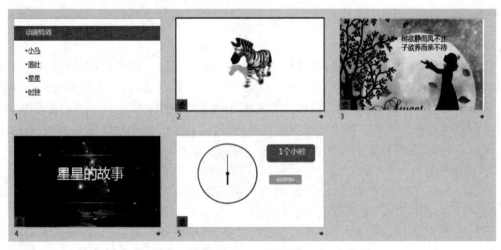

图 9.50　效果图

1. 第 1 张幻灯片★

该幻灯片为目录页，目录的各项内容为小马、落叶、星星、时钟。对目录项分别做超链接，链接到相应的幻灯片上，同时又能从各自的幻灯片中返回到目录页。标题文本框的文字内容为"动画特效"。

2. 第 2 张幻灯片★

插入小马奔跑的若干静态图片，设置动画效果模拟小马奔跑。

3. 第 3 张幻灯片★

插入图片"落叶背景""树叶 1""树叶 2"。插入文本框，文字内容为"树欲静而风不止，子欲养而亲不待"。设置动画，模拟场景为树叶从树上飘下并消失，然后文字出现。

4. 第 4 张幻灯片★

插入图片"星空""光效 1""光效 2"。插入文本框，文字内容为"星星的故事"。插入矩形，其内部无填充色，框线为两边透明中间白色渐变效果。设置动画效果，模拟场景为光辉从矩形上方和下方不断相向闪过，并有光辉在背景上闪烁。

5. 第 5 张幻灯片 ★

利用圆形、矩形画出挂钟、分针、时针。插入两个圆角矩形，文字内容分别为"1 个小时""启动时钟"。单击"启动时钟"时，动画开始，模拟时钟走 1 个小时的效果，此时时针走一格，分针走一圈。

6. 插入音频 ★

将声音文件"背景音.mp3"作为该演示文稿的背景音乐，并设置成幻灯片放映时开始播放，放映结束音乐停止。

7. 设置切换效果和放映方式 ★

为演示文稿的所有幻灯片设置合适的切换效果。设置演示文稿的放映方式为观众自行浏览，每张幻灯片的自动换片时间为 7 秒钟。

8. 打包演示文稿 ★

将演示文稿打包（包括音频文件），生成打包成 CD 的完整文件夹"打包的 ppt3"。

相关知识

1. 动画原理

人类眼睛具有视觉残留效应，当每秒更换 24 幅或 24 幅以上的画面，大脑感觉的影像就是连续的。动画就是利用这一视觉原理将多幅画面快速、连续播放，产生动画效果。计算机动画采用图形与图像的处理技术，借助计算机编程或动画制作软件生成一系列的景物画面，完成动画制作过程。例如要制作人跑步的动画，先将人跑步的动作分解成如图 9.51 所示的一系列静止画面，然后按照顺序快速播放这些图片，看起来就是跑步的动态效果。

2. 动画的设置

动画是 PowerPoint 的重要元素，使用合适的动画可以对演示文稿起到锦上添花的作用，但动画不是越多越好，要根据场合选择合适的动画，符合逻辑，过渡自然。

动画效果分为 4 大基本类型：进入、强调、退出、动作路径。图 9.52 列出了 4 大类动画的部分效果。进入效果图标为绿色，强调效果图标为黄色，退出效果图标为红色，动作路径图标为路径轨迹。

图 9.51 人跑步动画组成

图 9.52 各种动画效果

给对象添加动画的步骤如下：

（1）选择要制作成动画的对象或文本。

（2）选择"动画"选项卡中的一种动画。

（3）选择"效果选项"并设置效果。

在演示文稿中启动动画的方法有多种：

（1）单击时：单击幻灯片时启动动画。

(2) 与上一动画同时：与序列中的上一动画同时播放动画。

(3) 上一动画之后：上一动画出现后立即启动动画。

(4) 持续时间：延长或缩短效果。

(5) 延迟：效果运行之前增加时间。

3. 动画窗格

单击"动画"选项卡的"动画窗格"按钮，"动画窗格"在工作区的右侧展开，显示应用于幻灯片上的文本或对象的动画效果的顺序、类型和持续时间，如图 9.53 所示。在图 9.54 所示"动画"选项卡的"计时"组中，可以对每个动画效果控制开始选项、持续时间、延迟和出现的先后顺序。还可以在动画窗格的动画效果旁边，单击向下箭头，然后单击"计时"选项打开"计时"选项卡，进行更多设置，如图 9.55 所示。

图 9.53 动画窗格

图 9.54 "动画"选项卡"计时"组

图 9.55 打开动画效果的"计时"选项卡

动画窗格的时间轴呈现了每个动画效果的时序关系，在时间轴上可以清晰看出多个对象的动画效果的发生时间和持续时间。例如，要设置一个矩形和一个三角形依次出现的动画，矩形出现的开始选项设为"单击鼠标时"，三角形出现的开始选项设为"上一动画之后"，其他设置保持默认参数，时间轴上会出现动画效果对应的矩形色块，色块出现的位置和长度分别表示动画的开始时间和持续时间，如图 9.56 所示。如果我们希望修改动画，使三角形和矩形同时出现，将三角形出现的开始选项改为"与上一动画同时"，时间轴上三角形对应的矩形色块的位置会发生变化，如图 9.57 所示。

图 9.56 两个动画依次出现的时间轴

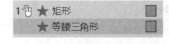

图 9.57 两个动画同时出现的时间轴

4. 触发器

触发器是 PowerPoint 中的一项功能，基本原理是通过按钮单击控制 PPT 页面中已设定动画的执行。它可以是一个图片、文字、段落、文本框等，相当于是一个按钮，幻灯片中设置好触发器功能后，单击触发器会触发动画。设置方法为：先设置好动画效果，然后在"高级动画"组中，选择"触发-单击"，再选择触发该动画效果的某对象。例如，为三角形设置好"浮入"动画后，希望单击矩形时触发该动画，在"触发-单击"列表中选择矩形对象，如图 9.58 所示，动画窗格的动画效果上会出现对应触发器的名称。

5. 插入音频、视频对象

可在演示文稿中添加音乐、声音片段、视频文件等多媒体对象。插入多媒体对象时要注

图 9.58 触发器的设置

意对象格式是否是 PowerPoint 支持的格式。

添加本地音频的步骤为选择"插入"选项卡"媒体"组的"音频-PC 上的音频",选择要添加的音频文件插入。插入的音频对象会以图标形式出现在页面上,切换到"播放"选项卡,可以进行剪裁音频、音频的触发方式、让音频跨幻灯片播放等选项的设置,如图 9.59 所示。

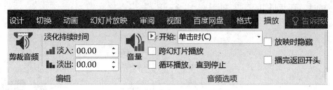

图 9.59 音频的选项设置

插入本地视频的步骤为选择"插入"选项卡"媒体"组的"视频-PC 上的视频",然后添加需要的视频。插入后的视频设置方式与音频的设置方式类似。

6. 超链接、动作设置

超链接是指从一个幻灯片到另一个幻灯片、自定义放映、网页或文件的链接。超链接本身可能是文本或对象(例如文本框、图片、图形、形状或艺术字)。链接的位置可以是本文档中的位置即幻灯片的指定页面,也可以是现有文件或网页。基本步骤为选中需要添加超链接的对象,切换到"插入"选项卡,单击"超链接",然后指定链接的位置。

动作设置是为某个对象(如文字、文本框、图片、形状或艺术字等)添加相关动作而使其变成一个按钮,通过单击按钮而跳转到其他幻灯片或其他文档,本质上和超链接一样,设置的步骤与超链接类似。

7. 放映模式

(1) 演讲者放映模式:最常用的放映模式,为全屏播放方式。既可以从头开始放映也可以从当前页开始放映。在放映时可以使用多种功能按钮,如翻页、墨迹书写、多页浏览、局部放大等。

(2) 观众自行浏览模式:该模式的预设场景提供给观众自行翻阅,采用窗口化而非全屏播放幻灯片,取消了演讲者放映模式下的一系列功能按钮,只能翻页浏览幻灯片。

(3) 展台浏览模式:全屏播放,除了按 Esc 键退出播放外,整个播放过程不能人为控制。可以为幻灯片设置自动换片时间,让 PPT 可以自动循环播放。

8. 打包

当演示文稿中插入视频、音频、Flash 文件以及用了特殊字体时,将文件换一台计算机播放时,容易发生内容丢失的情况。为了避免这种情况发生,可以在保存文件时使用打包操作,将所有用到的素材文件都打包到一起,复制时将这个打包文件一起复制。

操作步骤

1. 第 1 张幻灯片

（1）新建演示文稿,插入 5 张空白幻灯片,第 1 张的版式为"标题和内容",后面 4 张的版式皆为"空白"。

（2）选择第 1 张幻灯片,在标题占位符里输入文字"动画特效",并在标题文字下插入一个矩形色块作为背景装饰。内容占位符里输入 4 项目录内容,"小马""落叶""星星""时钟"。选择文字"小马",单击"插入-链接-超链接"按钮,在"插入超链接"对话框中选择链接到"本文档中的位置",并选择文档中的位置为第 2 页幻灯片,如图 9.60 所示。用同样的方法为后面 3 项文字内容设置对应的超链接。

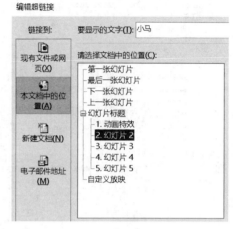

（3）单击"视图-母版视图-幻灯片母版"按钮,进入母版编辑状态。定位到顶层母版中,单击"插入-形状",在形状列表中选择"动作按钮:第一张",在页面的左下角中绘制一个动作按钮,在弹出的"操作设置"对话框中选择"超链接到第一张幻灯片",如图 9.61 所示。

图 9.60 设置超链接

图 9.61 设置动作按钮

在左侧缩略图中定位到"标题和内容"版式。在"幻灯片母版"选项卡的"背景"组中选择复选框"隐藏背景图形",此时刚绘制的动作按钮将不出现在该版式中,由该版式生成的第 1 张幻灯片里也就不会显示动作按钮。

2. 制作第 2 张幻灯片

（1）单击"插入"选项卡"图像"组中的"图片"按钮,在弹出的"插入图片"对话框中,找到素材所在的文件夹，按照动作发生的时序依次选中所有模拟小马奔跑的静态图片，将它们同时插入到页面中，如图 9.62 所示。选择"格式"选项卡"排列"组的"对齐"，单击"垂直居中"，再次单击"水平居中"，此时所有图片完全重叠在一起，前序动作图片在下，后序动作图片在上。

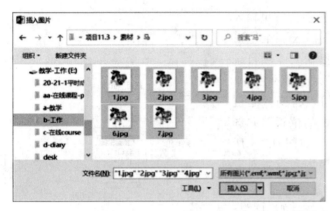
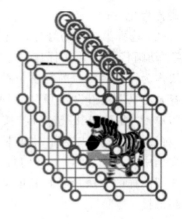

图 9.62　同时插入多张图片

（2）接下来，同时为一组图片对象设置相同参数的动画。单击"动画"选项卡"高级动画"组中的"添加动画"按钮，添加"进入"动画中的"淡出"效果。在"计时"组中设置开始方式为"上一动画之后"，打开动画窗格，查看所有的动画选项如图 9.63 所示。每张图片都以"淡出"效果按照动作时序依次出现，后面的图片覆盖前面的图片，这些图片连续播放的效果就是在模拟小马在奔跑的动作。

3. 制作第 3 张幻灯片

分析：要模拟树叶飘落并消失，需要设置动作路径动画和消失动画。这里如果只用路径动画模拟树叶从树上往下落，效果会不太逼真，所以我们为树叶同时添加陀螺旋动画和动作路径动画，两个动画同步发生，模拟出树叶一边往下落一边旋转的效果。

图 9.63　动画窗格里的动画选项

（1）在页面单击鼠标右键，打开"设置背景格式"窗格，在填充方式中选择"图片或纹理填充"，然后单击"文件"按钮，在弹出的对话框中选择用于背景填充的素材图片"落叶背景"，背景图片就设置为页面背景了，如图 9.64 所示。

（2）对图片"树叶 1""树叶 2"分别添加 3 个动画。

插入图片"树叶 1"，放置在页面的顶部，为图片添加动作路径动画-"弧形"，修改"效果选项"，并拖动运动的路径轨迹的起点和终点进行调整，动画的开始方式为"单击时"，如图 9.65 所示。接着为图片"树叶 1"添加强调动画-"陀螺旋"，动画的开始方式设置为"与上一动画同时"。然后再为图片"树叶 1"添加消失动画-"淡出"，动画的开始方式设置为"上一动画之后"。用同样的方法插入图片"树叶 2"并添加 3 个动画。在动画窗格中调整动画选

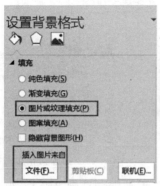

图 9.64　插入背景图片

项的次序,使树叶 1 和树叶 2 的动画同步发生。树叶 1、树叶 2 的动画选项如图 9.66 所示。

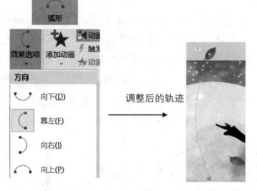
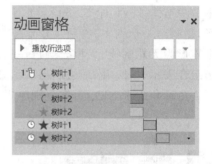

图 9.65　设置动作路径动画　　　　　图 9.66　动画窗格里的动画项

(3) 插入文本框,输入文字"树欲静而风不止,子欲养而亲不待",选中文本框,添加进入动画-"缩放",动画的开始方式设置为"上一动画之后"。

4. 制作第 4 张幻灯片

(1) 将图片"星空"在页面的背景格式里以"图片或纹理填充"方式插入。绘制文本框,输入文字"星星的故事"。接下来为文本框的边框添加渐变效果,在文本框的形状格式窗格中,将线条设置为"渐变线",添加 3 个白色渐变光圈,透明度分别为 100%、0%、100%,如图 9.67 所示。

(2) 在矩形上方边界的左端点处插入图片"光效 1",添加动作路径动画-"直线",编辑运动的轨迹线,使其与矩形的上边界重合,在"效果选项"的"计时"选项卡中设置动画的重复次数为"直到幻灯片末尾",如图 9.68 所示。为图片"光效 1"再次添加强调动画-"脉冲",动画的开始方式为"与上一动画同时",重复次数为"直到幻灯片末尾"。

(3) 用同样的方法设置反方向运动的光效。在矩形的下方边界右端点处插入图片"光效 1"副本,添加从右向左的动作路径动画和脉冲动画。完成后的动画效果为光辉从矩形上方和下方不断相向闪过,动画窗格如图 9.69 所示。

图 9.67　渐变效果

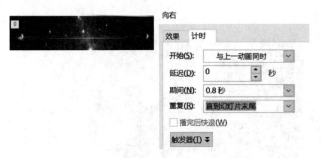

图 9.68　光效 1 的运动轨迹、动画参数　　　　图 9.69　动画窗格里的两个光效动画项

（4）插入图片"光效 2"，放置在文字"星"的底部，添加强调动画-"放大/缩小"，动画的开始方式为"与上一动画同时"，重复次数为"直到幻灯片末尾"，设置如图 9.70 所示。动画效果为背景上有光辉且不断闪烁。

5．制作第 5 张幻灯片

（1）先绘制一个大圆作为时钟的表盘，再绘制一个小圆作为时钟的表心，将两个圆同时选中，在"格式-排列-对齐"里设置水平居中和垂直居中，两个圆的圆心重合。绘制一个长条矩形，复制出一个副本，将两个矩形拖动在一条垂直的直线上，可以稍微重叠一点，设置上面那个矩形为无轮廓线、无填充颜色，变成透明效果，将两个矩形组合，使其成为一个整体，该矩形组合表示时针。同理绘制出表示分针的矩形组合，并拖动至合适位置，如图 9.71 所示。绘制 2 个圆角矩形，在矩形内分别输入文字"1 个小时""启动时钟"，如图 9.72 所示。

图 9.70　光辉 2 的动画设置　　　　　　图 9.71　绘制时钟的表盘、时针、分针

（2）对时针添加动画"陀螺旋"，在"效果选项"里输入旋转角度"自定义 30°"，然后按 Enter 键确认，如图 9.73 所示。同理对分针添加动画"陀螺旋"，选择角度 360°，动画的开始方式为"与上一动画同时"。

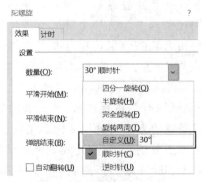

图 9.72　绘制两个圆角矩形　　　　　　图 9.73　设置时针的陀螺旋角度

(3)在动画窗格里选中这两个动画选项,单击"动画"选项卡"高级动画"组里的"触发-单击",在列表中选择触发动画的对象"圆角矩形 2","圆角矩形 2"是页面上文字内容为"启动时钟"的圆角矩形,过程如图 9.74 所示。将"启动时钟"圆角矩形设置为触发器后,单击"启动时钟"圆角矩形才能触发时针和分针的动画。

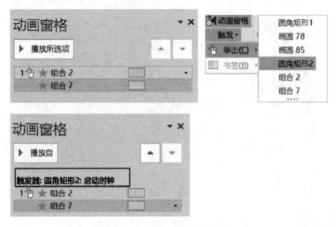

图 9.74　触发器的设置

6. 插入音频

单击"插入"选项卡"媒体"组中的"音频"按钮,选择"PC 上的音频"。在"插入音频"对话框中选择背景音乐文件"背景音.mp3",单击"插入"按钮。选择插入的音乐剪辑图标,在"播放"选项卡的"音频选项"组中设置开始方式为"自动",勾选"跨幻灯片播放""循环播放,直到停止""放映时隐藏"复选框,设置音乐自动循环跨幻灯片播放,如图 9.75 所示。

7. 设置切换效果和放映方式

(1)单击"切换"选项卡的"切换到此幻灯片"组中的"淡出"切换效果(可任选一种切换效果)。在"计时"组中选择"单击鼠标时"和"设置自动换片时间"复选框,并设置自动换片时间为 7 秒,单击"计时"组中的"全部应用"按钮,如图 9.76 所示。

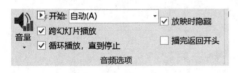　　　　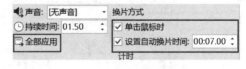

图 9.75　音频播放设置　　　　图 9.76　设置切换效果

(2)单击"幻灯片放映"选项卡"设置"组中的"设置幻灯片放映"按钮,在"设置放映方式"对话框中设置放映类型为"观众自行浏览(窗口)",在放映幻灯片中设置"全部",在换片方式中选择"如果存在排练时间,则使用它"单选按钮,如图 9.77 所示。

8. 打包演示文稿

单击文件菜单中"导出"选项卡下"将演示文稿打包成 CD"按钮,再单击"打包成 CD"按钮,如图 9.78 所示。执行打包命令后,会弹出"打包成 CD"对话框,单击"复制到文件夹"按钮,在弹出的对话框中输入文件夹名称并指定文件保存的位置,如图 9.79 所示。有时会弹出提示对话框,询问用户是否包含链接文件,单击"确定"按钮。

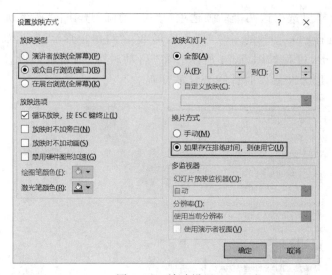

图 9.77 放映设置

图 9.78 将演示文稿打包成 CD

图 9.79 "打包成 CD"对话框

注意问题

1. 为对象添加多个动画效果

如果要为某个对象添加多个动画效果,在添加了第一个动画效果后,想继续添加新的动画效果时,如果直接在"动画"选项卡的"动画"组里选择新的动画效果,如图 9.80 所示,这样做并不是添加新的动画,而是修改前一个已设置好的动画效果,应该选择"动画"选项卡的"高级动画"组的"添加动画"按钮来为对象添加新的动画效果。例如,要为已添加了"飞入"动画效果的文本框再添加一个"彩色脉冲"动画效果,不能在"动画"组的窗格里选择"彩色脉冲",而是应该在"高级动画"组里的"添加动画"的下拉窗格选择"彩色脉冲"选项,如图 9.81所示。

图 9.80　"动画"组里的动画选项

图 9.81　"高级动画"组的添加动画

2. 为幻灯片添加动作按钮和背景图片

在设置幻灯片之间的跳转时,为了能从其他幻灯片直接返回到目录页幻灯片,在母版中插入动作按钮,为动作按钮设置"超链接到第一张幻灯片",可以通过单击此动作按钮返回到首页幻灯片。母版中添加的动作按钮会出现在每张幻灯片中,首页为目录页,不用显示该动作按钮,可在幻灯片母版的缩略列表窗格中,先选择首页幻灯片对应的版式,在"幻灯片母版"选项卡的"背景"组里选择复选框"隐藏背景图形",将该版式对应的幻灯片上的动作按钮隐藏。

为幻灯片添加图片做背景时,如果直接插入图片,会遮盖住页面中的动作按钮。因为动作按钮是在母版中添加的,不能直接在幻灯片中进行移动和修改,所以无法通过修改动作按钮的层次让它显示出来。我们可以通过设置背景格式来添加背景图片,添加的背景内容不会遮盖背景上的动作按钮以及其他的各个对象。打开"设置背景格式"窗格,在填充方式中选择"图片或纹理填充",然后单击"文件"按钮,在弹出的对话框中选择用于背景填充的素材图片,背景图片会作为底衬在幻灯片的最下面。

练　　习

一、制作演示文稿,任选一个主题介绍武汉,例如:武汉的美食、武汉的历史、武汉的景点、武汉的桥梁、武汉的大江大湖等。

参考资料 1:http://www.cnhubei.com/hbxw16553/p/12080632.html

参考资料 2:http://www.mafengwo.cn/travel-scenic-spot/mafengwo/10133.html

参考资料 3:武汉城市宣传片.flv

技术要求:

1. 演示文稿至少包含 8 个页面(包括封面、封底),根据内容分成若干节。★

2. 对演示文稿使用素材文件夹中的"武汉.thmx"主题。使用母版为整个演示文稿设置合适的字体、字号等,并根据页面内容使用合适的版式。★

3. 精炼每张幻灯片中的文字说明,在幻灯片中插入相应图片和合适的 SmartArt 图

形。★

4. 为演示文稿插入幻灯片编号,编号从 1 开始,标题幻灯片中不显示编号。★

5. 利用线条和色块美化幻灯片页面。★

二、从下列若干个主题中选择一个主题制作演示文稿。★★

主题 1:以"漫漫太空路,悠悠中国梦"为主题,介绍中国航天事业的发展史,展现祖国实现航天强国的发展历程。

主题 2:以"奥运会与中国梦"为主题,介绍中国参加奥运会、承办奥运会的历程,展现祖国实现体育强国的发展历程。

主题 3:"我喜欢的传统节日"为主题,介绍中国的传统节日和相关的传统文化知识。

主题 4:以"向逆行者致敬"为主题,歌颂奋斗在抗击新冠肺炎疫情一线的工作者,向他们致敬!

技术要求:

1. 演示文稿至少包含 8 个页面(包括封面、封底)。

2. 设计思路清晰,整体效果美观。

3. 使用母版为整个演示文稿设置合适的字体、字号等,添加统一的 Logo,并根据页面内容使用合适的版式。作品的整体风格统一。

4. 各页面呈现的文字、图片等素材有合理、美观的动画。作品中有动作按钮或超链接。

5. 插入文件"背景.mp3"作为背景音乐,设置为幻灯片放映时自动播放,放映结束音乐停止。

6. 设置演示文稿的放映方式为观众自行浏览。为所有幻灯片设置合适的切换效果,自动换片时间为 5 秒。

7. 将演示文稿打包(包括音频文件),生成打包成 CD 的完整文件夹。

第 10 章　宏和 VBA

10.1　宏的录制、修改和应用

范例要求

打开工作簿"宏.xlsx",完成如下操作。

宏的录制、修改和应用★

选中 A 列单元格区域,录制宏,宏功能为:设置字体为"宋体",字号为 14,水平且垂直居中,列宽为 10。修改宏代码,被修改的功能为:设置列宽为 15。将修改好的宏命名为"设置格式",设置宏的说明信息:"设置格式",并设置组合键为 Ctrl+Shift+T。完成后,将该宏应用到"Sheet1"工作表的"B:O"列。完成后,将文件保存为"宏.xlsm"。

相关知识

1. 宏的概念

在很多应用软件中都有宏的功能,其含义是指软件提供的一种功能,利用这个功能组合多个命令,实现任务的自动化操作。本例讨论的宏仅限于 Microsoft Office 办公软件中的 Excel 提供的宏功能。和一般编程语言(C、Java、Python 等)不同,宏代码需要依赖 Excel 文件才能执行,它不能编译为独立的可执行文件。通常情况下,Office 中的宏和 VBA 具有相同的含义。

2. 运行包含宏的 Excel 文件

Excel 默认的宏安全性为"禁用所有宏,并发出通知",运行启用宏的 Excel 文件时,会弹出警告窗口,询问是否信任该文件。如果信任文件,单击"启用内容"按钮才能加载所有宏代码功能。如图 10.1 所示。安全警告的作用是为了防范宏病毒。

图 10.1　运行 Office 宏文件时出现的安全警告

当然,Excel 文件的宏安全性也可以调整,这样就不会出现警告窗口了,但可能面临被宏病毒感染的风险。操作方法为:在"开发工具"选项卡的"代码"组中,单击"宏安全性"按钮,在"信任中心"对话框的"宏设置"区域中,选择"启用所有宏",如图 10.2 所示。完成后单击"确定"按钮。

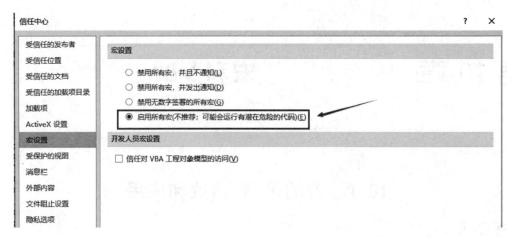

图 10.2　设置宏安全性

操作步骤

1. 加载"开发工具"选项卡

（1）在"文件"选项卡下选择"选项"菜单。在弹出的"Excel 选项"对话框中，选择"自定义功能区"，在"从下列位置选择命令"区域的下拉框中选择"主选项卡"，将"开发工具"添加到右侧的"自定义功能区"区域。如图 10.3 所示。

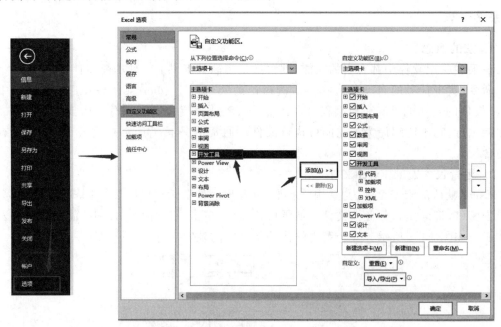

图 10.3　加载"开发工具"选项卡

2. 宏的录制、修改和应用

（1）打开工作簿"宏.xlsx"。

（2）在工作表"Sheet1"的"开发工具"选项卡的"代码"组中，单击"录制宏"按钮。在弹出的"录制宏"对话框中，宏名为"设置格式"；在组合键区域中，按下键盘组合键 Shift＋T

输入到文本框中;在"说明"区域输入"设置格式"。如图10.4所示。单击"确定"按钮,开始录制宏"设置格式"。

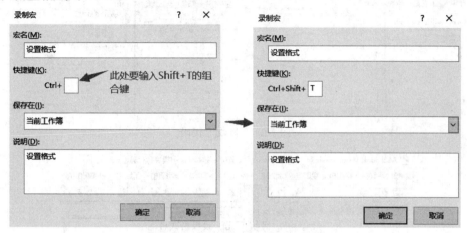

图10.4　录制宏的相关设置

(3) 在工作表"Sheet1"中,选中A列单元格区域,分别设置字体、字号、垂直和水平方向的居中对齐、列宽。完成后,在"开发工具"选项卡的"代码组"中,单击"停止录制"按钮,完成宏"设置格式"的录制。

(4) 在"开发工具"选项卡的"代码"组中,单击"宏"按钮。在弹出的"宏"对话框中,选中宏"设置格式",单击"编辑"按钮,进入宏代码编辑状态。如图10.5所示。

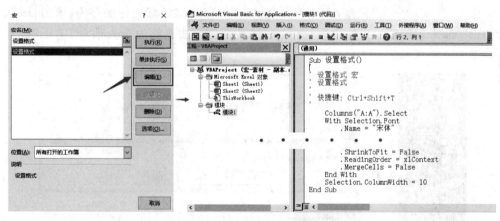

图10.5　进入VBA编辑界面

(5) 在VBA代码编辑器中,进行2处修改:
- 修改Columns列对象的参数"A:A"为"B:O"。
- 修改选中区域Selection的ColumnWidth属性的属性值为15。如图10.6所示。

(6) 完成代码修改后,在VBA编辑器中单击"运行子过程/用户窗体"按钮,运行修改后的VBA代码(对应宏"设置格式")。完成B列到O列单元格区域的格式设置。如图10.7所示。

(7) 关闭VBA编辑器,返回Excel编辑界面。在"文件"选项卡中单击"保存"按钮,在弹出的"Microsoft Excel"对话框中单击"否"按钮,进入"另存为"设置,如图10.8所示。选

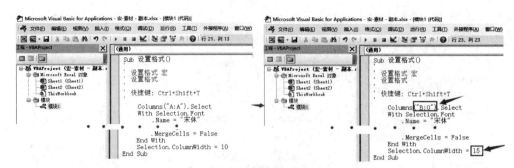

图 10.6 修改宏代码

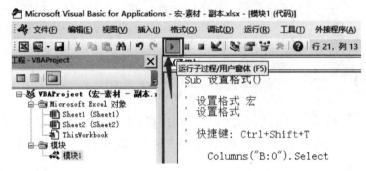

图 10.7 运行宏代码

中合适的路径保存文件,弹出"另存为"对话框,在"保存类型"下拉框中选择"启用宏的工作簿",如图 10.9 所示。在"另存为"对话框中单击"保存"按钮,将文件保存为"宏.xlsm"。之后会弹出"Microsoft Excel"对话框,提示工作簿包含无法删除的个人信息,单击"确定"即可。如图 10.10 所示。

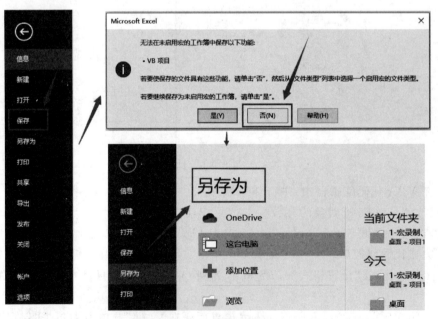

图 10.8 保存宏文件

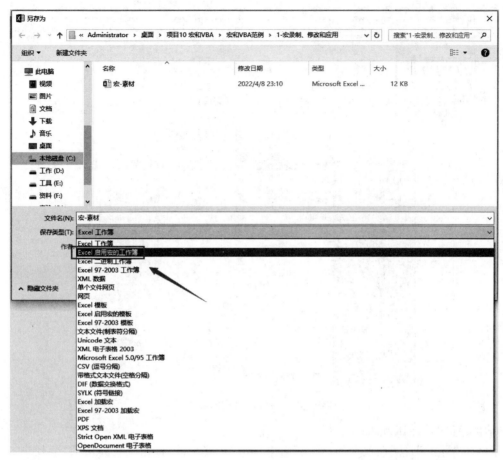

图 10.9　保存宏文件

图 10.10　宏文件保存时的对话框

注意问题

1. 范例中的另一种宏应用方法

在本范例中，通过修改代码的作用域，将作用于 A 列上的列宽设置功能作用到"B:O"列。宏代码也可以不涉及单元格区域，如图 10.11 所示。代码修改完成后，先选中"B:O"列单元格区域，然后在"开发工具"选项卡的"代码"组中单击"宏"按钮，在弹出的"宏"对话框中选中宏"设置格式"，单击"执行"按钮即可。如图 10.12 所示。

2. 处理文档检查器无法删除的个人信息

在范例中保存宏代码文件时，会出现对话框，对话框内容为"您的文档部分内容可能包含文档检查器无法删除的个人信息"。如果不想在以后打开该文件，修改后再次保存时出现

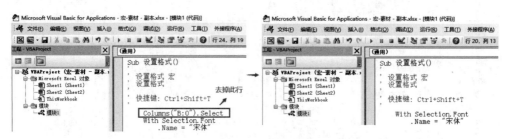

图 10.11 范例的另一种代码修改方法

图 10.12 运行修改后的宏代码

该对话框,有两种操作方法:

(1) 在"开发工具"选项卡的"代码"组中单击"宏安全性"按钮。在弹出的"信任中心"对话框中选中"隐私选项",取消勾选复选框"保存时从文件属性删除个人信息"。如图 10.13 所示。

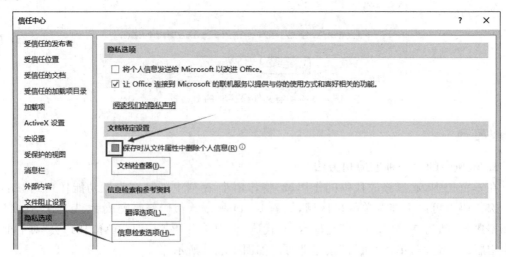

图 10.13 设置 Excel 中的隐私选项

(2) 在"信任中心"对话框中单击"文档检查器"按钮,在弹出的"文档检查器"对话框中单击"重新检查"按钮,找到问题信息,如图 10.14 所示。宏代码(VBA 代码)无法删除,只能通过方法1操作，其他错误信息可以通过选中错误信息后删除，如图10.15所示。

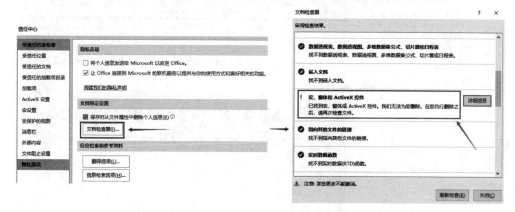

图 10.14　文件中的问题信息

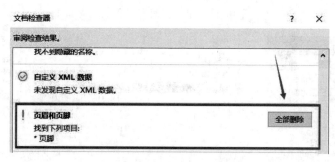

图 10.15　删除文件中的错误信息

10.2　过程、单元格对象和属性

范例要求

在"饮料销售"工作簿的"Sheet1"工作表中编写过程"格式设置"，该过程代码的功能为：将A1:D8数据区域中所有单元格字体设置为宋体、12号字，并加上实线边框；运用cells属性，将A1单元格的字体颜色设置为"标准色-蓝色"。★★

相关知识

1. 过程

过程代码也称为宏过程称或VBA过程，和VB中的过程和函数具有同样的功能，只是局限于Office中使用。和VB类似，VBA也有过程代码和事件代码。过程可以不需要控件触发，一般位于独立的模块中；事件代码一般位于工作表中，需要特定事件触发。如图10.16所示。

过程代码虽然只能写在独立模块中，不受事件触发，但可以和控件绑定，例如将本例中的"格式设置"宏过程和表单控件-按钮绑定，单击按钮就能得到运行该过程的效果。如图10.17所示。

过程代码的格式如下：

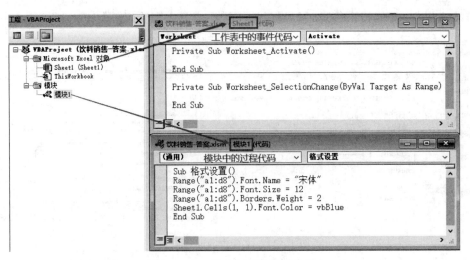

图 10.16 事件代码和过程代码

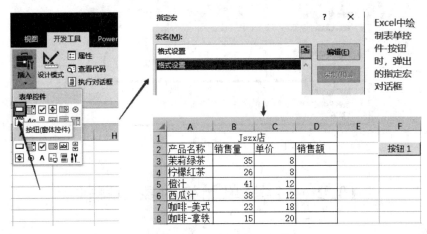

图 10.17 绑定表单控件和宏代码

```
Sub 过程名称()
    过程代码
End Sub
```

2. 单元格对象的引用

在 VBA 中经常需要引用单元格或单元格区域,主要有以下几种方法。

1) 使用 Range 属性

VBA 中使用 Range 属性返回单元格或单元格区域,如下面的代码所示。

```
Sub 设置字体颜色()
    Sheet1.Range("A1:D9,D1:D9").Font.vbRed
End Sub
```

代码解析:单元格 A1:D9 和单元格 D1:D9 中的字符颜色设置为"标准色-红色"。

Range 属性返回一个 Range 对象,该对象代表一个单元格或单元格区域,语法如下:Range(Cell1,Cell2)。

参数 Cell1 是必需的,必须为 A1 样式引用的宏语言,可包括单元格、区域操作符(冒号)、相交区域操作符(空格)或合并区域操作符(逗号)。也可包括美元符号(即绝对引用地址,如"＄A＄1")。

2) 使用 Cells 属性

使用 Cells 属性返回一个单元格对象,如下面的代码所示。

```
Sub 单元格 A1 中输入内容()
    Sheet1.Cells(1,1) = "计算中心"
End Sub
```

代码解析：

为工作表"Sheet1"的第 1 行第 1 列的单元格赋值,内容为"计算中心"。

Cells 属性通过行号和列号指定工作表中的单元格,语法如下：

Cells(RowIndex, ColumnIndex)

参数 RowIndex 是可选的,表示引用区域中的行序号。参数 ColumnIndex 是可选的,表示引用区域中的列序号。如果缺省参数,Cells 属性返回引用对象的所有单元格。Cells 属性的参数可以使用变量,因此经常通过循环结构遍历单元格区域。

3) Selection 属性

使用 Selection 属性返回鼠标选中的单元格或单元格区域,如下面的代码所示。

```
Sub 选中区域设置字体大小()
    Sheet1.Selection.Font.Size = 12
End Sub
```

代码解析：将选中的单元格或单元格区域中的字体大小设置为 12。

如果 Selection 属性没有从属于具体的工作表对象,则该属性对应当前 Excel 工作簿的所有工作表的所有单元格。

3. 单元格对象的常见属性

单元格对象的常见属性如表 10.1 所示。

表 10.1 常用的单元格属性

属　　性	功　　能
Font.Name	字体名称
Font.Size	字体大小
Font.Color	字体颜色,取值：vbRed 等
Borders.Weight	单元格边框,实线边框取值为 2
Interior.ColorIndex	单元格底纹,取值范围：1-56

操作步骤

(1) 打开工作簿"饮料销售.xlsx"。

(2) 在工作表"Sheet1"中,单击"开发工具"选项卡"代码"组的"宏"按钮。在弹出的"宏"对话框中,"宏名"中输入内容：格式设置,单击"创建"按钮。如图 10.18 所示。

(3) 在"宏"对话框中单击"创建"按钮后,进入 VBA 编辑器,在模块中的过程"格式设置"中编写代码,完成后单击"运行子过程/用户窗体"按钮,如图 10.19 所示。

(4) 将工作簿"饮料销售"保存为启用宏的工作簿"饮料销售.xlsm"。

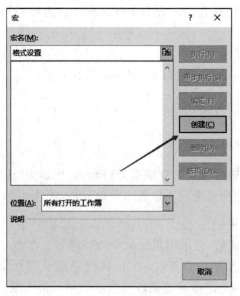

图 10.18 创建宏代码

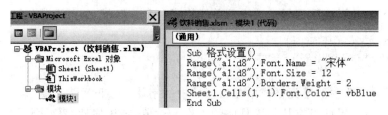

图 10.19 宏代码

注意问题

宏代码（VBA 代码）中涉及的属性和方法区分大小写，书写单元格引用时不区分大小写。

10.3 分支结构

范例要求

打开工作簿"分支结构.xlsx"，完成如下操作。

1. 双分支结构★★

在"分支结构"工作簿的"双分支结构"工作表中编写过程"双分支结构"，在选定 C2 到 C9 中的某一个单元格时，运行过程判断单元格中的成绩是否大于等于 90，如果是，将成绩数字设置为绿色，否则设置为红色。然后在对应的 D 列单元格中计算总成绩。总成绩＝语文成绩＋数学成绩。

2. 多分支结构★★★

在"分支结构"工作簿的"多分支结构"工作表中添加表单控件-按钮，按钮上的文字修改为"确定"。选中 B2 到 B9 单元格区域中的任意一个单元格，单击按钮后，可以实现的功能如表 10.2 所示。完成后保存文件为"分支结构.xlsm"。

表 10.2　区间值和字体颜色的对应关系

区　　间	字 体 颜 色
(110,120]	标准色-绿色
(90,110]	标准色-黄色
(0,90]	标准色-红色

相关知识

1. 分支结构用法

（1）单分支结构如图 10.20 所示。

（2）双分支结构如图 10.21 所示。

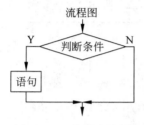

图 10.20　单分支结构

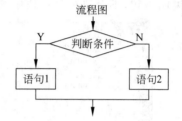

图 10.21　双分支结构

本例中第 1 问的宏"双分支结构"是双分支结构代码。

（3）多分支结构如图 10.22 所示。

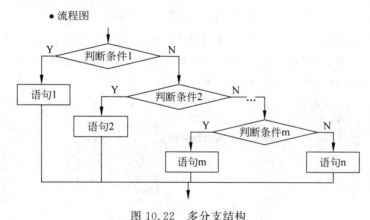

图 10.22　多分支结构

本例中第 2 问的宏是多分支结构代码。

（4）嵌套分支结构。

嵌套分支指在一个分支结构中包含一个或多个其他的分支结构。本例中第 2 问的宏可以是嵌套分支结构代码。范例中的嵌套分支结构对应的流程图如图 10.23 所示。

操作步骤

1. 双分支结构

（1）打开工作簿"分支结构.xlsx"。

（2）在工作表"双分支结构"的"开发工具"选项卡的"代码"组中，单击"宏"按钮，创建宏

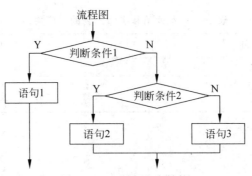

图 10.23 嵌套分支结构

"双分支结构",进入 VBA 编辑界面编写独立模块的代码,第一个字符为单引号"'"的各行代码是解释说明语句,不会执行。模块中的代码如图 10.24 所示。

```
Sub 双分支结构()
Dim x As Integer
Dim y As Integer
'定义整型变量x, y
If Selection >= 90 Then
    '判断选中单元格的值是否大于等于90
    Selection.Font.Color = vbGreen
    '选中单元格的值大于等于90时,该单元格字体颜色设置为"标准色-绿色"
Else
    Selection.Font.Color = vbRed
    '选中单元格的值大于等于90的条件不成立时,该单元格字体颜色设置为"标准色-红色"
End If
'结束条件判断
x = Selection.row
'获取选中单元格的行号,赋值给变量x
y = Selection.Column
'获取选中单元格的列号,赋值给变量y
Cells(x, y + 1) = Cells(x, y - 1) + Cells(x, y)
'通过Cells属性的行号和列号,获取单元格中的值,进行计算
End Sub
```

图 10.24 双分支结构代码

(3) 关闭 VBA 编辑器,返回 Excel 工作表"双分支结构",选中 B2:B9 单元格区域中的任意一个单元格。单击"开发工具"选项卡"代码"组的"宏"按钮,选中"双分支结构"宏,单击"执行"按钮,即可看到效果。如图 10.25 所示。

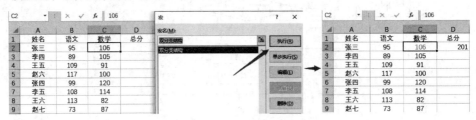

图 10.25 双分支结构运行效果

2. 多分支结构

(1) 在工作表"多分支结构"的"开发工具"选项卡的"代码"组中,单击"宏"按钮,分别创建宏"Color1""Color2""Color3",进入 VBA 编辑界面编写独立模块的代码。模块中的代码如图 10.26 所示,第一个字符为单引号"'"的各行代码是解释说明语句,不会执行。

(2) 关闭 VBA 编辑器,返回 Excel 工作表"多分支结构"。在"开发工具"选项卡的"控件"组中,单击"插入"下拉按钮,选中表单控件"按钮"。在弹出的"指定宏"对话框中,选中多分支结构宏"Color1""Color2""Color3"中的 1 个,单击"确定"按钮,完成过程代码和表单控件的绑定。在表单控件"按钮"上单击鼠标右键,选择"编辑文字",在按钮上输入文字"确定",单击其他单元格即可完成操作要求。如图 10.27 所示。

```vba
Sub Color1()
'多分支结构-if elseif
If Selection > 110 Then
'判断选中单元格的值是否大于110
        Selection.Font.Color = vbGreen
'如果选中单元格的值大于110,字体颜色变为"标准色-绿色"
ElseIf Selection > 90 Then
'判断选中单元格的值是否小于等于110,并且大于90
        Selection.Font.Color = vbYellow
'如果选中单元格的值小于等于110,并且大于90,字体颜色变为"标准色-黄色"
Else
'判断选中单元格的值是否小于等于90(除了前面2个区间以外的剩余区间值)
        Selection.Font.Color = vbRed
'如果选中单元格的值小于等于90,字体颜色变为"标准色-红色"
End If
'结束多分支条件结构
End Sub
Sub Color2()
'多分支结构-select case
Select Case Selection
Case Is > 110
'判断选中单元格的值是否大于110
        Selection.Font.Color = vbGreen
'如果选中单元格的值大于110,字体颜色变为"标准色-绿色"
Case Is > 90
'判断选中单元格的值是否小于等于110,并且大于90
        Selection.Font.Color = vbYellow
'如果选中单元格的值小于等于110,并且大于90,字体颜色变为"标准色-黄色"
Case Else
'判断选中单元格的值是否小于等于90(除了前面2个区间以外的剩余区间值)
        Selection.Font.Color = vbRed
'如果选中单元格的值小于等于90,字体颜色变为"标准色-红色"
End Select
'结束多分支条件结构
End Sub
Sub Color3()
'多分支结构-if嵌套结构
If Selection > 110 Then
'判断选中单元格的值是否大于110
        Selection.Font.Color = vbGreen
'如果选中单元格的值大于110,字体颜色变为"标准色-绿色"
Else
'判断选中的单元格的值是否小于等于110
    If Selection > 90 Then
    '在满足上一层的条件(选中单元格的值<=110)时,同时判断选中单元格是否大于90
        Selection.Font.Color = vbYellow
    '如果选中单元格的值小于等于110,并且大于90,字体颜色变为"标准色-黄色"
    Else
    '在满足上一层的条件(选中单元格的值<=110)时,同时判断选中单元格是否小于等于90
        Selection.Font.Color = vbRed
    '如果选中单元格的值小于等于90,字体颜色变为"标准色-红色"
    End If
'结束内层嵌套分支条件结构
End If
'结束外层嵌套分支条件结构
End Sub
```

图 10.26　多分支结构代码

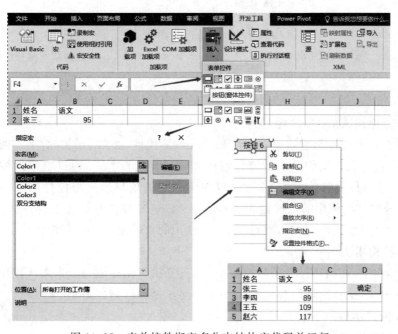

图 10.27　表单控件绑定多分支结构宏代码并运行

10.4 循环结构和 VBA 内置函数

范例要求

打开工作簿"循环结构.xlsx",完成如下操作。

1. 循环结构★★

在工作簿"循环结构VBA内置函数.xlsx"的"统计"工作表中,加入ActiveX类型的按钮"分析"。编写VBA事件代码,功能为:单击"分析"按钮时,对于B列"指数"列的值,如果大于或等于0.7,则A列中对应的股票字体颜色设置为"标准色-红色",并将股票名称填入E列中(从E2单元格开始填充);对于B列"指数"列的值,如果小于或等于0.3,则A列中对应的股票字体颜色设置为"标准色-绿色",并将股票名称填入F列中(从F2单元格开始填充)。完成后如图10.28所示。

2. VBA内置函数★★★

在工作簿"循环结构和VBA内置函数.xlsx"的"高铁通车里程"工作表中,添加ActiveX控件类型的按钮,按钮名称修改为"确定"。单击"确定"按钮后,"2020年(公里)"列中数值最大的3个单元格对应的国家所在的单元格颜色设置为"标准色-红色",同时,将这3个国家依次填充到单元格区域D2:D4。如图10.29所示。完成后,将文件保存为"循环结构.xlsm"提交。

	A	B	C	D	E	F
1	名称	指数			涨价股票	掉价股票
2	吉鑫科技	0.428457		分析	市北高新	皖通科技
3	市北高新	0.726463			苏宁云商	中国石油
4	皖通科技	0.004779			中国南车	中国北车
5	苏宁云商	0.746483			长航凤凰	建设银行
6	中国南车	0.743968			双箭股份	亚通股份
7	中国石油	0.173665			浦发银行	九安医疗
8	中国石化	0.473691			宝钢股份	创业环保
9	中国北车	0.132842			河北钢铁	中国化学

图10.28 循环结构完成效果图

	A	B	C	D	E	F
1	国家	2020年(公里)		通车里程前3名		
2	中国	39415		中国	确定	
3	德国	4887		德国		
4	法国	3802		西班牙		
5	日本	3422				
6	英国	2257				
7	西班牙	5525				
8	美国	2151				
9	芬兰	744				
10	意大利	2358				
11	俄罗斯	1680				

图10.29 VBA内置函数和循环结构完成效果图

相关知识

1. 表单控件和ActiveX控件

VBA中有两种控件类型:表单控件和ActiveX控件,如图10.30所示。两种控件都可以对Excel进行自动化操作。表单控件可以和宏代码进行绑定,通过宏代码控制单元格或单元格区域;还可以关联单元格,通过关联单元格中的值显示表单控件的不同状态。项目10.3中的多分支结构使用的控件是表单控件。ActiveX控件有更多的控件属性,通过事件代码控制单元格或单元格区域。项目10.4中使用的控件是ActiveX控件。

2. 循环结构用法

在循环结构中,当循环控制条件成立时,会反复执行循环语句。当循环控制条件不成立时,跳出循环结构,执行循环结构后的第一条语句。循环结构如图10.31所示。

3. VBA内置函数

VBA有很多内置函数,按照调用方式分为两大类。

图 10.30　Excel 中的表单控件和 ActiveX 控件

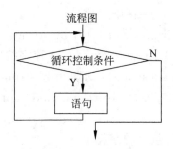
图 10.31　循环结构

1）直接调用

直接调用的函数可以在 VBA 中直接使用，也可以在直接调用函数前面加"WorksheetFunction"关键字，如图 10.32 所示。

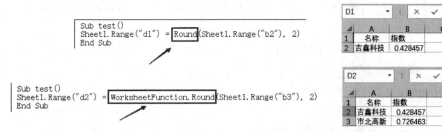

图 10.32　直接调用函数用法

直接调用函数有以下 6 类。

（1）判断类函数

IsNumeric(x)：是否为数字，返回 Boolean 型结果。

IsDate(x)：是否为日期，返回 Boolean 型结果。

IsEmpty(x)：是否为 Empty，返回 Boolean 型结果。

IsArray(x)：指出变量是否为一个数组。

IsError(expression)：指出表达式是否为一个错误值。

IsNull(expression)：指出表达式是否不包含任何有效数据（Null）。

IsObject(identifier)：指出标识符是否表示对象变量。

（2）数学函数

Sin(X)、Cos(X)、Tan(X)、Atan(x)：三角函数，单位为弧度。

Log(x)、Exp(x)：返回 x 的自然对数；返回指数。

Abs(x)：返回 x 的绝对值。

Int(number)、Fix(number)：都返回参数的整数部分，区别是 Int()将-8.4 转换成-9，而 Fix 将-8.4 转换成-8。

Sgn(number)：指出参数的正负号。

Sqr(number)：计算参数的平方根。

VarType(varname)：返回一个 Integer，指出参数的类型。

Rnd(x)：返回[0,1]区间的单精度数据，x 为随机种子。

Round(x,y)：将参数 x 四舍五入，保留 y 位小数(y 为正整数时)的值。

(3) 字符串函数

Trim(string)、Ltrim(string)、Rtrim(string)：去掉 string 左右两端的空格字符，去掉字符串左边的空格字符，去掉字符串右边的空格字符。

Len(string)：计算参数 string 的长度。

Replace(expression, find, replace)：替换字符串。

Left(string, x)、Right(string, x)、Mid(string, start, x)：取 string 左/右/指定位置的 x 个字符组成的字符串。

Ucase(string)、Lcase(string)：转换字符串为大、小写。

Space(x)：返回 x 个空白的字符串。

Asc(string)：返回字符对应的 ASCII 码。

Chr(charcode)：返回 ASCII 码对应的字符。

InStr()：返回一个字符串在另一个字符串中的位置，返回值为 Variant(Long)型。

(4) 转换函数

CBool(expression)：转换为 Boolean 型。

CByte(expression)：转换为 Byte 型。

CCur(expression)：转换为 Currency 型。

CDate(expression)：转换为 Date 型。

CDbl(expression)：转换为 Double 型。

CDec(expression)：转换为 Decimal 型。

CInt(expression)：转换为 Integer 型。

CLng(expression)：转换为 Long 型。

CSng(expression)：转换为 Single 型。

CStr(expression)：转换为 String 型。

CVar(expression)：转换为 Variant 型。

Val(string)：转换为数据型。

Str(number)：转换为 String 字符型。

(5) 时间函数

Now、Date、Time：返回一个 Variant(Date)，根据计算机系统设置的日期和时间来指定日期和时间。

Timer：返回一个 Single，代表从午夜开始到现在经过的秒数。

TimeSerial(hour, minute, second)：返回一个 Variant(Date)，包含具有时、分、秒的时间。

DateDiff(interval, date1, date2[, firstdayofweek[, firstweekofyear]])：返回 Variant(Long)型的值，表示两个指定日期间的时间间隔。

Second(time)：返回一个 Variant(Integer)，其值为 0 到 59 之间的整数，表示一分钟之中的某秒。

Minute(time)：返回一个 Variant(Integer)，其值为 0 到 59 之间的整数，表示一小时中的某分钟。

Hour(time)：返回一个 Variant(Integer)，其值为 0 到 23 之间的整数，表示一天之中的某一小时。

Day(date)：返回一个 Variant(Integer)，其值为 1 到 31 之间的整数，表示一月中的某一日。

Month(date)：返回一个 Variant(Integer)，其值为 1 到 12 之间的整数，表示一年中的某月。

Year(date)：返回 Variant(Integer)，包含表示年份的整数。

Weekday(date,[firstdayofweek])：返回一个 Variant(Integer)，包含一个整数，代表某个日期是星期几。

(6) 其他常用函数

Shell：运行一个可执行的程序。

InputBox：简单输入对话框。需要注意将它与 Application.InputBox(更强大，内置容错处理，选择取消后返回 false)区分，单独的 InputBox 函数不含有容错处理，而且选择取消后返回空串(零字节的字符串)。

MsgBox：信息显示对话框，也是一种简单的输入方法。

Join：将数组连接成字符串。

Split：将字符串拆分为数组。

RGB(x,y,z)：通过 R、G、B 分量的颜色数值 x、y、z，得到某一种颜色。

Dir：查找文件或者文件夹。

IIF(expression,truePart,falsePart)：expression 为 true 则返回 truePart，否则返回 falsePart。

Choose(index,choice1,…,choiceN)：选择指定 Index 的表达式，Index 可选范围是 1 到选项的总数。

Switch(exp1,value1,exp2,value2,…,expN,valueN)：从左至右计算每个 exp 的值，返回第一个值为 true 的表达式对应的 value 部分。

2) 工作表函数

在调用 WorksheetFunction(工作表函数)时，需要在函数前加"WorksheetFunction"关键字，否则无法使用此类函数。

(1) 数学函数类。

BesselI(贝塞尔函数)、BesselJ、BesselK、BesselY、Power(指数)、Log(对数)、In(自然对数)、Fact(阶乘)、FactDouble(半数阶乘,意思就是偶数的只计算偶数阶乘,奇数的只计算奇数阶乘)、PI(圆周率)。

(2) 弦值计算类。

Acos、Acosh、Asin、Asinh、Atan2、Atanh、Cosh、Sinh、Tanh。

(3) 数制转换类。

Bin2Dec、Bin2Hex、Bin2Oct、Dec2Bin、Dec2Hex、Dec2Oct、Hex2Bin、Hex2Dec、Hex2Oct、Oct2Bin、Oct2Dec、Oct2Hex、Degrees、Radians(弧度角度互换)。

(4) 数值处理类。

Ceiling(arg1,arg2)：数值舍入处理，把 arg1 舍入处理成 arg2 的最接近的倍数(大于或等于传入的参数)。

Floor(arg1,arg2)：数值舍入处理，把 arg1 舍入处理成 arg2 的最接近的倍数(小于或等于传入的参数)。

Round：按指定的位数四舍五入，返回类型是 Double。

RoundDown：舍去指定位数后面的小数，总是小于或等于传入的参数，其他的基本类似 Round。

RoundUp：舍去指定位数后的小数总是进 1，总是大于或等于传入的参数，其他的基本类似 Round。

Fixed：按指定的位数四舍五入，返回类型是 String，可以指定显示或不显示逗号(由第三个参数指定，False 则显示逗号，True 则不显示逗号)。

Odd：返回比参数大的最接近的奇数。

Even：返回比参数大的最接近的偶数。

(5) 数值运算类。

Average、AverageIf、AverageIfs、Max、Min、Large、Small、Sum、SumIf、Sumifs、SumProduct、SumSq、SumX2MY2、SumX2PY2、SumXMY2、Count、CountA、CountBlank、Countif、Countifs。

Frequency：计算第二个数组的每个元素在第一个数组中出现的次数，返回一个与第二个数组同长的数组。一般参数和返回值都是 Range 类型。

Lcm：计算数值的最小公倍数。

Product：返回所有参数的乘积。

Quotient：返回两个数整除的值，忽略余数。

(6) 逻辑判断类。

And：如果所有参数都为 True，则返回 True；只要有一个值为 False，则返回 False。

Or：如果所有参数都为 False，则返回 False；只要有一个值为 True，则返回 True。

IsErr：检查是不是除了♯N/A 外的错误值。

IsError：检查是不是错误值(♯N/A、♯VALUE!、♯REF!、♯DIV/0!、♯NUM!、♯NAME? 或者♯NULL!)。

IsEven：检查是否是偶数。

IsOdd：检查是否是奇数。

IsLogical：检查是不是布尔值。

IsNA：检查值是否是错误值♯N/A(值不可用)。

IsNonText：检查是否是非文本(空的单元格返回 true)。

IsNumber：检查是不是数字。

IsText：一般用于判断单元格中的内容是否是文本。

Delta：判断两个 Variant 的值是否相等，相等返回 1，否则返回 0。

(7) 数据操作类。

Choose：返回第一个参数 Index 指定的值，与 VBA 内置的函数 Choose 有类似的功能。

Lookup、Vlookup、HLookup：查找单元格数组中与给定值相同的值和文本等。

Match：查找并返回单元格数组中与指定值相同的单元格的相对 Index 值。

Find、FindB、Search、SearchB：返回第一个字符串在第二个字符串中的位置(位置是从 1 开始的,不是基于 0 的)。

Replace、ReplaceB：字符串替换,可以指定开始的位置以替换的字符数,控制更为精细。

Substitute：直接进行字符串替换,不需要指定开始位置。

Rept：按照指定次数的重复构造字符串并返回。

Text：按照一定的格式把值转换成文本。

Index：一般用于返回一组单元格中某块区域中某行某列的值。

Median：计算一个 Double 的数值,这个数值将参数分为相同的两组数,一组比这个值大,一组比这个值小。这个值可能正好出现在参数中,也可能不出现在这些参数中。

Mode：返回传入的数组,或一组值中出现次数最多的值。

Prope：格式化字符串中的每个单词,把首字母转换成大写,其他的转换成小写。

RandBetween：返回介于两个数之间的随机数,返回值为 Double 型。

Rank：返回指定的数在一个 Range 对象中排序后的位置(可以用第三个参数指定按降序或升序排,默认是降序),比如单元格 d1 到 d4 的值为(1,4,3,4),那么 4 的 Rank 值就是 1 (忽略第三个参数是按降序找第一个匹配,然后返回位置)。

Transpose：将一个数组的行列互换,这个方法主要针对单元格,所以数组的长度小于 65535,每个元素的长度小于 255。

Trim：移除单词之间多余的空格,只保留一个;字符串开头和结尾的空格也会被全部移除。

Weekday：返回指定日期是星期几,用 Double 值表示,范围默认从 1(Sunday) 到 7 (Saturday)。

WeekNum：返回指定日期是一年中的第几周。

操作步骤

1. 循环结构

(1) 打开工作簿"循环结构和 VBA 内置函数.xlsx"。

(2) 在工作表"统计"中,单击"开发工具"选项卡中"控件"组的"插入"下拉按钮,选中"ActiveX 控件"区域的按钮。在"设计模式"中,用鼠标在工作表"统计"的合适区域绘制该类型的按钮,右键单击该按钮,选择"属性",在弹出的"属性"对话框中,修改 Caption 属性的属性值为"分析",如图 10.33 所示。

(3) 双击按钮,进入 VBA 编辑界面,编写工作表 Sheet1 的单击按钮事件代码,如图 10.34 所示。

(4) 事件代码如图 10.35 所示,第一个字符为单引号的各行代码是解释说明语句,不会执行。

(5) 在 VBA 编辑界面,单击"保存"按钮后,将工作簿文件保存为"启用宏的工作簿",名称为"循环结构和 VBA 内置函数",如图 10.36 所示。

2. VBA 内置函数

(1) 在工作表"高铁通车里程"中,单击"开发工具"选项卡中"控件"组的"插入"下拉按钮,选中"ActiveX 控件"区域的按钮。用鼠标在工作表"统计"的合适区域绘制该类型的按钮,右键单击该按钮,选择"属性",在弹出的"属性"对话框中,修改 Caption 属性的属性值为"确定",如图 10.37 所示。

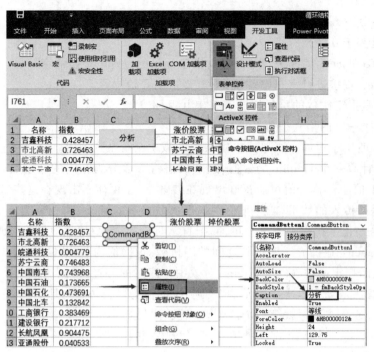

图 10.33 绘制 Active-X 控件并修改属性名称

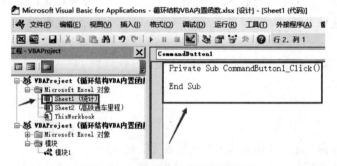

图 10.34 进入事件代码编辑状态

图 10.35 事件代码-循环结构

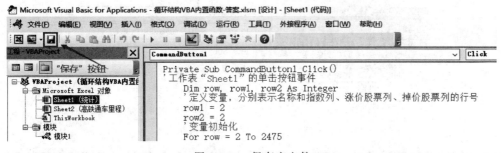

图 10.36 保存宏文件

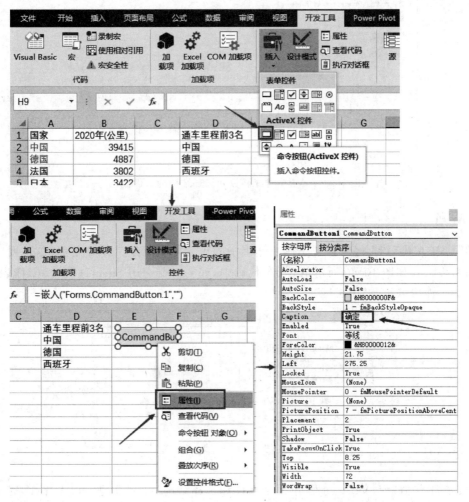

图 10.37 绘制 ActiveX 控件并修改属性名称

（2）双击按钮，进入 VBA 编辑界面，编写工作表 Sheet2 的单击按钮事件代码，如图 10.38 所示。

（3）事件代码如图 10.39 所示，第一个字符为单引号的各行代码是解释说明语句，不会执行。

（4）在 VBA 编辑界面，单击"保存"按钮后，单击"关闭"按钮，退出 VBA 编辑界面。

（5）保存工作簿文件"循环结构和 VBA 内置函数.xlsm"。

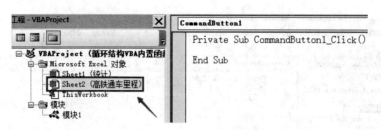

图 10.38　进入事件代码编辑状态

图 10.39　VBA 内置函数和循环结构的事件代码

注意问题

编写 VBA 代码时，经常需要引用工作表中的单元格。引用工作表名称时，不要引用括号中的名称。在如图 10.40 所示的 VBA 代码中，如果需要引用 Sheet1（统计）工作表，则需要引用的工作表名称是"Sheet1"。

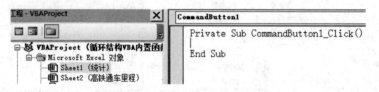

图 10.40　VBA 代码中的工作表名称

练　　习

一、在工作簿"宏、VBA 过程、单元格属性和选择结构.xlsx"中进行以下操作，完成后保存文件。

1. 在 Sheet1 工作表中，选中"B2:B32"单元格区域后录制宏，宏的功能为：为选定区域设置条件格式图标集，对应规则如表 10.3 所示，组合键为 Ctrl+Shift+R，宏的说明为：带星的条件格式图标集。完成后，为 Sheet1 工作表的 C2:E32 区域应用该宏。完成后效果如图 10.41 所示。★

2. 在 Sheet1 工作表中编写过程代码，过程代码功能为：当选中 Sheet1 工作表中 B2：E32 区域中的任意一个单元格时，运行过程进行数值判断，判断规则如表 10.4 所示；完成后，在 F 列计算该单元格所在行的某地区 2021 年全年的 GDP。例如，选定 b3 单元格后，完成效果如图 10.42 所示。★★

表 10.3　区间值和星星数量对应关系

区　　间	星 的 数 量
(0,20000)	无星
[20000,50000)	半颗星
[50000,+∞]	整颗星

表 10.4　区间值和字体颜色对应关系

区　　间	字 体 颜 色
(0,20000)	标准色-红色
[20000,50000)	标准色-黄色
[50000,+∞)	标准色-绿色

	A	B	C	D	E
1	地区	2021年第四季度	2021年第三季度	2021年第二季度	2021年第一季度
2	北京市	☆ 40269.55	☆ 29638.67	☆ 19147	☆ 8875.82
3	天津市	☆ 15695.05	☆ 11373.68	☆ 7278.45	☆ 3388.75
4	河北省	☆ 40391.27	☆ 28949.08	☆ 18660.36	☆ 8711.17

图 10.41　宏代码应用效果图

B3　　fx　15695.05

	A	B	C	D	E	F
1	地区	2021年第四季度	2021年第三季度	2021年第二季度	2021年第一季度	2021年
2	北京市	☆ 40269.55	☆ 29638.67	☆ 19147	☆ 8875.82	
3	天津市	☆ 15695.05	☆ 11373.68	☆ 7278.45	☆ 3388.75	37735.93

图 10.42　分支结构代码应用效果图

二、在工作簿“循环结构.xlsx”中进行以下操作，完成后保存文件。

1. 在工作表“无内置函数调用的循环结构.xlsx”中编写 VBA 代码，实现以下功能：编写过程，依次判断 B2 到 B7 中每一个单元格中的销量是否大于或等于 30 杯，如果是，将销量数字设置为绿色，否则设置为红色。然后在对应的 D 列单元格中计算销售额。销售额=销售量×单价。效果如图 10.43 所示。★★

	A	B	C	D
1	产品名称	销售量	单价	销售额
2	茉莉绿茶	35	8	280
3	柠檬红茶	26	8	208
4	橙汁	41	12	492
5	西瓜汁	38	12	456
6	咖啡-美式	23	18	414
7	咖啡-拿铁	15	20	300

图 10.43　循环结构代码应用效果图

2. 在工作表“VBA 内置函数”中编写宏代码。代码功能为：在 Sheet1 工作表的 J 列和 K 列相关单元格区域，利用循环结构和 VBA 内置函数，计算主队获胜的比赛场次名称和该场次中得分最多的球员。完成后，插入表单控件-按钮，将编写的宏指定到该按钮，按钮名称修改为“确定”。单击按钮后，效果如图 10.44 所示。工作簿文件保存为“循环结构.xlsm”。★★★

	A	B	C	D	E	F	G	H	I	J	K	L
1	比赛场次	球员A	球员B	球员C	球员D	球员E	主队得分	客队得分		主队胜利的场次	得分最多球员	
2	场次1	4	20	6	22	21	73	45		场次1	球员C	确定
3	场次2	18	7	25	4	23	77	76		场次2	球员B	
4	场次3	17	18	2	23	0	60	33		场次3	球员C	
5	场次4	15	24	4	1	12	56	58		场次6	比赛场次	
6	场次5	19	22	6	25	6	78	105		场次7	球员D	
7	场次6	19	6	15	10	13	63	61		场次12	球员D	
8	场次7	21	22	22	13	25	103	32				
9	场次8	18	2	25	12	22	79	92				
10	场次9	3	4	18	18	22	65	80				
11	场次10	9	2	11	24	10	56	89				
12	场次11	12	5	12	18	8	55	104				
13	场次12	21	13	12	11	25	82	46				

图 10.44　VBA 内置函数和循环结构代码应用效果图

图书资源支持

感谢您一直以来对清华版图书的支持和爱护。为了配合本书的使用,本书提供配套的资源,有需求的读者请扫描下方的"书圈"微信公众号二维码,在图书专区下载,也可以拨打电话或发送电子邮件咨询。

如果您在使用本书的过程中遇到了什么问题,或者有相关图书出版计划,也请您发邮件告诉我们,以便我们更好地为您服务。

我们的联系方式:

地　　址:北京市海淀区双清路学研大厦A座714

邮　　编:100084

电　　话:010-83470236　010-83470237

客服邮箱:2301891038@qq.com

QQ:2301891038(请写明您的单位和姓名)

资源下载:关注公众号"书圈"下载配套资源。

书圈

清华计算机学堂

观看课程直播